Aplicaciones de modelos ecológicos

a la gestión de recursos naturales

Editor:

Juan A. Blanco

Editor:

Juan A. Blanco, Universidad Pública de Navarra, Pamplona, España

juan.blanco@unavarra.es

ISBN: 978-84-940624 9-0

DL: B-20383-2013

DOI: http://dx.doi.org/10.3926/oms.60

© OmniaScience (Omnia Publisher SL) 2013

Diseño de cubierta: OmniaScience

Fotografía cubierta: © Mopic (Fotolia.com)

Impreso en España

Índice

Introducción

¿Porqué necesitamos modelos ecológicos en la gestión de recursos naturales?

Juan A. Blanco

Universidad Pública de Navarra, Pamplona, España.

juan.blanco@unavarra.es

Doi: http://dx.doi.org/10.3926/oms.193

La respuesta a la pregunta que encabeza la presentación de este libro es superficialmente simple: porque las alternativas que han servido a la gestión de recursos naturales razonablemente bien en el pasado ya no son adecuadas hoy ni lo serán en el futuro. En realidad, la respuesta es bastante más complicada, ya que implica muchos otros temas como la incapacidad de la ciencia "reduccionista" tradicional para tratar las complejidades sociales y biofísicas que intervienen en la gestión de los recursos naturales; las amenazas a los mismos por el continuo aumento de la población humana y el incluso más rápido aumento en la "huella ecológica" al aumentar la calidad de vida (y el uso de recursos) en todo el planeta; las barreras institucionales para manejar los recursos naturales (impedimentos sociales, políticos y estructurales al uso del "manejo ecosistémico" (manejo de todo el ecosistema como una unidad, y no de los elementos que lo componen por separado), y los problemas relacionados con la inclusión de la población en las decisiones sobre los recursos naturales públicos.

1. El crecimiento de la población humana: El peligro ambiental último para los recursos naturales mundiales

Paul Ehrlich (1968) predijo un desastre inminente para el mundo con su libro "La Bomba Poblacional". Aseguraba que la población humana crecería pronto por encima del suministro de comida, energía y materiales, y además, que los impactos humanos sobre el planeta seguirían aumentando incluso si el crecimiento poblacional se ralentizase. Estos impactos están relacionados con la riqueza y la tecnología, las cuales se desarrollan y aumentan a un ritmo más rápido que el tamaño de la población humana.

Poco tiempo después, el Club de Roma publicó su famoso informe "Los límites al crecimiento" (Meadows, Meadows, Randers & Behrens, 1972). Este informe indicó que hay unos límites físicos al crecimiento de la población y actividad humana. El informe indicaba que los problemas asociados con el aumento de población, industrialización, contaminación, producción de comida y agotamiento de los recursos podrían ser resueltos uno a uno, si fueran independientes unos de otros. Sin embargo, este informe concluía que dado que todos los factores antes citados coexisten entrelazados en un mismo ambiente, resolver uno de ellos podría perjudicar a uno o varios de los otros, los cuales se convertirían a su vez en limitantes al crecimiento humano.

La advertencia de Erlich fue básicamente olvidada durante el resto el siglo XX, en parte por su coincidencia con una reducción de la tasa de crecimiento de la población (aunque en números absolutos la población ha seguido aumentando), y porque otros problemas ambientales atrajeron la atención de la sociedad. Los avisos del Club de Roma también fueron rechazados por ser demasiado pesimistas y porque el análisis estaba basado en un modelo simple que no tenía en cuenta la creatividad humana y su capacidad para resolver problemas. Sin embargo, la reciente actualización del estudio sobre "Los Limites al Crecimiento" que cuenta con 30 años más de desarrollo del conocimiento en ciencias ambientales, es incluso más pesimista que la primera edición, e indica la urgencia de tomar medidas tras dejar pasar 30 años de inacción (Meadows, Randers & Meadows, 2004). Más recientemente, Rokström, Steffen, Noone, Persson, Chapin, Lambin et al. (2009) han mostrado numéricamente como la humanidad ya ha cruzado algunos de los límites que definen la capacidad del planeta para mantenernos.

La población humana ha continuado su crecimiento desde los 3.000 millones de personas de 1960 a 7.000 millones en 2011, y se estima que puede alcanzar un máximo de unos 9.200 millones (ONU, 2004). La crisis económica que empezó en 2008 ilustra de forma clara lo estrechamente ligados que están los distintos sectores del sistema global humano. Además, el ya observable cambio climático no es sino un eco de las predicciones del Club de Roma. Tal y como se predijo, el uso de combustibles fósiles y el poder de la tecnología han aumentado el impacto ambiental per cápita. La creciente importancia del debate sobre la huella ecológica (Wackernagel & Rees, 1996) es un claro síntoma de que los peligros asociados al aumento en el número de habitantes del planeta están volviendo a tomar un protagonismo central en muchos de los debates sobre gestión de recursos naturales (agua, energía, comida, biodiversidad, madera, etc).

2. Hacia la sostenibilidad en la gestión de recursos naturales

El aumento del movimiento ecologista indica la creciente concienciación en las sociedades más ricas del papel de los "servicios ecológicos" proporcionados por el ambiente natural que nos rodea, y que no pueden sustituirse por más actividad económica basada en los combustibles fósiles. Temas como la lluvia ácida, el agujero de ozono, la biodiversidad, la sobrepesca, la deforestación o las emisiones de carbono se están convirtiendo en prioridades para muchas organizaciones e incluso algunos gobiernos.

El resto es evaluar cómo y cuándo las prácticas de gestión actuales deberían ser reexaminadas para conseguir el deseado equilibrio de valores ecológicamente sostenibles. Este reto es complejo debido a las distintas escalas espaciales y temporales a las cuales la sostenibilidad de distintos valores y servicios puede ser examinada (Kimmins, 2007). Las respuestas son con frecuencia distintas cuando la misma pregunta se considera a escalas diferentes. Las estrategias óptimas de manejo variarán entre distintos ecosistemas (a nivel de parcela o explotación) y distintas regiones ecológicas (a nivel de paisaje o política ambiental).

La respuesta de cómo y cuándo cambiar el manejo de los recursos naturales en respuesta a amenazas existentes o futuras tradicionalmente se ha hecho basándose en la experiencia. Sin embargo, la experiencia es siempre relativa al pasado, nunca al futuro en el cual se enmarca la gestión del recurso en cuestión. Por lo tanto, tomar decisiones para el futuro basándonos únicamente en la experiencia sobre el pasado es equivalente a "conducir mirando en el espejo retrovisor". Esta opción puede ser posible si la carretera es recta (el futuro es igual al pasado), pero en cuanto hay curvas (el futuro ya no es igual al pasado) supone un gran riesgo.

La gestión de los recursos naturales está basada en predicciones: ¿Cuál será la cantidad de pesca recogida en el futuro? ¿Cuánta madera se producirá en una región? ¿Cuánta agua habrá disponible en un rio? ¿Qué aspecto tendrá un área recreativa? ¿Se mantendrá la fertilidad del suelo en un campo agrícola? ¿Cuánto carbono se emitirá en una explotación minera? Este es el tipo de preguntas que debe responder el gestor actual de recursos naturales, y la experiencia con frecuencia no puede proporcionar la respuesta, ya que está basada en métodos de explotación que la sociedad ha demandado que se cambien.

Sin herramientas de predicción creíbles, un gestor de recursos naturales tiene poca base para decir que está manejando un recurso de forma sostenible, y de igual manera sin esas herramientas los críticos a la gestión carecen de una base creíble para mantener sus acusaciones de gestión no sostenible. No importa en qué lado de la gestión de recursos naturales se esté, es necesario tener las mejores herramientas basadas en ciencia para defender las posturas. Tales herramientas necesitan incorporar procesos ecológicos (Korzukhin, Ter-Mikaelian & Wagner, 1996) y funcionar a nivel de complejidad de ecosistema (Kimmins, Blanco, Seely, Welham & Scoullar, 2008).

3. El fallo de la ciencia tradicional para proporcionar las herramientas analíticas necesarias para el manejo de los recursos naturales

La ciencia es una actividad humana que se relaciona con nuestra necesidad por conocer, entender y predecir los objetos, condiciones, procesos y eventos que son importantes para nuestra sociedad. Normalmente, está dirigida por el deseo de la sociedad de resolver problemas persistentes, de "hacer las cosas mejor". Estos problemas son normalmente complejos y difíciles de entender. Aquí subyace la razón de la ciencia en general, y de la gestión científica de los recursos naturales: una forma de conocer, entender y predecir, y por lo tanto de tratar con la complejidad (Kimmins, Blanco, Seely, Welham & Scoullar, 2010).

La ciencia se puede reducir a los tres componentes complementarios que se han citado. Cada una de estas partes es necesaria para la resolución de problemas complejos, y ninguna es suficiente de forma aislada. Solamente cuando se combinan las tres partes se pueden alcanzar los objetivos y proporcionar una base adecuada para guiar la compleja relación entre gente y recursos naturales (Figura 1). La comunicación es considerada una cuarta parte de la ciencia, ya que la ciencia que no se comunica no contribuye al avance de la humanidad en la búsqueda de una forma de vida más sostenible con nuestro ambiente. La comunicación es requerida en los tres componentes de la ciencia, y este libro es parte de ese esfuerzo por parte de los científicos para comunicar sus hallazgos.

3.1. Conocer

El primer paso para resolver un problema es conocer qué es el problema, comparándolo con otros problemas, objetos o condiciones. Este conocimiento se genera por medio del proceso de inducción, que básicamente consiste en pasar de descripciones de muchos ejemplos del problema, objeto o condición a conclusiones que se deriven de los mismos. Este tipo de conocimiento basado en la experiencia es básicamente más fiable como base de la gestión que un simple sistema de creencias que carezca de esa experiencia. Sin embargo, el conocimiento y la experiencia siempre se relacionan con el pasado y el presente, respectivamente, mientras que en la gestión de recursos naturales queremos saber qué pasará en el futuro. El poder del componente inductivo de la ciencia es que si el conocimiento está basado en muchos ejemplos u observaciones de la realidad que provienen de situaciones complejas, esa complejidad subyacente está incorporada de forma implícita. Sin embargo, la experiencia por si sola puede ser una base adecuada (y a veces la mejor) para predecir el futuro si el futuro será idéntico, o muy similar, al pasado. Sin embargo, este no es generalmente el caso. De hecho, muchos problemas en la gestión de recursos naturales aparecen cuando el público desea que se cambien las políticas y formas de gestión por otras nuevas de las que se carece de experiencia. Dos tipos de actividad científica se requieren para proporcionar suficiente confianza en nuestras interpretaciones basadas en la experiencia antes de que puedan usarse como unos cimientos fiables para una gestión efectiva. El primero es una prueba crítica de esa experiencia y de las hipótesis que genera. Este proceso proporciona entendimiento (Kimmins et al., 2010).

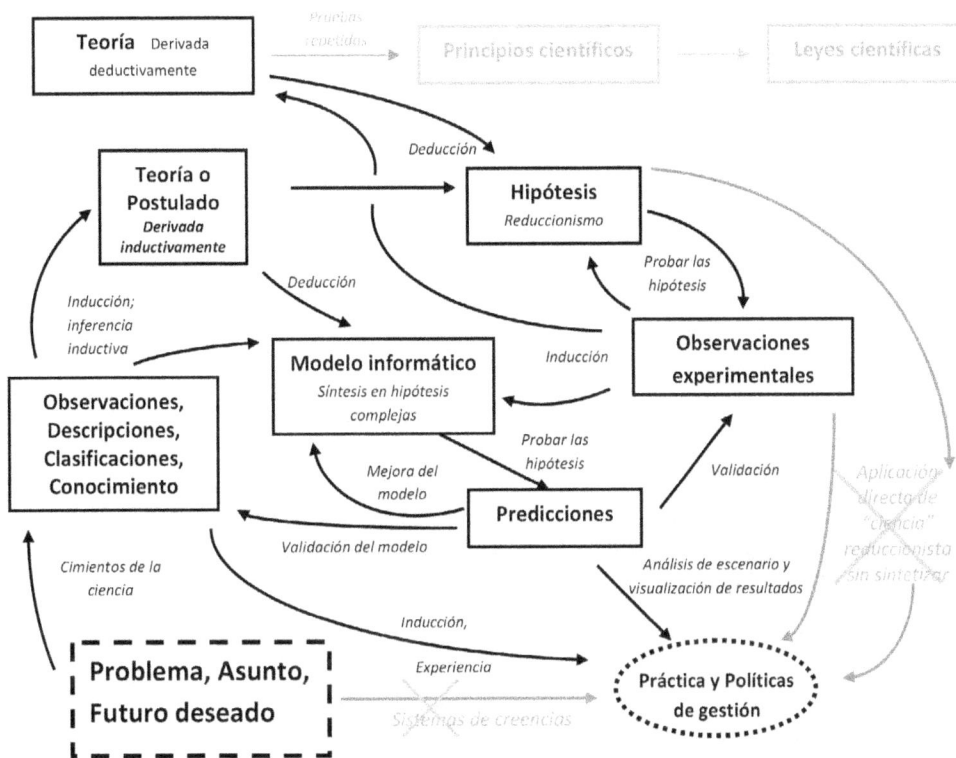

Figura 1. Los componentes principales de una ciencia completa en la gestión de recursos naturales. Nótese que ni un sistema de creencias poco informado ni la aplicación directa de los resultados de la ciencia hipotético-deductiva sin sintetizar (el componente de entendimiento) proporciona una base adecuada para la práctica y la política del manejo de recursos naturales (Kimmins, Welham, Seely, Meitner, Rempel & Sullivan, 2005)

3.2. Entender

Entender un problema, objeto o condición supone reducir la complejidad de las explicaciones o teorías iniciales basadas en la inducción a unidades más pequeñas. Este es el proceso de reduccionismo en que se basa la ciencia. Después se utiliza en proceso de deducción para generar hipótesis sobre esos componentes que puedan ser probadas. Una síntesis de esos resultados proporciona una base para una predicción fiable. En la ciencia básica de la gestión de recursos naturales (la que no está relacionada con políticas de gestión y prácticas de manejo), los resultados experimentales producidos a partir de investigaciones de componentes y procesos individuales se añaden al creciente conocimiento científico. Este conocimiento sirve a su vez como los cimientos para nuevas teorías o postulados sobre esos procesos complejos (un procedimiento inductivo). Después de que esta rueda inductiva-deductiva de varias vueltas puede generar principios científicos, y si estos principios sobreviven a largos periodos de pruebas pueden llegar a convertirse en leyes científicas. Sin embargo, esos principios y leyes suelen ser teóricos y reduccionistas (refiriéndose a los componentes más simples de un ecosistema), por lo que es difícil aplicarlos directamente como la base para resolver problemas complejos en la gestión de recursos naturales.

Entender los componentes y procesos individuales de un problema, objeto o condición es un componente necesario de la ciencia, pero no es suficiente para resolver problemas complejos. Es similar a examinar con cuidado cada una de las piezas que componen un puzle, algo necesario para montar todo el conjunto, pero cada una de las piezas por separado da poca información del aspecto final del conjunto. Utilizando el símil de la construcción de una casa, la ciencia inductiva (conocer) proporciona los cimientos sobre los que ensamblan los ladrillos (piezas de conocimiento). Sin embargo, no es hasta que todas las piezas están colocadas que la casa se convierte en un conjunto funcional. Para ello es necesario tener un diseño que coordine estas piezas, que en ciencia es equivalente a hacer predicciones basadas en las piezas de conocimiento disponible.

3.3. Predecir

Predecir es la capacidad de coordinar el conocimiento acumulado para explorar posibles situaciones en el futuro. "Conocer" es análogo a una descripción de un fotograma. "Entender" es análogo a examinar los componentes de cada fotograma y cómo encajan unos con otros. "Predecir" es hacer una película reuniendo los fotogramas que proporcionan fotos estáticas del sistema en diferentes momentos. Una de las razones principales por las que la ciencia no ha probado todo su potencial en la gestión de recursos naturales es que ha estado enfocada en entender en vez de en predecir, y a veces no ha estado adecuadamente cimentada sobre conocimiento, por lo que ha fallado en reconocer el nivel adecuado de complejidad y se ha enfocado en escalas espaciales, temporales y de organización biológica que están poco relacionadas con los problemas prácticos en la gestión de recursos naturales (Kimmins et al., 2005). En esencia, predecir es meramente el proceso de extrapolar el conocimiento y entendimiento del pasado y el presente en el futuro. Las predicciones están típicamente basadas en relaciones definidas entre variables predictoras y variables de respuesta. Describir, entender y cuantificar esas relaciones es lo que ha empujado el bucle inductivo-deductivo de prueba de hipótesis (Figura 1.1). La aplicación de la ciencia en la resolución de problemas ambientales siempre necesita de alguna forma de predicción basada en una síntesis del conocimiento y entendimiento de los componentes del sistema (Kimmins et al., 2010).

4. Modelos ecológicos en la gestión de recursos naturales

Gestionar los recursos ambientales en el futuro de una forma ética y sostenible depende de nuestra capacidad para predecir las consecuencias posibles de distintas alternativas de gestión y políticas de manejo de sistemas naturales complejos. Mientras que la vía reduccionista y analítica de la ciencia puede funcionar bien para predecir respuestas en sistemas simples, la gestión de recursos naturales invariablemente trata con sistemas complejos donde estos planteamientos reduccionistas son insuficientes. Para resolver este tipo de cuestiones son necesarias herramientas integradoras que contemplen las interacciones entre los distintos componentes de los sistemas a manejar. Además, al ser la gestión de recursos naturales una actividad humana, la actividad biofísica (a nivel de ecosistema) debe ser unida a valores sociales para predecir las interacciones entre estos dos componentes, por medio del análisis de escenarios. Estas herramientas son los modelos ecológicos, de los que este libro proporciona varios ejemplos.

En el primer capítulo de este libro, Miquelajauregui describe la importancia de la estimación de los flujos de carbono en relación con la adecuada gestión de las políticas creadas para la mitigación y adecuación al cambio climático. Esta autora compara varios modelos disponibles para simular estos flujos.

En el segundo capítulo del libro, Bayle-Sempere et al. describen las posibilidades de simulación de flujos de materia y energía en sistemas marinos, y la importancia de esta actividad para poder diseñar de forma adecuada planes de gestión de la piscicultura. De forma complementaria, en el tercer capítulo del libro Cisneros-Montemayor proporciona un ejemplo del uso de modelos ecológicos para estimar la importancia de los peces de forraje en la productividad de los océanos, un papel que a menudo queda olvidado al tener este tipo de organismos valores económicos bajos comparados con las especies tradicionalmente objetivo de la actividad pesquera.

En el cuarto capítulo del libro, Ruíz-Benito et al. describen distintas alternativas para estimar el cambio en la riqueza, distribución y biodiversidad de los ecosistemas en la península Ibérica, y discuten las ventajas e inconvenientes de cada tipo de herramienta. El predecir estas distribuciones adquiere una importancia especial cuando se considera que las condiciones climáticas (uno de los mayores determinantes de la distribución de especies) pueden cambiar en el futuro, si no lo están haciendo ya.

Los capítulos quinto y sexto presentan dos formas diferentes de simular el crecimiento de los bosques. Mientras que Chauchard et al. se centran en el uso de índices de densidad como el factor clave para la simulación del crecimiento de los árboles, Molowny et al. utilizan modelos de proyección integral como instrumentos para la gestión medioambiental forestal. Así mismo, el séptimo capítulo de González et al. hace una revisión del uso de distintos modelos para mejorar la gestión forestal en Cuba.

Por último, en el octavo capítulo Blanco et al. describen una experiencia en la gestión de energía renovable en la que se ha utilizado un modelo ecológico para estimar tanto la capacidad de generación de energía de biomasa de una región como los posibles efectos adversos en el ecosistema que ese aprovechamiento pudiera tener.

Todos estos ejemplos sirven para ilustrar las posibilidades existentes para mejorar la gestión de recursos naturales utilizando modelos desarrollados científicamente.

Referencias

Ehrlich, P.R. (1968). *The Population Bomb.* Cutchoque, NY: Buccaneer Books.

Kimmins, J.P. (2007). Forest Ecosystem Management: Miracle or Mirage? En Harrington T.B. & Nicholas G.E. (Eds) *Managing for Wildlife Habitat in Westside Production Forests, General Technical Report PNW-GTR-695.* USDA Forest Service, PNW Research Station, Portland, OR.

Kimmins, J.P., Blanco, J.A., Seely, B., Welham, C., & Scoullar, K. (2008). Complexity in modelling forest ecosystems. How much is enough? *Forest Ecology and Management, 256,* 1646-1658. http://dx.doi.org/10.1016/j.foreco.2008.03.011

Kimmins, J.P., Blanco, J.A., Seely, B., Welham, C., & Scoullar, K. (2010). *Forecasting Forest Futures: A Hybrid Modelling Approach to the Assessment of Sustainability of Forest Ecosystems and their Values.* Earthscan Ltd. London, UK. 281 pp. ISBN: 978-1-84407-922-3.

Kimmins, J.P., Welham, C., Seely, B., Meitner, M., Rempel, R., & Sullivan, T. (2005). Science in forestry: why does it sometimes disappoint or even fail us? *The Forestry Chronicle, 81,* 723-734.

Korzukhin, M.D., Ter-Mikaelian, M.T., & Wagner, R.G. (1996). Process versus empirical models: Which approach for forest management? *Canadian Journal of Forest Research, 26,* 879-887. http://dx.doi.org/10.1139/x26-096

Meadows, D.H., Meadows, D.L., Randers, J., & Behrens III W.W. (1972). T*he Limits to Growth. A Report for the Club of Rome's Project on the Predicament of Mankind.* London, UK: Pan Books.

Meadows, D.H., Randers, J., & Meadows, D.L. (2004). *The Limits to Growth. The 30-year Update.* London, UK: Earthscan.

Organización para las Naciones Unidas (ONU) (2004). *World Population to 2300.* United Nations, Department of Economic and Social Affairs, New York, NY.

Rokström, J., Steffen, W., Noone, K., Persson, Å., Chapin, F.S., Lambin, E.F. et al. (2009). A safe operating space for humanity. *Nature, 461,* 472-475. http://dx.doi.org/10.1038/461472a

Wackernagel, M., & Rees, W. (1996). *Our Ecological Footprint: Reducing Human Impact on the Earth.* Gabriola Island, BC: New Society Publishers.

Capítulo 1

Modelos de simulación de la dinámica del carbono

Yosune Miquelajauregui

Centro de Investigaciones del Bosque
Universidad Laval, Quebec, Canadá
minta79@gmail.com

Doi: http://dx.doi.org/10.3926/oms.173

Referenciar este capítulo

Miquelajauregui, Y. (2013). Modelos de simulación de la dinámica del carbono. En J.A. Blanco (Ed.). *Aplicaciones de modelos ecológicos a la gestión de recursos naturales.* (pp. 15-38). Barcelona: OmniaScience.

1. Secuestro de carbono en los sistemas forestales

La atmósfera terrestre está compuesta principalmente por nitrógeno (78%) y oxígeno (21%). El dióxido de carbono, aunque presente en proporciones menores (0.039%), trasciende en cuanto a su importancia por ser un elemento central para el desarrollo de la vida (Waring & Running, 2007). En otros planetas del sistema solar, como por ejemplo Venus, la mayoría del carbono se encuentra almacenado en la atmósfera. La alta concentración de gases de efecto invernadero en la atmósfera venusina provoca que ésta absorba más el calor del Sol y evita que parte de ese calor se escape hacia el espacio, lo que explica las altas temperaturas características de este planeta. Al estar sometida a la acción del Sol sin ningún filtro solar, toda el agua en Venus desapareció. El agua facilita las reacciones químicas de algunas sustancias al disolverlas y permitir que entren en contacto, por lo que ha jugado un papel central en la estabilización del clima y el desarrollo de la vida en la Tierra, pero no así en nuestro planeta vecino Venus (Archer, 2010).

En el planeta Tierra, el dióxido de carbono atmosférico es fijado por los organismos autotróficos a través de la fotosíntesis. Durante este proceso, la energía proveniente del Sol es capturada y transformada en energía química estable, siendo el adenosín trifosfato (ATP) una de las primeras moléculas producidas y a partir de la cual se sintetizan otros compuestos orgánicos. La mayoría del carbono fijado por la fotosíntesis está destinado a ser liberado a la atmósfera a través de la respiración autotrófica (Ra; Figura 1). La única forma de acumular carbono y evitar así la tasa de incremento de éste en la atmósfera es a través del secuestro de carbono. El secuestro de carbono es el proceso mediante el cual el CO_2 atmosférico es almacenado en los diferentes reservorios terrestres localizados en la biósfera, la hidrósfera, la pedósfera y la litósfera, como resultado de las uniones químicas que el carbono establece con otras moléculas tanto inorgánicas como orgánicas. Los reservorios de terrestres de carbono interactúan entre ellos a través de los intercambios que establecen con la atmósfera (Figura 1) (Lorenz & Lal, 2010).

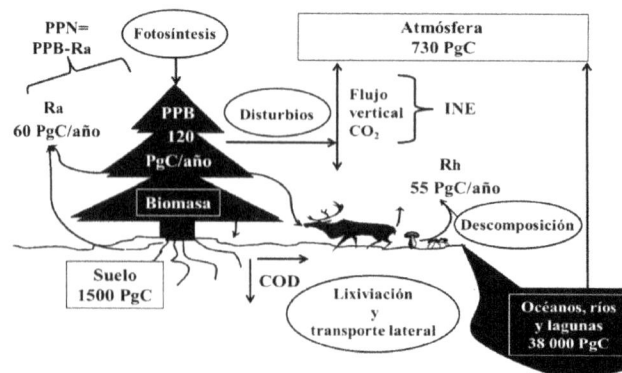

Figura 1. Esquema general del ciclo global del carbono mostrando los principales almacenes (rectángulos): atmósfera, océano, biomasa vegetal y el suelo; los flujos de carbono: PPB: productividad primaria bruta; PPN: productividad primaria neta; INE: intercambio neto del ecosistema; Ra: respiración autotrófica y Rh: respiración heterotrófica; y los principales procesos biológicos involucrados (óvalos). Jaramillo (2007)

De todos los ecosistemas terrestres, los bosques almacenan cerca del 45% de todo el carbono secuestrado a nivel global. Por esta razón son considerados como importantes sumideros de carbono (Gorte & Ramseur, 2010) (Figura 2). El carbono secuestrado en los sistemas forestales se encuentra unido a compuestos orgánicos que son almacenados como materia orgánica en los diferentes reservorios o almacenes forestales. Estos reservorios incluyen a: la vegetación viva (biomasa de carbono en tronco, ramas, hojas, raíces, flores y frutos), los detritos (hojarasca) y el suelo (Figura 1). La relación promedio entre el carbono almacenado en los suelos y el almacenado en la vegetación varía según el tipo de ecosistema, la composición vegetal y la latitud (Dixon, Brown, Houghton, Solomon, Trexler & Wisniewski, 1994). Por ejemplo, en los bosques tropicales ésta relación es 1:1 mientras que en los bosques boreales la relación es de 5:1 (Figura 2). La eficiencia de los bosques para secuestrar carbono es afectada por variaciones en las propiedades que lo limitan como son: la composición vegetal, la tasa de crecimiento y mortalidad, la composición química del material biológico vegetal, así como el tipo de suelo, la topografía y el clima (Lorenz & Lal, 2010).

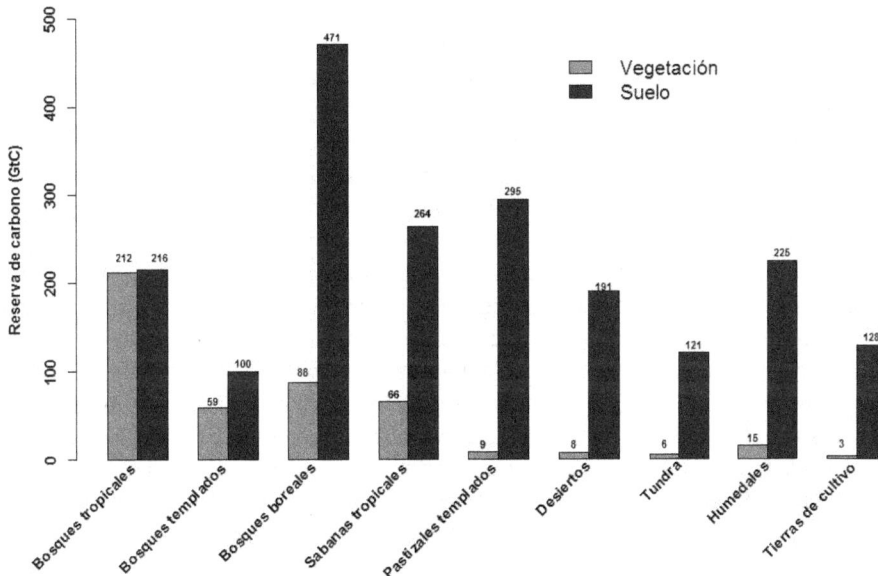

Figura 2. Reservas de carbono (Gt C) en la vegetación y en los suelos para los diferentes tipos de ecosistemas. IPCC (2007)

El secuestro de carbono en los bosques ocurre cuando la tasa de producción y acumulación de compuestos orgánicos de carbono y el tiempo de residencia de estos compuestos en los diferentes reservorios aumenta con el tiempo (Lorenz & Lal, 2010). El tiempo de residencia (o tiempo de recambio) de los materiales orgánicos de carbono se refiere al tiempo medio que una molécula de carbono pasa en un reservorio específico. Por ejemplo, los bosques tropicales secuestran una cantidad importante de carbono, mitad de ella almacenada en la vegetación (212 Gt C; 1 Gt [Gigatonelada]=$1x10^{15}$ gramos) y la otra en el suelo (216 Gt C, Figura 2). Las condiciones húmedas y cálidas que predominan en los bosques tropicales estimulan la descomposición del material orgánico, por lo que la tasa de residencia del carbono orgánico del suelo en estos ecosistemas es relativamente corta (e.g. 10 años; Trumbore, 1993). Los bosques boreales por el contrario, almacenan cerca de 471 Gt C en el suelo y tan solo 88 Gt C en la vegetación (Figura 2). La acumulación tan importante de carbono en los suelos de los bosques boreales se debe, en gran medida, a la lenta tasa de descomposición resultado de las bajas temperaturas y a la alta acidez de los suelos de tipo podzol, abundantes en estos ecosistemas.

Las actividades de manejo así como los regímenes de disturbios y los efectos del cambio climático pueden afectar el almacén y flujos de carbono a nivel global (Gorte, 2010). El monitoreo de los almacenes y flujos de carbono se lleva a cabo a través de la cuantificación de diversos parámetros ecológicos. Entre estos se encuentran: la *productividad primaria bruta* (PPB), la *productividad primaria neta* (PPN), la *productividad neta del ecosistema* (PNE), el intercambio neto del ecosistema (INE) y la *productividad neta del bioma*, el cual está constituido por diversos ecosistemas con condiciones climáticas, geográficas y ecológicas similares (PNB; Boisvenue & Running, 2006). La cantidad total de energía fijada por las plantas mediante la fotosíntesis se conoce como productividad primaria bruta y se ha estimado globalmente en 120 Pg C/año (1Pg [Pentagramo]=1015 gramos; Figura 1). Si a la PPB se le resta la energía consumida para el mantenimiento de las funciones vitales (respiración autotrófica y otros procesos celulares) obtenemos la producción primaria neta (IPCC, 2007) la cual se ha estimado globalmente en 60 Pg C/año (Figura 1) (Jaramillo, 2007). La productividad primaria neta mide entonces la entrada y asimilación de CO_2 en la biósfera a través de la fotosíntesis y representa la velocidad o tasa de almacenamiento de carbono en las plantas. Cuando la producción primaria neta es positiva la biomasa de las plantas del ecosistema aumenta. La productividad neta del ecosistema (PNE) es la acumulación de carbono a nivel del ecosistema y se obtiene al tomar en cuenta las pérdidas de carbono derivadas de la descomposición de la materia orgánica por los organismos heterotróficos del suelo (Figura 1). La descomposición es un proceso básico por el cual las moléculas biológicas complejas (e.g. celulosa, lignina, proteínas, ceras) que componen los restos vegetales son fragmentadas en compuestos más sencillos gracias a la acción de distintos grupos de microorganismos y de la fauna edáfica (e.g. mcro, meso y macrofauna). El material orgánico del suelo (MOS) también sufre desintegraciones mecánicas y transporte de material a través de los diferentes horizontes edáficos bajo acción directa de las precipitaciones, el viento, los cambios de temperatura, la biota edáfica y las actividades humanas (e.g. uso de maquinaria silvícola). El intercambio neto del ecosistema (INE) es una medida de la cantidad neta de carbono que entra y sale del ecosistema. El INE toma en cuenta todos los intercambios verticales de flujos de carbono resultado de la fotosíntesis, la respiración autotrófica y heterotrófica, así como flujos derivados de los disturbios naturales como lo son los incendios forestales que fácilmente remueven una gran cantidad de carbono. Finalmente, la productividad neta del bioma (PNB) puede calcularse sumando la productividad primaria neta de todos los ecosistemas dentro de una específica región o paisaje y restando las pérdidas causadas por los disturbios como el fuego, la cosecha, los vientos, entre otros. La PNB es tal vez la forma más apropiada de analizar cambios en el secuestro de carbono a grandes escalas temporales como espaciales (Boisvenue & Running, 2006).

La investigación científica no se ha limitado solamente a cuantificar la productividad forestal, sino también a tratar de entender sus fluctuaciones temporales o estacionales, su distribución y variación espacial y los factores que controlan y regulan los patrones de productividad que se observan en la naturaleza. En las últimas décadas, el gran avance tecnológico manifestado en el poder de los ordenadores y el importante desarrollo conceptual relacionado al entendimiento de los procesos y variables involucrados en el ciclo del carbono, han permitido la evolución de modelos de simulación cada vez más sofisticados. En este sentido, el desarrollo de los modelos ecológicos de simulación como herramientas y técnicas de investigación, ha brindado la oportunidad de generar conocimiento científico robusto a través de la formulación y confrontación de hipótesis científicas. Asimismo, los modelos ecológicos permiten resolver preguntas ecológicas relacionadas con los procesos e interacciones de los sistemas complejos, es decir, sistemas no lineales y estocásticos (Jørgensen & Fath, 2011). En particular, los modelos de simulación de la dinámica de carbono han sido desarrollados con la finalidad de generar estimaciones de la productividad y flujos de carbono en los ecosistemas, así como de importantes variables silvícolas de crecimiento y producción, al integrar el efecto multifactorial del clima, los disturbios naturales y el manejo forestal.

A nivel internacional y como está ya estipulado en los tratados y protocolos internacionales sobre el cambio climático (e.g. Convención Marco de las Naciones Unidas sobre el Cambio Climático (CMNUCC) y el Protocolo de Kioto), los países necesitan generar información sólida y detallada sobre el estado de los reservorios y los cambios en los flujos de carbono en los sistemas forestales. Los gestores ambientales, actores políticos y gobiernos locales utilizan los modelos de simulación como herramientas técnicas e instrumentos de investigación que les permiten cuantificar los niveles de materia orgánica (viva y muerta) en los ecosistemas forestales, tanto pasados como actuales, proyectar los niveles futuros, así como explorar cambios en la dinámica del carbono bajo diferentes escenarios de cambio climático y/o planes de manejo forestal. La información derivada de estos modelos es aplicada con la finalidad de hacer mejorías en los planes de manejo y aprovechar de manera sostenible los recursos naturales (Kurz, Dymon, White, Stinson, Shaw, Rampley et al. 2009).

2. Modelos de simulación de la dinámica del carbono

Los modelos de simulación de la dinámica del carbono varían por la escala espacial y temporal en la que operan y la manera y el nivel de detalle en que los procesos ecológicos que gobiernan el secuestro de carbono son representados. Ejemplos de estos procesos son: la fotosíntesis, el crecimiento, la tasa de mortalidad, la descomposición de la materia orgánica, la dispersión de semillas, la regeneración y la competencia. En esta sección se discutirán, de manera detallada, tres modelos de simulación de la dinámica del carbono: CENTURY, CBM-CFS3 y LANDIS. Además, se proporciona al final de la misma, una lista de modelos de interés potencial para el lector. Estos tres modelos fueron seleccionados ya que brindan diferentes enfoques para simular la dinámica del carbono en los sistemas forestales y por su conocida aplicabilidad en la gestión de los recursos naturales. CENTURY por ejemplo, es un modelo basado en los procesos biogeoquímicos terrestres enfocado en el sistema planta-suelo; el modelo CBM-CFS3 es un modelo no espacial que utiliza las curvas de productividad para estimar los almacenes y flujos de carbono a la escala de la parcela y el paisaje; y finalmente LANDIS es un modelo espacial que simula la dinámica forestal a la escala del paisaje. Estos modelos también difieren en el número y tipo de reservorios de carbono que simulan, los datos de entrada requeridos y la inclusión explícita o no, de los disturbios naturales y sus interacciones con la dinámica del carbono.

2.1. CENTURY: un modelo basado en los procesos biogeoquímicos del ecosistema

El modelo CENTURY creado por Bill Parton y su grupo de investigación en 1987, es uno de los más usados para modelar la dinámica de la materia orgánica en el suelo a nivel del ecosistema. Esto se debe a que incorpora de manera sencilla y explícita, modelos matemáticos que integran el conocimiento más relevante del sistema planta-suelo. El modelo es utilizado para investigar la distribución y abundancia de los reservorios de carbono y nitrógeno en el ecosistema y entender los efectos a corto y largo plazo de los disturbios naturales y humanos sobre la dinámica del carbono. La relativa facilidad en la obtención de los datos de entrada ha permitido su validación y aplicación en diferentes tipos de ecosistemas terrestres como los bosques, las sabanas, los pastos y los sistemas agrícolas (Parton, McKeown, Kirchner & Ojima, 1992).

CENTURY simula mensualmente a lo largo del periodo de simulación establecido por el usuario, la producción primaria neta (PPN), el contenido de carbono en los diferentes compartimientos de los árboles, el contenido en nutrientes y lignina, los ciclos biogeoquímicos del carbono, el nitrógeno, el fósforo y el azufre, la dinámica de la materia orgánica en el suelo, así como la temperatura y el contenido de agua en el mismo. Utiliza como variables de entrada: 1) el tipo de ecosistema en estudio, 2) información meteorológica (temperatura mínima, máxima y media; precipitación media mensual y evapotranspiración media mensual), 3) datos de suelo (contenido de arcilla, arena y limo, contenido de carbono, densidad aparente), 4) el contenido de lignina, nitrógeno, azufre y fósforo en el material vegetal, 5) las entradas de nitrógeno atmosférico en el suelo, 6) información sobre el manejo y uso de la tierra (historia del lugar, adición de fertilizantes, cosechas), así como 7) información sobre el régimen de perturbación.

Los componentes estructurales más importantes del modelo así como los flujos que los interconectan se muestran en la Figura 3. La producción vegetal se calcula en función de la disponibilidad de nutrientes, el potencial genético de cada especie y de factores climáticos como la temperatura promedio del suelo y la precipitación. La producción vegetal (biomasa aérea y subterránea) es después transferida como carbono, nitrógeno y fósforo a los diferentes órganos vegetales: las hojas, las raíces finas y gruesas, las ramas, y el tronco. Después de la muerte, el material biológico que cae al suelo es transformado y modificado a una tasa de descomposición que varía en función de su cociente lignina/nitrógeno. En CENTURY, el material biológico es dividido en dos: el material vegetal estructural y el metabólico. El material vegetal estructural incluye principalmente compuestos resistentes a la descomposición como lo son: la celulosa, la hemicelulosa y la lignina. El componente metabólico, por su parte, se compone de productos ya metabolizados que son digeridos con facilidad (Parton et al., 1992). El balance hídrico del suelo, es decir, el almacén y drenaje de agua, así como la temperatura promedio del mismo obtenida en función de la producción vegetal aérea, se calculan mensualmente. La precipitación, el contenido de agua almacenada y la temperatura del suelo controlan la tasa de descomposición de la materia orgánica. El modelo CENTURY asume que la descomposición de los residuos vegetales es mediada por la biota edáfica y que ésta al respirar libera CO_2 y agua. El modelo integra también el efecto de la textura del suelo sobre la tasa de descomposición. Por ejemplo, altos contenido de arcilla tienden a estabilizar el carbono orgánico en el suelo aumentando así su almacenaje en éste. El contenido de carbono orgánico aumenta la solubilidad de otros nutrientes como el calcio. Estos nutrientes se encuentran entonces disponibles para ser absorbidos por las plantas, lo que a su vez promueve el crecimiento vegetal. La materia orgánica en el suelo representa una entidad dinámica y compleja, en constante estado de flujo. CENTURY simula la dinámica del carbono de la materia orgánica en el suelo, a través de tres principales reservorios que se distinguen según su tipo de composición biológica y su tasa de descomposición, es decir, la velocidad con la cual el material del que están compuestos es reemplazado por nuevo material o transferido a otros reservorios. El reservorio *activo*, con tasas de descomposición relativamente cortas de 1 a 3 meses, incluye a todos los microorganismos del suelo y a sus productos metabólicos. El reservorio *lento*, posee tasas de entre 10 a 50 años y se distingue por su alto contenido en material vegetal estructural. El reservorio *pasivo*, con tasas de recambio que varían entre 400 a 4000 años, se compone de material muy resistente a la descomposición que se encuentra física y químicamente estabilizado. Los reservorios del suelo activo y lento, ambos reciben material orgánico muerto originado por la vegetación. Una fracción de éstos es transferida al reservorio pasivo durante la descomposición (Parton et al., 1992).

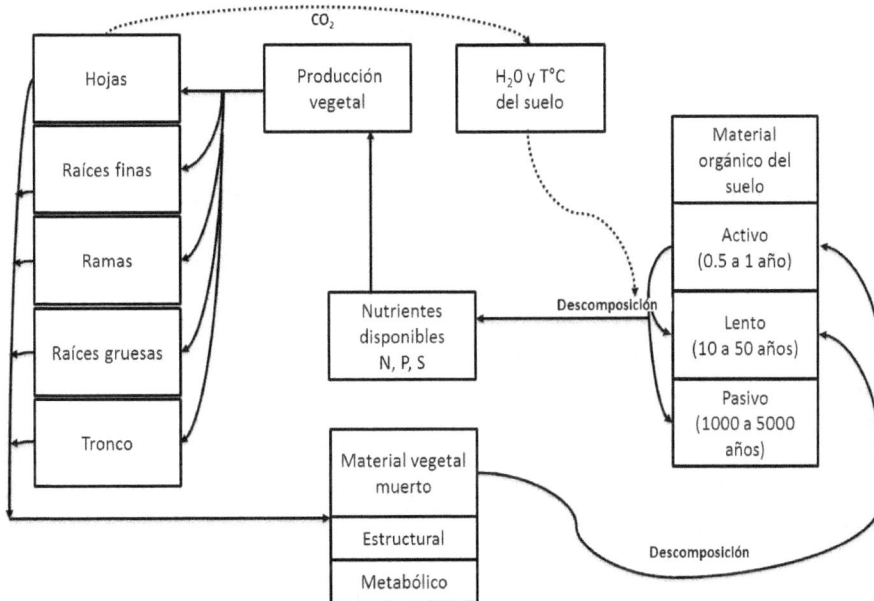

Figura 3. Modelo CENTURY mostrando sus componentes estructurales más importantes así como los flujos que los interconectan. Una proporción de la producción vegetal neta es transferida a los compartimientos vegetales. Al morir, el material biológico se acumula en el suelo. La descomposición del material orgánico gracias a la acción de la biota edáfica provoca que el carbono sea transferido y almacenado en el suelo. Parton et al. (1992)

Las etapas principales de este modelo, aunque no exclusivas de éste, son: la parametrización, que consiste en la definición de los parámetros (e.g. producción vegetal, tasa de recambio, etc.) a partir de datos meteorológicos, edáficos e información relacionada con el uso del suelo y el régimen de perturbación los cuales son específicos para el área de estudio en cuestión; la simulación de la dinámica del carbono y del nitrógeno bajo diferentes escenarios; la validación del modelo, para lo cual los resultados obtenidos en la simulación son comparados estadísticamente con los datos obtenidos en campo; y finalmente el análisis de sensibilidad, que permite identificar las variables que tienen una mayor influencia sobre los resultados y estimar la incertidumbre asociada con la determinación de éstos parámetros. El modelo CENTURY ha sido ampliamente utilizado como instrumento en la gestión ambiental y la planificación territorial para investigar la respuesta de los ecosistemas al cambio climático; para analizar los factores que regulan el desarrollo vegetal, el secuestro del carbono y la dinámica de los nutrientes del ecosistema bajo diferentes escenarios de manejo, o a lo largo de la sucesión ecológica (proceso que resulta en el recambio de comunidades vegetales a través del tiempo); para evaluar hipótesis científicas relacionadas con el cambio de uso de la tierra, particularmente cuantificar el secuestro de carbono por la agricultura; para evaluar el efecto de la herbívora sobre el ciclo del nitrógeno (Throop, Holland, Parton, Ojima & Keough, 2004); y para la valoración de los servicios ecosistémicos asociados a la mitigación del cambio climático. La evolución del modelo continúa en la medida que el entendimiento de los procesos biogeoquímicos se profundiza. La identificación de áreas problemáticas dónde los procesos aún no han sido cuantificados adecuadamente es prioridad para futuras investigaciones científicas. De igual forma, la aplicación de este modelo permite la identificación de áreas de investigación prioritarias y el desarrollo de nueva experimentación.

Las principales limitantes del modelo CENTURY son de carácter conceptual y tienen que ver con la simplificación del sistema planta-suelo, particularmente en relación con el efecto de la textura del suelo sobre la dinámica del carbono así como la falta de caracterización explícita de la mineralogía del suelo y el hecho de que los compartimientos de carbono representados en el modelo constituyen fracciones difíciles de determinar experimentalmente. Por ejemplo, en los ecosistemas tropicales, la formación del complejo químico entre la MOS y el aluminio altera el proceso de mineralización. Como consecuencia, la necesidad de datos de campo y laboratorio relacionados con el efecto de la mineralogía del suelo, el pH, el contenido de aluminio y otros cationes sobre la formación y estabilización de la MOS resulta imprescindible para la correcta calibración y validación de este modelo (Zagal, Rodriguez, Vidal & Flores, 2002; Bricklemyer, Miller, Turk, Paustian, Keck & Nielsen, 2007).

2.2. CBM-CFS3: modelo de balance de carbono a escala operativa del sector forestal canadiense

El CBM-CFS3 (por sus siglas en inglés) es un modelo no espacial que simula la dinámica de carbono a nivel de la parcela y/o el paisaje y es tal vez el modelo más desarrollado que utiliza el servicio forestal canadiense para estimar el balance de carbono a nivel nacional. El modelo cuantifica anualmente los cambios en los almacenes de carbono en la biomasa forestal, los suelos y los productos forestales maderables que ocurren debido al crecimiento, el recambio de biomasa, la descomposición y las transferencias mecánicas (Kurz et al., 2009). El paisaje en el CBM-CFS3 es representado como un mosaico de unidades espaciales (Figura 4). Cada parcela dentro del área de estudio está espacialmente referenciada a la unidad espacial de la cual proviene. Todos los parámetros y los datos de entrada se encuentran referenciados a una o varias unidades espaciales.

El modelo requiere como datos de entrada, los derivados de los inventarios forestales y de la gestión forestal. La lista de especies, las curvas de crecimiento y rendimiento, el tipo y frecuencia de los disturbios de origen natural (fuego, infestación de insectos) y humanos (corta, deforestación), el cambio de uso del suelo y los planes de aprovechamiento forestal son algunos ejemplos. El modelo CBM-CFS3 utiliza una serie de parámetros ecológicos apropiados para Canadá. Sin embargo, estos parámetros pueden ser modificados por el usuario lo que facilita la utilización potencial del modelo en otros países. El CBM-CFS3 monitorea el contenido de carbono en diez reservorios de biomasa viva y once reservorios de materia orgánica muerta tal como lo estipula el protocolo de Kioto. Los reservorios de biomasa viva incluyen: el tronco, la corteza, el follaje, las raíces gruesas y raíces finas tanto para las coníferas como para las especies de hojas caducas. Los reservorios de la materia orgánica muerta son categorizados según el tipo de material y su tasa de descomposición (Kurz et al., 2009). Los impactos de los disturbios naturales sobre la dinámica de carbono son representados a través de una matriz que describe la proporción de carbono transferido entre los reservorios, los flujos de carbono a la atmósfera y las transferencias a los productos del sector forestal. Estas proporciones son específicas para cada tipo de disturbio y varían espacialmente con la finalidad de reflejar las diferencias en su intensidad. El modelo tiene la capacidad de simular la mortalidad parcial, es decir, fraccionar el impacto del disturbio de manera más realista. Por ejemplo, una infestación por un insecto puede matar 40% de los individuos, consumir 80% del follaje y emitir 5% del carbono a la atmósfera a través de la respiración (Kurz et al., 2009).

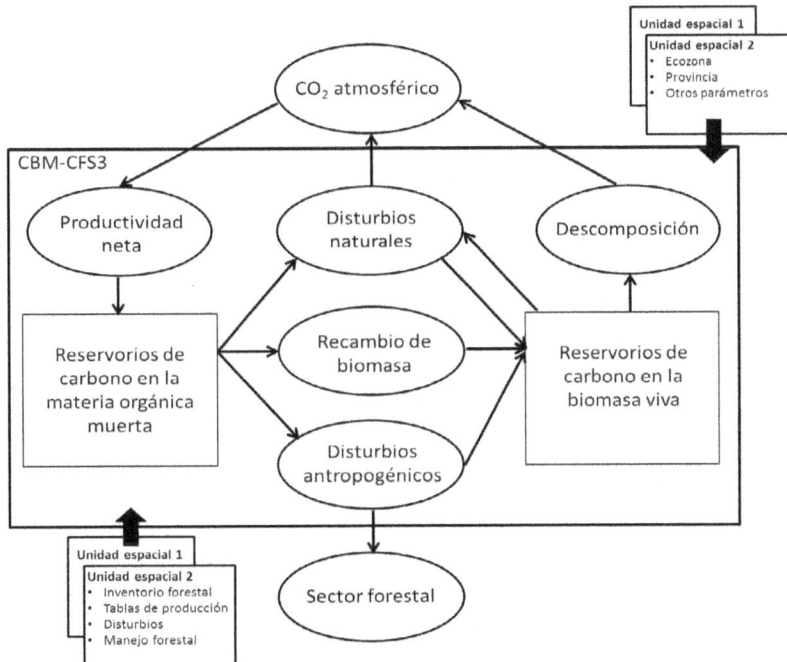

Figura 4. Esquema mostrando el funcionamiento general del modelo CBM-CFS3. La simulación de la productividad vegetal provoca que el carbono entre al sistema. El recambio de biomasa y los disturbios naturales transfieren carbono de los reservorios de la biomasa hacia la materia orgánica muerta. La descomposición, los disturbios naturales y antropogénicos, causan pérdidas de carbono mediante las emisiones de gases a la atmósfera. Kurz et al. (2009)

Los gestores forestales pueden utilizar el CBM-CFS3 para crear diversos proyectos bajo diferentes escenarios de manejo, comparar los resultados en términos del carbono y seleccionar aquel que mejor cumpla con los objetivos operacionales. Además, el modelo permite reportar las contribuciones de cada plan de manejo al ciclo global del carbono con la finalidad de cumplir con los requisitos para la certificación forestal y la gestión forestal sostenible, así como para desarrollar estrategias para minimizar las emisiones de carbono a la atmósfera. Al modificar los parámetros ecológicos y los datos climáticos, los gestores pueden evaluar también cambios potenciales futuros en las condiciones ecológicas de las áreas de manejo, así como realizar proyecciones de las reservas de carbono en los bosques bajo diferentes escenarios de cambio climático. Actualmente el modelo está siendo validado en países como Australia, Alemania, China, Corea, Italia y los Estados Unidos de América. En otros países como Rusia y México el modelo ya es utilizado con la finalidad de monitorear las reservas de carbono en los bosques y de reportar los resultados a las diversas comisiones internacionales de cambio climático (Convención Marco de las Naciones Unidas sobre el Cambio Climático y el Protocolo de Kioto).

El CBM-CFS3 tiene ciertas limitantes que son importantes de mencionar. El modelo, por ejemplo, no es apropiado para simular proyectos de restauración ecológica como lo es la forestación en sitios mineros, los humedales y áreas industriales, ya que se carece de información sobre la cantidad y la dinámica del carbono en el suelo de estos sistemas. Otra limitante tiene que ver con la representación inapropiada de las turberas. Esto se debe a que la locación geográfica de estos ecosistemas no se encuentra espacialmente referenciada, por lo que resulta imposible entonces establecer relaciones espaciales con los datos de biomasa provenientes de los inventarios regionales. Asimismo, el efecto de la vegetación del sotobosque (briofitas, pastos, y arbustos) sobre la dinámica del carbono no es simulada por el CBM-CFS3. Esto último puede subestimar significativamente la cantidad de carbono en la parte orgánica del suelo y aumentar así la incertidud de los resultados (Bona, Fyles, Shaw & Kurz, 2013).

2.3. LANDIS: un modelo de simulación de la dinámica forestal a nivel de paisaje

LANDIS es un modelo espacial y estocástico que opera a nivel de paisaje y que fue diseñado originalmente para simular la dinámica forestal en un bosque mixto al norte de Wisconsin (USA) sujeto a múltiples disturbios (Mladenoff, 2004; Scheller & Mladenoff, 2004). Actualmente, el modelo LANDIS ha sido extensamente aplicado a otros tipos de ecosistemas para simular diferentes procesos ecológicos relacionados con la dinámica forestal como lo son: la sucesión, la dispersión de semillas, la dinámica del carbono y los efectos del cambio climático a resoluciones espaciales de miles a millones de hectáreas. El modelo se ha utilizado también para cuantificar la eficacia de diversos escenarios de manejo forestal y estrategias de restauración ecológica, así como para simular y evaluar la interacción de diferentes disturbios de origen humano (Xi, Coulson, Birt, Shang, Waldron, Lafon et al., 2009). Conceptualmente, el modelo LANDIS trata al paisaje como un sistema espacialmente dinámico y heterogéneo el cual es dividido en miles de sitios o celdillas de igual tamaño, con coordenadas únicas, y espacialmente ligados a través de los procesos ecológicos arriba mencionados. Cada sitio (o celdilla) forma parte de una región ecológica definida por el usuario y posee características del suelo y clima similares. El modelo es inicializado a partir de imágenes matriciales y archivos de texto que contienen información sobre la ecoregión, los atributos de cada especie, la comunidad inicial, la sucesión y la regeneración. En LANDIS, cada sitio o celdilla agrupa diferentes especies vegetales estructuradas por clase de edad (cohortes) de las que se tiene información sobre su longevidad, su capacidad de establecimiento y dispersión, así como su susceptibilidad a los disturbios naturales (Figura 5).

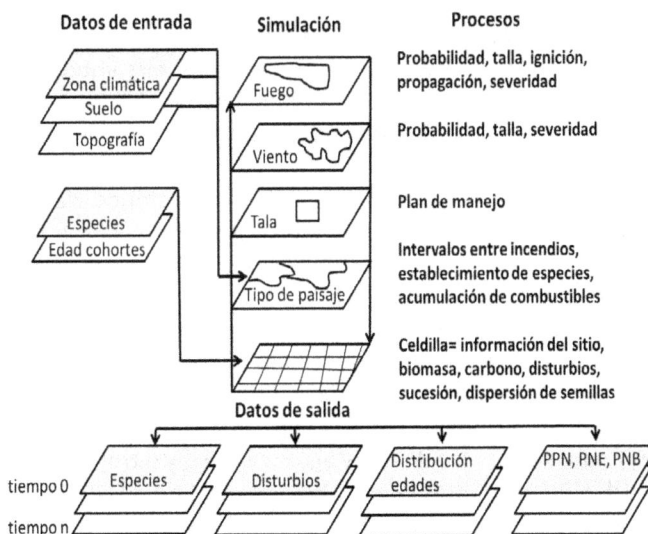

Figura 5. Diseño operativo de LANDIS. Mladenoff (2004)

LANDIS opera a intervalos de diez años; sin embargo, la nueva generación LANDIS-II, se distingue por su capacidad de simular los procesos ecológicos a diferentes intervalos temporales y se caracteriza por integrar, de manera explícita, representaciones de la dinámica de combustibles (tasa de acumulación) así como de la interacción entre éstos y los incendios forestales. LANDIS-II, permite además caracterizar mejor la interacción entre los disturbios naturales y los cambios en la composición y la estructura del bosque a nivel del paisaje, al integrar un módulo que simula la biomasa vegetal y la dinámica de carbono a lo largo de la sucesión. Este módulo permite monitorear el carbono (g C/m^2) alojado en: la biomasa leñosa y no leñosa, las raíces finas y gruesas, los árboles muertos en pie, y el carbono en el suelo tanto en la parte orgánica (hojarasca y detritus) como mineral. Los parámetros de descomposición en los diferentes reservorios son tomados del modelo de balance del carbono a escala operativa del sector forestal canadiense (CBM-CFS3, Kurz et al., 2009). A partir de esta información, el módulo calcula anualmente la productividad primaria neta (PPN), la respiración heterotrófica, la mortalidad vegetal (por senescencia y a causa de los disturbios), la productividad neta del ecosistema (PNE), la productividad neta del bioma (PNB), así como trasferencias de carbono al sector de productos forestales derivados de la tala.

A pesar de las grandes capacidades que LANDIS brinda al operar a escalas espaciales extensas y a la oportunidad consecuente de responder a diversos cuestionamientos ecológicos que serían imposibles de verificar con los métodos experimentales convencionales, el modelo posee algunas limitantes que son importantes de mencionar. Primeramente, LANDIS, por su naturaleza, se encuentra fundamentalmente limitado por el desarrollo intelectual y el entendimiento de los procesos relevantes que afectan los fenómenos naturales. Debido a que no todos los procesos involucrados se conocen a profundidad y como resultado de su condición estocástica, el modelo no debe ser usado para hacer predicciones, sino solamente para entender las interacciones e importancia relativa de los procesos en cuestión. Debido a que LANDIS fue diseñado para simular paisajes dominados por especies leñosas, su aplicabilidad en ecosistemas dominados por especies anuales es cuestionable. Diversos procesos que son relevantes a una escala espacial muy fina, como por ejemplo, la apertura y cierre de los estomas, no son representados en el modelo. Finalmente, una de las limitantes más importantes de este modelo tiene que ver con el compromiso entre la extensión del paisaje y la resolución y calidad de los datos de entrada así como la parametrización y validación del mismo.

Además de los modelos arriba mencionados, muchos laboratorios científicos alrededor del mundo se han dado a la tarea de desarrollar modelos que simulan, a diferentes escalas, la dinámica del carbono. Esta diversidad de modelos provee al usuario la oportunidad de elegir el modelo que mejor se adecúe a sus necesidades particulares y a los datos disponibles. A continuación se proporciona una breve lista de otros modelos de simulación de la dinámica del carbono y se discuten de manera simple, algunos de sus usos. El modelo ecofisiológico FOREST-BGC, utiliza información meteorológica (precipitación, temperatura, radiación) tomada diariamente para derivar cambios anuales en la fotosíntesis, la respiración y la evapotranspiración y para estimar los flujos de agua, carbono y nitrógeno entre la atmósfera, la vegetación y el suelo (Running & Gower, 1991). El modelo CO2FIX, basado en procesos ecológicos, se ha aplicado en diversos ecosistemas forestales y silvícolas del mundo para simular la dinámica de carbono ya que tiene la ventaja de simular explícitamente el crecimiento de varias especies en función de la densidad (competencia) e integrar diferentes estrategias silvícolas y agroforestales. CO2FIX reporta la cantidad de carbono en la vegetación, los compartimientos de materia orgánica del suelo y en los productos maderables (Schelhaas, van Esch, Groen, de Jong, Kanninen, Liski et al., 2004). FORECAST (Kimmins, Mailly, & Seely, 1999), es un modelo ecosistémico híbrido, es decir, que integra por una parte un componente determinístico relacionado con los modelos estadísticos de crecimiento y productividad y por otra parte un componente mecanístico derivado de la representación de los procesos ecológicos responsables de la acumulación de biomasa y de la productividad en los sistemas forestales. La versión FORECAST-Climate ha sido desarrollado actualmente para representar explícitamente los impactos potenciales del cambio climático sobre el crecimiento y desarrollo de los sistemas forestales (Lo, Blanco, Kimmins, Seely & Welham, 2011). Finalmente, el modelo LPJ-GUESS es un modelo dinámico de la vegetación y el ecosistema que incorpora representaciones de la vegetación, demografía y competencia a nivel individual y de la parcela. Ha sido utilizado, entre otros fines, para evaluar las incertidumbres en las estimaciones globales del balance de carbono (Ahlström, Schurgers, Arneth & Smith, 2012).

3. Técnicas de estimación del balance de carbono

La calibración y validación de los modelos ecológicos son etapas fundamentales del modelado de los sistemas complejos. Ambas etapas hacen uso de datos de campo para encontrar el mejor balance entre los datos simulados y los observados (calibración) y para analizar de manera objetiva su exactitud (validación). El éxito en la calibración y validación de un modelo ecológico está fuertemente ligado a la calidad y cantidad de los datos de campo (Jørgensen & Fath, 2011). Particularmente, la calibración y la validación de los modelos de simulación de la dinámica del carbono requieren de la cuantificación de las variables abióticas y bióticas involucradas en los procesos de secuestro y almacén de carbono. Las técnicas que se mencionan a continuación son empleadas para la estimación del balance de carbono a diferentes escalas, desde la hoja hasta un nivel global.

3.1. Medición de los flujos de CO₂ y vapor de agua a la escala de la hoja: principios fisiológicos

La productividad primaria neta depende de la absorción y fijación del carbono a través de la fotosíntesis y su liberación a través de la respiración autotrófica. A nivel de la hoja, la tasa fotosintética y la tasa de respiración son expresadas como la cantidad de CO_2 absorbido (o emitido) por unidad de área foliar por unidad de tiempo ($\mu mol\ CO_2\ m^{-2}s^{-1}$). La tasa fotosintética en las plantas depende principalmente del tipo de metabolismo celular (e.g. metabolismo tipo C_3, C_4, CAM), y de factores abióticos como la cantidad de radiación fotosintéticamente activa, la temperatura y la concentración de CO_2 intercelular (Long & Bernacchi, 2003). La caracterización de los flujos de carbono y agua a nivel de la hoja, hace necesaria la descripción de cinco variables principales: la conductancia estomática, la asimilación neta de carbono, la transpiración, el potencial hídrico y la temperatura foliar. Mediciones de estas variables a diferentes alturas de la copa del árbol a lo largo del tiempo permiten caracterizar los flujos gaseosos a nivel del dosel (Zavala, Urbieta, Bravo & Angulo, 2005).

Los sistemas portátiles de medición de la fotosíntesis, como por ejemplo el modelo LI-6400 (Li-Cor, Lincoln, NE), constan de un analizador infrarrojo de gases y una cámara foliar con una fuente artificial de luz roja y azul que mide la asimilación de CO_2 (A), la evapotranspiración (E), la conductancia estomática (g1) y la fracción molar de CO_2 intercelular (Ci). Este analizador de gases permite hacer mediciones en tiempo real de los intercambios gaseosos en superficies foliares muy pequeñas (~2 cm²). Estas características hacen que el tiempo de retardo entre cada medición disminuya significativamente, lo que proporciona mayor control de las condiciones dentro de la cámara foliar (Long y Bernacchi, 2003). Es posible controlar desde la consola externa de la unidad las condiciones de humedad, temperatura, concentración de CO_2 y radiación fotosintéticamente activa dentro de la cámara y almacenar los parámetros para generar automáticamente curvas de respuestas y otros datos. Las respuestas fotosintéticas son cuantificadas con la finalidad de examinar las limitantes bioquímicas de la fotosíntesis y con la de detectar patrones y diferencias entre las especies a través de gradientes ambientales (Long & Bernacchi, 2003).

La asimilación de CO_2 está limitada por tres procesos: la actividad enzimática de la Rubisco, el transporte de electrones (RuBP) y el reciclaje de fosfato (Figura 6). Estas tres fases son representadas matemáticamente por el modelo de fotosíntesis desarrollado por Farquhar, von Caemmerer y Berry (1980). Este modelo ha sido ampliamente validado y permite entender cómo la bioquímica de la hoja y las condiciones ambientales combinan su influencia para determinar la tasa fotosintética de las plantas. El modelo, con algunas modificaciones, también permite investigar cómo la energía solar absorbida por la clorofila se reparte entre los procesos de la fotosíntesis y la fotorespiración. Representa también una manera de integrar cuantitativamente las limitaciones bioquímicas y estomáticas de la fotosíntesis a través de la respuesta en la absorción de CO_2 en función de la fracción molar intercelular de CO_2 (A-Ci; Long & Bernacchi, 2003). Las curvas fotosintéticas A-Ci indican la respuesta de las plantas a diferentes concentraciones de CO_2 (Figura 6). Las curvas de respuesta A-Ci se determinan midiendo la asimilación neta (A) y la evapotranspiración (E) bajo diferentes concentraciones de CO_2 atmosférico durante un periodo determinado. A partir de las mediciones derivadas *in vivo* y utilizando los métodos estadísticos convencionales es posible estimar los parámetros que definen la curva fotosintética utilizando el modelo de fotosíntesis de Farquhar: la tasa máxima de fotosíntesis (Amax), la fotorespiración (Rd), la velocidad máxima de carboxilación de la Rubisco (Vc,max) y la tasa máxima de transporte de electrones para la regeneración de la rubilosa 1,5-bifosfato (RuBP; Jmax) entre otros (Figura 6).

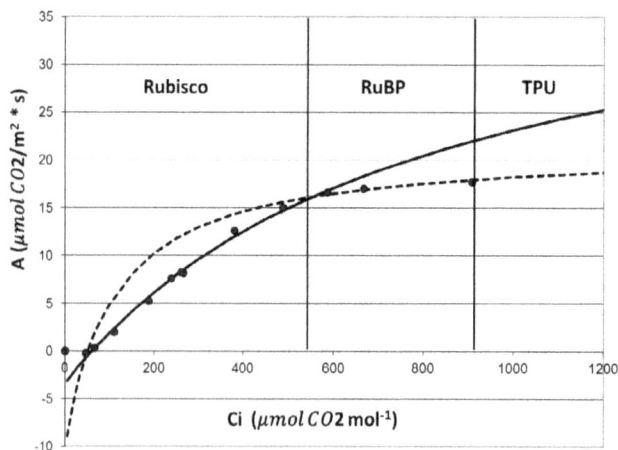

Figura 6. Respuesta fotosintética de una planta del sotobosque al incremento en CO_2. Los datos experimentales (círculos sólidos) se obtuvieron a partir de mediciones realizadas con el analizador portable LI-6400. La asimilación fotosintética se estimó utilizando el modelo bioquímico fotosintético de Farquhar (1980) en función de si la Rubisco (línea continua) o la regeneración de RuBP (línea discontinua) actuaban como limitantes del proceso. Los parámetros utilizados fueron: Vc,max=45 μmol CO_2 $m^{-2}s^{-1}$, Jmax=94 μmol CO_2 $m^{-2}s^{-1}$ 1, Rd=-0.89 μmol CO_2 $m^{-2}s^{-1}$. La fracción molar de CO_2 intercelular en la cual la fotosíntesis transita entre ser limitada por la Rubisco o por RuBP es de 555 μmol mol^{-1}

3.2. Torres de eddy covariance: técnica para medir lujos de gases a escala de un ecosistema

Esta técnica es utilizada para cuantificar el balance anual de carbono de un ecosistema a través de los flujos verticales de gases (CO_2 y CH_4), calor (latente y sensible) y agua que son transportados por los torbellinos o *eddies* contenidos en el flujo de aire (Burba & Anderson, 2010). Los datos derivados de las torres eddy covariance han sido utilizados extensivamente en la calibración y validación de diversos modelos de clima global y de procesos biogeoquímicos (Valentini, 2003). Para entender adecuadamente ésta técnica es necesario explicar brevemente algunos principios generales. El movimiento de aire en el ecosistema puede ser visualizado como un flujo horizontal que contiene muchos torbellinos o *eddies* en rotación. Imaginemos ahora un escenario hipotético en el cual el flujo de aire contiene dos torbellinos en rotación, cada uno con una dirección y velocidad determinadas (Figura 7). En un primer momento (tiempo 1), el primer torbellino hipotético mueve una capa de aire hacia abajo a una determinada velocidad (w_1). En el mismo lugar pero al siguiente momento (tiempo 2), otro torbellino mueve una capa de aire hacia arriba a una determinada velocidad (w_2). Si sabemos cuántas moléculas se movieron arriba y cuántas abajo, es posible entonces calcular el flujo vertical en un punto y tiempo determinado. En términos matemáticos simples, el flujo vertical es igual al producto de la densidad del aire, la velocidad vertical del viento y la proporción de mezcla de gases en cuestión (Burba & Anderson, 2010).

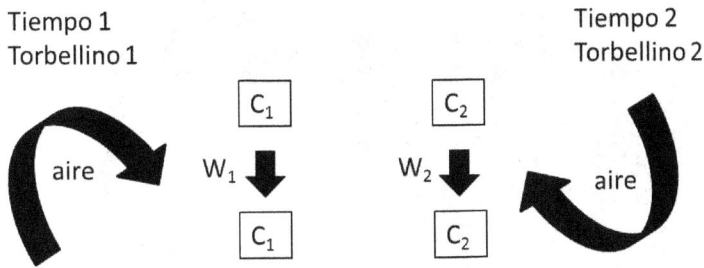

Figura 7. Diagrama representando dos torbellinos o eddies hipotéticos. En un primer momento (tiempo 1), el primer torbellino hipotético mueve una capa de aire hacia abajo a una determinada velocidad (w_1). En el mismo lugar pero al siguiente momento (tiempo 2), otro torbellino mueve una capa de aire hacia arriba a una determinada velocidad (w_2). Si sabemos entonces cuántas moléculas se movieron arriba y cuántas abajo, es posible entonces calcular el flujo vertical en un punto y tiempo determinado. Burba y Anderson (2010)

La implementación experimental de las torres eddy covariance requiere, en primera instancia, de la selección del lugar dónde ésta será instalada. Se recomienda que las torres sean instaladas en zonas planas y que su altura y posición sean óptimas para representar el área de interés y para capturar los vientos prevalecientes. El término en inglés "flux footprint" representa justamente el área detectada o "vista" por los instrumentos (Burba & Anderson, 2010). Las torres están provistas de instrumentos, sincronizados temporal y espacialmente, con una alta frecuencia de respuesta (i.e. 10 Hz y 20 Hz) y que capturan variaciones en los flujos verticales. Estos instrumentos deben disponerse de manera que no obstruyan el flujo de aire y la radiación solar. La instrumentación típica de una torre eddy covariance se compone de: un anemómetro, un analizador de gases infrarojo y otros sensores adicionales como los termopares, así como un datalogger (Figura 8). Otros sensores pueden añadirse al sistema para personalizarse y adecuarlo a las necesidades del usuario. Existen en el mercado una gran variedad de anemómetros de calidad. Particularmente, el anemómetro sónico de tres dimensiones fabricado por Campbell Scientific está equipado con sensores que miden la velocidad del sonido en tres ejes no ortogonales. A partir de esta medida se obtienen la temperatura sónica y la velocidad vertical del viento, utilizada para el cálculo de flujos (Burba & Anderson, 2010). Por su parte, el analizador de gases, mide las fluctuaciones en la densidad de CO_2 y vapor de H_2O durante el día y la noche. El datalogger analiza, corrige y almacena la información capturada y enviada por los instrumentos. La capacidad de almacenamiento digital de los dataloggers y la gran producción de datos como resultado de la alta frecuencia de respuesta de los instrumentos, hacen posible la integración a escala anual del intercambio de CO_2 a nivel del ecosistema. En este sentido las mediciones directas de los flujos de CO_2 y vapor de agua derivadas de las torres eddy covariance, en combinación con otros estudios a nivel de ecosistema (e.g. análisis de isótopos estables), ofrecen la posibilidad de estimar, a largo plazo, la tasa de secuestro de carbono por los bosques y por las actividades de cambio de uso del suelo a una escala local y regional (Valentini, 2003).

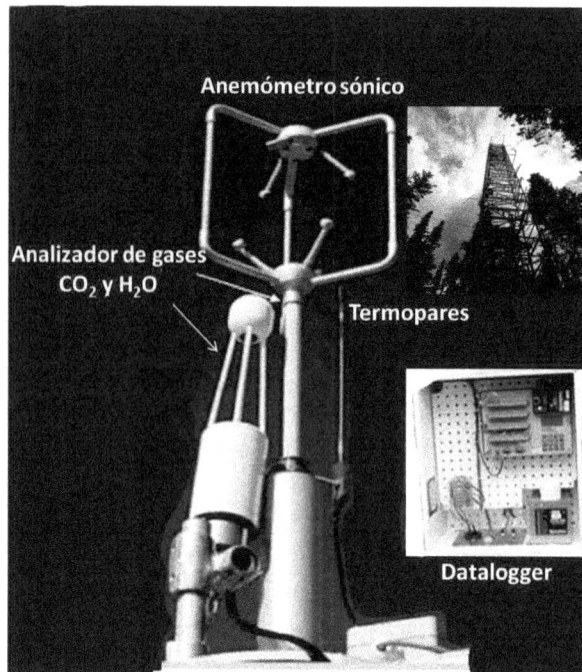

Figura 8. Instrumentación típica de un sistema eddy covariance. El anemómetro sónico, el analizador de gases (sistema abierto y cerrado) y otros accesorios como los termopares. La elección de los diferentes tipos de accesorios depende de las necesidades del usuario. Burba y Anderson (2010)

La técnica de estimación del balance de carbono eddy covariance es cada más utilizada por la comunidad científica, que se ha dado a su vez la tarea de establecer más torres en distintos sitios de investigación. A lo largo de los últimos años, la integración de estas redes de torres ha permitido la creación de grupos internacionales como EUROFLUX, AMERIFLUX y ASIAFLUX. Los tres grupos forman parte de la red global FLUXNET (Figura 9) cuyo objetivo principal es el de cuantificar las diferencias espaciales y temporales del intercambio neto del ecosistema entre diversos sistemas naturales y a través de gradientes ambientales. La integración de estas redes ha permitido también examinar la influencia de la fenología, la sequía, la duración del periodo de crecimiento, la temperatura y otras variables ecológicas sobre el intercambio neto del ecosistema (Valentini, 2003).

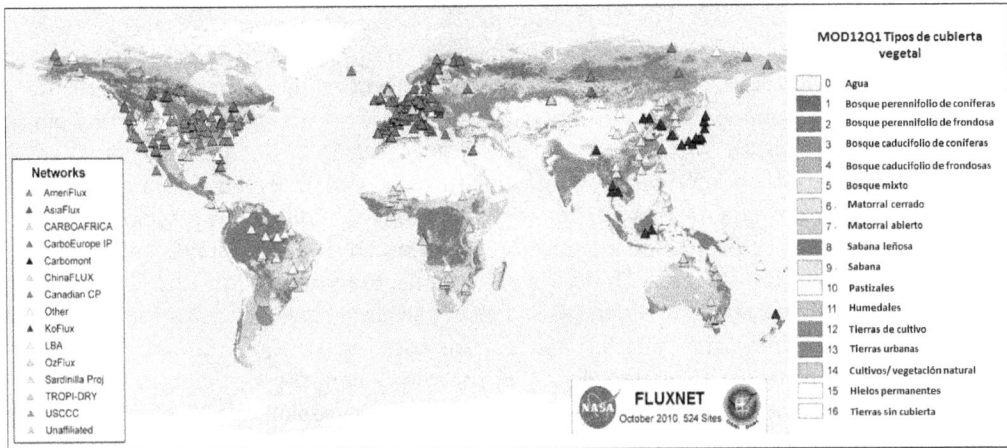

Figura 9. Red global FLUXNET. Se muestran los sitios experimentales localizados en diferentes tipos de cubiertas terrestres según la clasificación de MODIS. Fluxnet (2010) (http://fluxnet.ornl.gov/maps-graphics)

3.3. Isotopos estables para inferir flujos ecosistema-atmósfera

Existen dos tipos de isotopos estables de carbono, el ^{12}C y ^{13}C, que ocurren naturalmente en diferentes proporciones, siendo el primero el más abundante (98.9%). Los isótopos se encuentran distribuidos espacialmente de manera desigual y ésta distribución puede revelar información de los procesos físicos, químicos y metabólicos involucrados en el intercambio de CO_2 entre el ecosistema y la atmósfera. Las variaciones en el cociente isotópico ($^{13}C/^{12}C$) es consecuencia de los efectos isotópicos, es decir, de los procesos involucrados en la creación y destrucción de enlaces de carbono. La manera más directa y no destructiva de cuantificar la discriminación de isótopos (δ^{13}) de carbono es a través del análisis de la composición isotópica ($^{13}C/^{12}C$) utilizando un espectrómetro de masas. La discriminación isotópica (δ^{13}) se obtiene al medir la desviación isotópica de la muestra en cuestión con respecto a un nivel de referencia y multiplicar este valor por mil ($^0/_{00}$). El material de referencia que se utiliza en la determinación de la composición isotópica $^{13}C/^{12}C$, es el carbono encontrado en un fósil de belemnita proveniente de la formación Pee Dee en Carolina del Sur (Farquhar, Ehleringer & Hubick, 1989). Las plantas C_3 tienen un δ^{13} de -28 y las plantas C_4 un valor medio de -14, ambas tienen menos ^{13}C que el que se encuentra en la belemnita estándar, lo que significa que hay una discriminación del ^{13}C durante la fotosíntesis (Taiz & Zeiger, 2010). La discriminación isotópica en contra del ^{13}C durante la reacción de carboxilación catalizada por la Rubisco, provoca que el CO_2 el aire se encuentre enriquecido de isotopos ^{13}C. La espectrometría de masas es utilizada también para estimar la composición isotópica de oxígeno $^{17}O/^{18}O$, lo que brinda información sobre los flujos de agua en el ecosistema. La evapotranspiración por ejemplo, enriquece a la atmósfera con ^{18}O. Diversos estudios ecológicos y fisiológicos utilizan la discriminación de isótopos de carbono y oxígeno como una herramienta que permite entender los intercambios de carbono y agua a la escala del ecosistema.

3.4. La teledetección y el balance de carbono

La teledetección es una herramienta fundamental para cubrir las necesidades de información territorial establecidas por el Protocolo de Kioto, ya que permite realizar el seguimiento y cuantificación de la biomasa vegetal, de los usos del suelo y de sus variaciones a nivel global (González-Alonso, Calles, Merino, Cuevas, García & Roldán, 2005). La teledetección se refiere al proceso de adquisición de información de un objeto o fenómeno, a pequeña o gran escala, utilizando instrumentos que no están en contacto directo con el objeto en estudio (González-Alonso et al., 2005). La teledetección infiere sobre el objeto en cuestión a través del estudio de cómo la radiación electromagnética producida por una fuente (natural o artificial), de la cual se conoce la distribución energética dentro del espectro electromagnético, sufre cambios en su distribución cuando interactúa con el objeto. Uno de los instrumentos científicos más importantes utilizado en la teledetección es el espectroradiómetro de imágenes de media resolución (MODIS, por sus siglas en inglés). MODIS provee medidas de la dinámica global incluyendo cambios en la cobertura vegetal, la temperatura de superficie, los sedimentos y fitoplancton del océano, las características de la nubosidad entre otras. Actualmente se encuentran en órbita dos MODIS, uno a bordo del satélite Terra y el otro a bordo de Aqua, lanzados por la NASA en 1999 y en 2002 respectivamente.

4. Cambio climático y la dinámica del carbono en los sistemas forestales

Todas las plantas requieren de dióxido de carbono, de agua y de radiación solar para llevar a cabo la fotosíntesis. De la radiación global que incide sobre la superficie vegetal sólo la radiación fotosintéticamente activa (PAR, por sus siglas en inglés) se encuentra disponible y es aprovechada por las plantas. Otros factores como la temperatura, la precipitación, la disponibilidad de nutrientes y la eficiencia en el uso del agua pueden limitar la productividad primaria neta en los sistemas forestales. La temperatura, por ejemplo, controla la tasa metabólica en las plantas lo que determina a su vez, la cantidad de fotosíntesis que pueda ocurrir. El agua, por su parte, es el principal componente químico de la mayoría de las células vegetales y su presencia es un requisito indispensable para la fotosíntesis. Las respuestas de las plantas a los cambios en estas variables son muy diversas y dependen principalmente de la distribución espacial de los factores que limitan la fotosíntesis (Boisvenue & Running, 2006).

La temperatura global en la superficie terrestre se ha incrementado en promedio 0.6°C durante los últimos cien años y se predice que continuará en aumento durante el siglo XXI. Las concentraciones de gases de efecto invernadero han seguido aumentando como resultado de las actividades humanas, principalmente de la quema de combustibles fósiles (IPCC, 2007). Alteraciones en la distribución, intensidad y frecuencia de las precipitaciones se han observado también para muchas regiones del mundo aunque de manera más variable que la temperatura. Por ejemplo, los bosques mediterráneos han estado sujetos durante las últimas décadas a una reducción en la precipitación (-20%) y a un aumento promedio en la temperatura (+1.8°C), mientras que en los bosques templados de coníferas del noroeste de Norteamérica se han reportado cambios en la temperatura (+0.8°C) y la precipitación (+14%) que exceden significativamente los valores promedio normales para la región (Boisvenue and Running, 2006; Beniston, 2013). Otros factores ambientales que también se han visto afectados son: la tasa de incidencia de la radiación solar, la duración de la estación de crecimiento y los patrones de caída de nieve. Resulta lógico pensar que si las tendencias climáticas actuales continúan, se esperan observar respuestas fisiológicas que tendrán un impacto significativo sobre la productividad de los bosques. Se han utilizado modelos de clima global (GCM´s, por sus siglas en inglés) para hacer proyecciones en las concentraciones futuras de CO_2 atmosférico, la temperatura, nubosidad y el régimen de precipitación bajo diferentes escenarios de emisiones sugeridos por el IPCC (2007). La mayoría de los modelos de clima global sugieren que las temperaturas globales seguirán subiendo, la frecuencia de los fenómenos climáticos extremos aumentará y las emisiones debidas a la quema de combustibles fósiles y la deforestación seguirán marcando las tendencias en las concentraciones de CO_2 atmosférico a lo largo del siglo XXI (IPCC, 2007). En este sentido, la productividad primaria neta, la dinámica del carbono en el suelo y el régimen de perturbaciones se espera sean afectados por cambios en el clima global (Melillo, McGuire, Kicklighter, Moore, Vorosmaty & Scloss, 1993).

Melillo et al. (1993) evaluaron cambios en la productividad primaria neta de los principales ecosistemas del mundo bajo diferentes escenarios climáticos futuros obtenidos a partir de modelos de clima global que incluían o no aumentos en la concentración de CO_2 atmosférico. Encontraron que las respuestas en la PPN difieren significativamente entre los diferentes tipos de vegetación y varían siguiendo un gradiente latitudinal. En general, una duplicación de la cantidad de CO_2 atmosférico incrementaría en 16.3% la productividad primaria neta global, siendo los bosques tropicales los que contribuirían con cerca de la mitad de éste incremento. Las respuestas en los bosques tropicales y en los ecosistemas de climas templados y secos están determinadas principalmente por cambios en la concentración en el CO_2, mientras que en los bosques boreales y húmedos, éstas repuestas reflejan el efecto combinado de la temperatura y la disponibilidad de nitrógeno.

Los suelos forestales también se verán afectados por cambios en la temperatura y en el régimen de la precipitación, ya que estos factores afectan a su vez la tasa de descomposición de la materia orgánica del suelo (MOS). Dos hipótesis científicas son usadas para predecir la dinámica de los almacenes de carbono en el suelo bajo diferentes escenarios de cambio climático. De acuerdo a la primera hipótesis (Figura 10a), la descomposición de la MOS se ve más estimulada por el incremento en la temperatura que la PPN. Como consecuencia se da una transferencia neta del carbono alojado en la MOS hacia la atmósfera lo que deriva en un mecanismo de retroalimentación positiva, es decir, la liberación de carbono del suelo y el subsecuente incremento de CO2 atmosférico y de la temperatura. Sin embargo, existe un inhibidor a este mecanismo: el incremento en las concentraciones de nitrógeno como producto de una estimulada descomposición. Elevados niveles de nitrógeno en el suelo estimulan la PPN lo que potencialmente aumenta la entrada de carbono a través de la hojarasca y el recambio de raíces (rizodeposición), compensando de alguna forma las pérdidas de carbono de la MOS ocasionadas por la alta descomposición (Rodeghiero, Heinemeyer, Schrumpf & Bellamy, 2010). La segunda hipótesis (Figura 10b), considera además, el efecto de la deposición de nitrógeno derivado de las actividades humanas (e.g. uso agrícola de fertilizantes y la combustión de los combustibles fósiles). Esta hipótesis considera el efecto positivo del nitrógeno sobre la PPN, pero también el efecto negativo que tiene éste último al disminuir el cociente C/N del material biológico reduciendo así la descomposición de la MOS. El resultado entonces es el incremento en el contenido de carbono en el suelo (Rodeghiero et al., 2010).

a)

b)

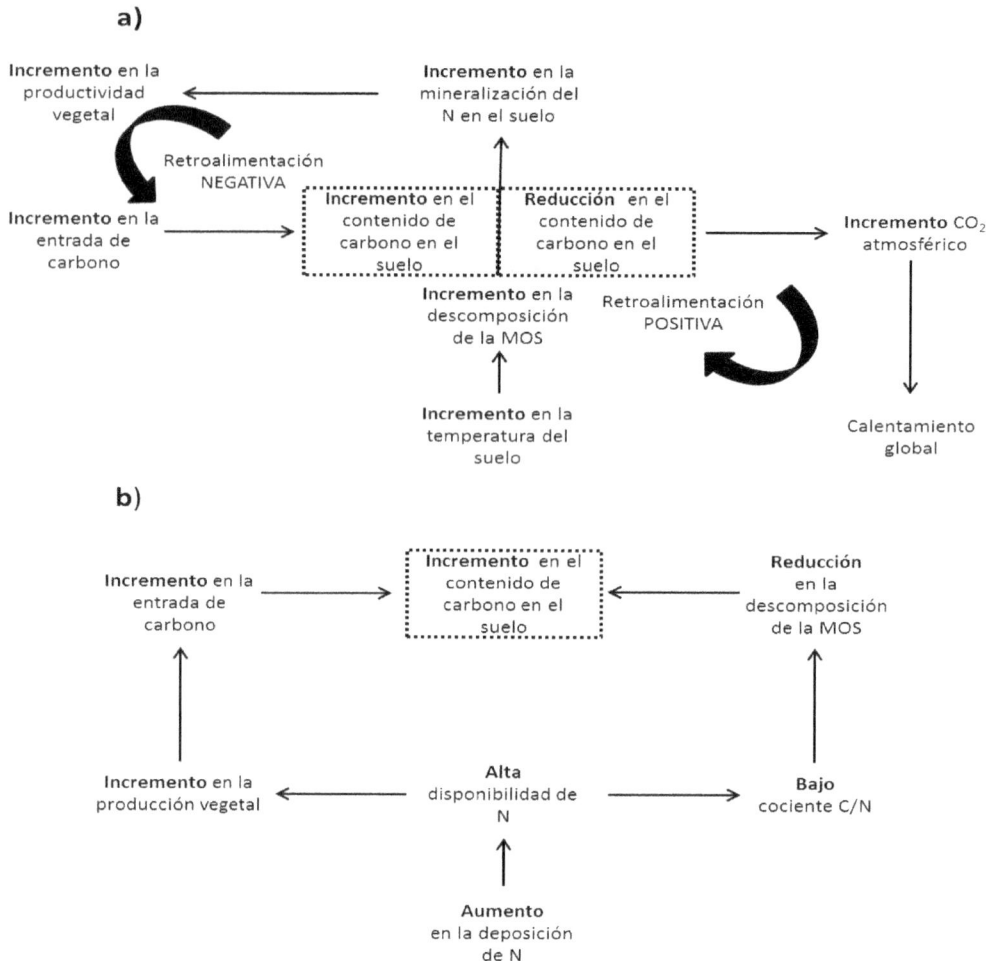

Figura 10. Efectos hipotéticos del cambio climático sobre la dinámica del carbono en el suelo como consecuencia del aumento del CO_2 atmosférico y la temperatura. a) Primera hipótesis, b) Segunda hipótesis. Rodeghiero et al. (2010)

Los cambios en la temperatura y en el régimen de precipitación proyectados para el futuro, afectarán también los regímenes de perturbación para la mayor parte de los ecosistemas. Por ejemplo, existe evidencia empírica que sugiere un incremento general en la frecuencia, la talla y la severidad de los incendios forestales para los bosques boreales del norte de Canadá (Bergeron, Flannigan, Gauthier, Leduc & Lefort, 2004), los bosques mediterráneos (Loepfe, Martinez-Vilalta, Piñol, 2012) y los bosques tropicales (Brodie, Post & Laurance, 2012). Se esperan también cambios en la tasa de reproducción e infestación de insectos y otros patógenos. Por ejemplo, de 1998 a 2011, más de 710 millones de metros cúbicos de pino de Lodgepole, en la provincia canadiense de la Columbia Británica, fueron atacados por los escarabajos de montaña (*Dendroctonus ponderosa*). Este volumen de madera representa cerca del 50% de todo el inventario comercial de pino a nivel provincial lo que representa claramente una amenaza grave para el manejo forestal sostenible (Murdock, Taylor, Flower, Mehlenbacher,

Montenegro, Zwiers et al., 2013). Un estudio llevado a cabo en Finlandia, evaluó la susceptibilidad de los bosques boreales al daño provocado por los vientos bajo diferentes escenarios de cambio climático utilizando un modelo de tipo mecanístico. Los resultados de simulación indican un incremento en la frecuencia de vientos fuertes en comparación con los valores actuales. Las pérdidas económicas ocasionadas por el viento son importantes, por ejemplo, entre 1990 y 1999 un total de 100 a 175 millones de metros cúbicos de madera se perdieron durante las tormentas de invierno en toda Europa (Peltola, Ikonen, Gregow, Strandman, Kilpelainen, Venalainen et al., 2010).

Se vuelve imperativo entonces conocer la vulnerabilidad de los ecosistemas terrestres y los impactos actuales y futuros del cambio climático con la finalidad de poner en práctica adecuadas medidas de mitigación. Los modelos de simulación de la dinámica del carbono son una herramienta para responder a estas preguntas. Su uso permite además detectar las principales incertidumbres relacionadas con las proyecciones de clima global. Las incertidumbres relacionadas con las proyecciones futuras del balance de carbono son resultado de diferentes fuentes, siendo el tipo de modelo una de ellas. Los modelos de clima global generan diferentes estimaciones de secuestro de carbono como respuesta directa a la manera en que éstos representan los procesos involucrados (Ahlström et al., 2012). En este sentido, los modelos de simulación tienen la capacidad de integrar, cuantitativamente, esta incertidumbre con la finalidad de hacer más exactas las predicciones futuras.

Referencias

Ahlström, A., Schurgers, G., Arneth, A., & Smith, B. (2012). Robustness and uncertainty in terrestrial ecosystem carbon response to CMIP5. *Environmental Research Letters, 7*, 1-10. http://dx.doi.org/10.1088/1748-9326/7/4/044008

Archer, D. (2010). *The Global Carbon Cycle*. Princeton University Press, Oxfordshire, Reino Unido.

Beniston, M. (2013). Exploring the behaviour of atmospheric temperatures under dry conditions in Europe: evolution since the mid-20th century and projections for the end of the 21st century. *International Journal of Climatology, 33*, 457-462. http://dx.doi.org/10.1002/joc.3436

Bergeron, Y., Flannigan, M., Gauthier, S., Leduc, A., & Lefort, P. (2004). Past, Current and Future Fire Frequency in the Canadian Boreal Forest: Implications for Sustainable Forest Management. *AMBIO: A Journal of the Human Environment, 33*, 356-360.

Boisvenue, C., & Running, S.W. (2006). Impacts of climate change on natural forest productivity-evidence since the middle of the 20th century. *Global Change Biology, 12*, 1-21. http://dx.doi.org/10.1111/j.1365-2486.2006.01134.x

Bona, K.A., Fyles, J.W., Shaw, C., & Kurz, W.A. (2013). Are mosses required to accurately predict upland black spruce forest soil carbon in national-scale forest C accounting models?. *Ecosystems*. Doi: 10.1007/s10021-013-9668-x. http://dx.doi.org/10.1007/s10021-013-9668-x

Bricklemyer, R.S., Miller, P.R., Turk, P.J., Paustian, K., Keck, T., & Nielsen, G.A. 2007. Sensitivity of the Century model to scale-related soil texture variability. *Soil Science Society of America Journal, 71*, 784-792. http://dx.doi.org/10.2136/sssaj2006.0168

Brodie, J., Post, E., & Laurance, W.F. (2012). Climate change and tropical biodiversity: a new focus. *Trends in Ecology and Evolution, 27*, 145-150. http://dx.doi.org/10.1016/j.tree.2011.09.008

Burba, G., & Anderson, D. (2010). *A Brief Practical Guide to Eddy Covariance Flux Measurements: Principles and Workflow Examples for scientific and Industrial Applications*. LI-COR Biosciences, Lincoln, EUA.

Dixon, R.X., Brown, S., Houghton, R.A., Solomon, A.M., Trexler, M.C., & Wisniewski, J. (1994). Carbon pools and fluxes of global forest ecosystems. *Science, 263*, 185-190. http://dx.doi.org/10.1126/science.263.5144.185

Farquhar, G.D., Ehleringer, J.R., & Hubick, K.T. (1989). Carbon isotope discrimination and photosynthesis. *Annual Review of Plant Physiology and Plant Molecular Biology, 40*, 503-537. http://dx.doi.org/10.1146/annurev.pp.40.060189.002443

Farquhar, G.D., von Caemmerer, S., & Berry, J.A. (1980). A biochemical model of photosynthetic CO_2 assimilation in leaves of C_3 species. *Planta, 149*, 78-90. http://dx.doi.org/10.1007/BF00386231

Fluxnet (2010). *FLUXNET Networks and Land Cover. Oak Ridge National Lab*. Disponible en: www.fluxnet.ornl.gov/maps-graphics.

González-Alonso, F., Calles, A., Merino, S., Cuevas, J.M., García, S., & Roldán, A. (2005). Teledetección y sumideros de carbono. *Cuadernos de la Sociedad Española de Ciencias Forestales, 19*, 117-121.

Gorte, R.W. (2010). Carbon Sequestration in Forests. En: Carnell R (ed.), *The Role of Forests in Carbon Capture and Climate Change*. Nueva York, EUA: Nova Science Publishers. 53-76.

Gorte, R.W., & Ramseur, J.L. (2010). Forest Carbon Markets: Potential and Drawbacks. En: Carnell R (ed.), *The Role of Forests in Carbon Capture and Climate Change*. Nueva York, EUA: Nova Science Publishers. , 53-76.

IPCC. (2007). *Climate Change 2007: Synthesis Report. A Contribution of working groups I, II, and III to the Fourth Assessment Report of the Integovernmental Panel on Climate Change*. Cambridge, Reino Unido: Cambridge University Press.

Jaramillo, V.J. (2007). *El ciclo global de carbono. Instituto Nacional de Ecología, Ciudad de México, México*. Disponible en: www2.ine.gob.mx/publicaciones/libros/437/jaramillo.html.

Jørgensen, S.E., & Fath, B.D. (2011). *Fundamentals of Ecological Modelling. Applications in Environmental Management and Research*. Oxford, Reino Unido: Elseiver Science.

Kimmins, J.P., Mailly, D., & Seely, B. (1999). Modelling forest ecosystem net primary production: the hybrid simulation approach used in FORECAST. *Ecological Modellling, 122,* 195-224. http://dx.doi.org/10.1016/S0304-3800(99)00138-6

Kurz, W.A., Dymon, C.C., White, T.M., Stinson, G., Shaw, C.H., Rampley, G.J., et al. (2009). CBM-CFS3: A model of carbon-dynamics in forestry and land-use change implementing IPCC stands. *Ecological Modelling, 229*, 480-504. http://dx.doi.org/10.1016/j.ecolmodel.2008.10.018

Lo, Y-H, Blanco, J.A., Kimmins, J.P.H., Seely, B., & Welham, C. (2011). Linking Climate Change and Forest Ecophysiology to Project Future Trends in Tree Growth: A Review of Forest Models. En: Blanco JA, Kheradmand H. (eds.), *Climate Change-Research and Technology for Adaptation and Mitigation*. InTech. 63-86.

Loepfe, L., Martinez-Vilalta, J., Piñol, J. (2012). Management alternatives to offset climate change effects on Mediterranean fire regimes in NE Spain. *Climatic Change, 115*, 693-707. http://dx.doi.org/10.1007/s10584-012-0488-3

Long, S.P., & Bernacchi, C.J. (2003). Gas exchange measurements, what can they tell us about the underlying limitations to photosynthesis? Procedures and sources of error. *Journal of Experimental Botany, 54*, 2393-2401. http://dx.doi.org/10.1093/jxb/erg262

Lorenz, K., & Lal, R. (2010). *Carbon sequestration in Forest Ecosystems*. Heidelberg, Alemania: Springer. http://dx.doi.org/10.1007/978-90-481-3266-9

Melillo, J.M., McGuire, A.D., Kicklighter, D.W., Moore, B. III, Vorosmaty, C.J., & Scloss, A.L. (1993).Global climate change and terrestrial net primary production. *Nature, 363*, 234-240. http://dx.doi.org/10.1038/363234a0

Mladenoff, D.J. (2004). LANDIS and forest landscape models. *Ecological Modelling, 180*, 7-19. http://dx.doi.org/10.1016/j.ecolmodel.2004.03.016

Murdock, T.Q., Taylor, S.W., Flower, A., Mehlenbacher, A., Montenegro, A., Zwiers, F.W., et al. (2013). Pest outbreak distribution and forest management impacts in a changing climate in British Columbia. *Environmental Science and Policy, 26*, 75-89. http://dx.doi.org/10.1016/j.envsci.2012.07.026

Parton, W.J.R., McKeown, R., Kirchner, V., & Ojima, D. (1992). *CENTURY User´s Manual*. Fort Collins, Colorado, EUA: Colorado State University, NREL Publication.

Peltola, H., Ikonen, V.P., Gregow, H., Strandman, H., Kilpelainen, A., Venalainen, A., et al. (2010). Impacts of climate change on timber production and regional risks of wind-induced damage to forests in Finland. *Forest Ecology and Management, 260,* 833-845. http://dx.doi.org/10.1016/j.foreco.2010.06.001

Rodeghiero, M., Heinemeyer, A., Schrumpf, M., & Bellamy, P. (2010). Determination of soil carbon stocks and changes. En: Kutsch W, Bahn M, Heinemeyer A (eds.), *Soil Carbon Dynamics. An Integrated Methodology*. Cambridge, Reino Unido: Cambridge University Press. 49-75.

Running, S.W., Gower, S. (1991). FOREST-BGC, A general model of forest ecosystem processes for regional applications. II. Dynamic carbon allocation and nitrogen budgets. *Tree Physiology, 9*, 161-172. http://dx.doi.org/10.1093/treephys/9.1-2.147

Scheller, R.M., & Mladenoff, D.J. (2004). A forest growth and biomass module for a landscape simulation model, LANDIS: design, validation, and application. *Ecological Modelling, 180*, 211-229. http://dx.doi.org/10.1016/j.ecolmodel.2004.01.022

Schelhaas, M.J., van Esch, P.W., Groen, T.A., de Jong, B.H.J., Kanninen, M., Liski, J., et al. (2004). *CO2FIX V3.1-A modelling framework for quantifying carbon sequestration in forest ecosystems*. *Wageningen, Alterra*.
Disponible en: http://www.efi.int/projects/casfor/downloads/co2fix3_1_description.pdf.

Taiz, L., & Zeiger, E. (2010). *Plant Physiology*. Massachusetts, EUA: Sinauer Associates,Sunderland.

Throop, H.L., Holland, E.A., Parton,W., Ojima, D.S., & Keough, C.A. (2004). Effects of nitrogen deposition and insect herbivory on patterns of ecosystem-level carbon and nitrogen dynamics: results from the CENTURY model. *Global Change Biology, 10*, 1092-1105.
http://dx.doi.org/10.1111/j.1529-8817.2003.00791.x

Trumbore, S.E. (1993). Comparison of carbon dynamics in tropical and temperate soils using radiocarbon measurements. *Global Biogeochemical Cycles, 7*, 275-290.
http://dx.doi.org/10.1029/93GB00468

Valentini, R. (2003). EUROFLUX: An Integrated Network for Studying the Long-Term Responses of Biospheric Exchanges of Carbon, Water, and Energy of European Forests. En: Valentini R (eds.), *Fluxes of Carbon, Water and Energy of European Forests. Ecological Studies 163*, 1-8. Heidelberg, Alemania: Springer. http://dx.doi.org/10.1007/978-3-662-05171-9_1

Waring, R.H., Running SW. 2007. *Forest ecosystems: analyses at multiple scales*. Oxford, Reino Unido: Elsevier Science.

Xi, W., Coulson, R.N., Birt, A.G., Shang, Z.B., Waldron, J., Lafon CW, et al. (2009). Review of forest landscape models: Types, methods, development and applications. *Acta Ecologica Sinica, 29*, 69-78. http://dx.doi.org/10.1016/j.chnaes.2009.01.001

Zagal, E., Rodriguez, N., Vidal, I., & Flores, A.B. (2002). La fracción liviana de la materia orgánica de un suelo volcánico bajo distinto manejo agronómico como índice de cambios de la materia orgánica lábil. *Agricultura Técnica, 62*, 284-296.
http://dx.doi.org/10.4067/S0365-28072002000200011

Zavala, M.A., Urbieta, I.R., Bravo, R., & Angulo, Ó. (2005). Modelos de proceso de la producción y dinámica del bosque mediterráneo. *Investigación agraria: Sistemas y Recursos Forestales, 14*, 482-496.

Capítulo 2

Análisis y evaluación ecosistémicos de la piscicultura marina con "*Ecopath* with *Ecosim*" (EwE)[#]

Just T. Bayle-Sempere[1,2], Francisco Arreguín-Sanchez[3], Pablo Sánchez-Jerez[1], Damián Fernández-Jover[1], Pablo Arechavala-López[1], David Izquierdo Gómez[1].

[1] Departamento de Ciencias del Mar y Biología Aplicada, Universidad de Alicante. Edificio Ciencias V. España.
[2] IMEM "Ramón Margalef". Universidad de Alicante. Edificio Ciencias II. España.
[3] Centro Interdisciplinario de Ciencias Marinas - Instituto Politécnico Nacional.
La Paz, B.C.S. México.

bayle@ua.es

Doi: http://dx.doi.org/10.3926/oms.174

Referenciar este capítulo

Bayle-Sempere, J.T., Arreguín-Sanchez, F., Sánchez-Jerez, P., Fernández-Jover, D., Arechavala-López, P., & Izquierdo Gómez, D. (2013). Análisis y evaluación ecosistémicos de la piscicultura marina con "*Ecopath* with *Ecosim*" (EwE). En J.A. Blanco (Ed.). *Aplicaciones de modelos ecológicos a la gestión de recursos naturales*. (pp. 39-65). Barcelona: OmniaScience.

[#] Este trabajo ha sido financiado parcialmente por el Proyecto FATFISH (CTM2009-14362-CO2-01/2, Ministerio de Economía y Competitividad, Gobierno de España).

1. Flujos de materia y energía en ecosistemas marinos

Los organismos fotosintéticos marinos (bacterias, fitoplancton, macrófitos) son los encargados de producir materia orgánica a partir de compuestos inorgánicos y luz. La peculiaridad del medio marino respecto el terrestre se debe, por una parte, a la existencia del fitoplancton como principal compartimento responsable del 90% de la producción primaria marina; en segundo lugar, por la estructura tridimensional del medio marino que posibilita esa producción primaria a escalas espaciales mucho mayores que en el medio terrestre, lo que compensa su menor capacidad productiva (Figura 1). En aguas costeras, las algas cumplen su función de productores primarios de manera homóloga a como lo hacen las plantas en el medio terrestre y, como en éstas, su contribución al ciclo global de la materia en el medio marino es mucho menor al producir gran parte en forma de material orgánico bastante refractario (p.ej. estructuras de sostén) que pasa directamente al ciclo de descomponedores o sólo es aprovechada vía algunos herbívoros especializados (p.ej. erizos).

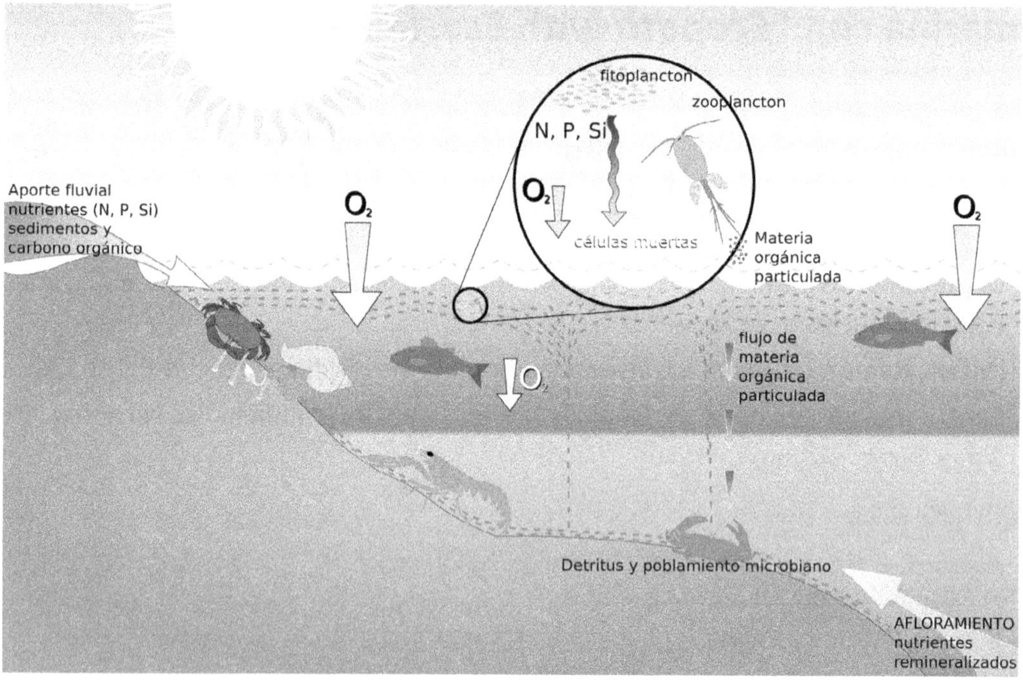

Figura 1. Vista esquemática de los componentes del ecosistema marino. (Esta figura tiene licencia bajo Creative Commons "Attribution-ShareAlike 2.5 Spain")

El fitoplancton aúna dos características para constituirse en el principal y más eficiente productor primario: tiene unas tasas de regeneración muy altas y una concentración de clorofila también más alta. Su capacidad productiva está limitada por la disponibilidad de nutrientes (principalmente, compuestos de Nitrógeno y Fósforo; en menor medida, Hierro y Silicio) y la disponibilidad de luz. Esta última, en general, está siempre disponible con un patrón espacial (capas someras más iluminadas que las capas más profundas) y temporal (día-noche, época del año, latitud) muy concreto, y generando una distribución asimétrica de la producción primaria según la profundidad, en la que se pierde capacidad de producción frente a las necesidades catabólicas (medido en términos de respiración) del fitoplancton. Todo ello se realiza, en promedio, en los 200 primeros metros de profundidad. La presencia de nutrientes es más variable, condicionada, principalmente, por el transporte de las sales minerales desde el fondo hacia las capas superficiales en áreas oceánicas, mediante procesos de afloramiento generados por la meteorología, variando entre épocas de mezcla y épocas de estratificación; o aportadas por ríos, en zonas costeras, donde los pulsos de aumento-disminución de caudal hacen variar la producción primaria según sea época de lluvias o época seca. Esto condiciona la estructura y dinámica de la comunidad fitoplanctónica, dominando especies de mayor tasa de regeneración y crecimiento en épocas de fertilización y turbulencia (p.ej. las diatomeas), cambiando la dominancia hacia especies capaces de mantenerse en aguas con menos nutrientes durante la época de estratificación (p.ej. los dinoflagelados). De manera global, se estima que hay entre 1-2 g de C/m^2 en la columna de agua; la producción primaria promedio para todos los océanos es del orden de 2·10^{16} g de C/año, que representa una media de 60 g de C/m^2/año. Esto representa una eficiencia de conversión de la energía solar de un 0.03%, más baja que el 0.13% de la vegetación terrestre, con una biomasa de 4·10^{16} g de C/año y 300 g de C/m^2/año.

La producción fitoplanctónica provee gran parte de la materia orgánica necesaria para el desarrollo del resto de niveles tróficos. El zooplancton herbívoro cumple un papel muy importante al ser capaz de hacer un aprovechamiento muy alto del fitoplancton ingerido y poner a disposición de los niveles tróficos más altos hasta el 30% del alimento digerido (en promedio de todo el zooplancton –herbívoro y carnívoro– la transferencia es de un 15%). Los consumidores de tercer y cuarto nivel transfieren un 2% y 0.1%, respectivamente, de biomasa a niveles tróficos más altos, la mayoría en forma de capturas por parte de la pesca.

Mención aparte merecen los consumidores suspensívoros, estrategia prácticamente exclusiva del medio marino, y que aprovechan la materia orgánica de la columna de agua en forma de detritos que cae hasta depositarse en el fondo, y que puede llegar a ser la principal fuente de materia orgánica en algunos ambientes marinos (p.ej. en zonas profundas), constituyéndose en un grupo que contribuye a un mayor aprovechamiento de los compuestos orgánicos y a evitar su acumulación tal como ocurre en gran medida en el medio terrestre. La comunidad microbiana se añade en el aprovechamiento último de la materia orgánica, reciclándola hasta su remineralización. A partir de aquí, las sustancias inorgánicas pueden volver a entrar en el ciclo de la materia del ecosistema marino y fertilizar la columna de agua mediante afloramientos, y favorecer la proliferación del fitoplancton. De esta manera, podemos considerar que el ecosistema marino dispone de dos entradas de materia: la generada por el fitoplancton mediante la producción primaria y la aportado por el compartimento de los Detritus.

2. *Ecopath* con *Ecosim* y *Ecospace*: un entorno de modelización ecosistémico

Ecopath con *Ecosim* y *Ecospace* está diseñado para construir modelos basados en los flujos tróficos dentro de un ecosistema. Inicialmente, la parte descriptiva de los flujos entre especies o compartimentos ecológicos fue desarrollada por Polovina (1984) para un sistema arrecifal coralino. Posteriormente, el entorno se amplió sucesivamente por Pauly, Soriano-Bartz y

Palomares (1993) mediante varias aplicaciones complementarias hasta añadirle la posibilidad de realizar análisis de redes basado en los trabajos de Ulanowicz (1986). El desarrollo del programa siguió centrándose en mejorar su uso y extender su uso mediante la organización de cursos y seminarios, y fue a partir de 1995 cuando se combinó con la rutina de simulación de dinámica temporal *Ecosim* (Walters, Christensen & Pauly, 1997) y la de modelado espacial *Ecospace* (Walters, Pauly & Christensen, 1999). Más recientemente, se le han añadido otras subrutinas como *Ecotrace* para estimar la trayectoria de contaminantes o cualquier otro compuesto en el ecosistema (p.ej. ver Sandberg, Kumblad & Kautsky, 2007); o *EcoTroph*, que modela el flujo de materia y energía de una manera más simplificada desde los niveles tróficos más bajos hacia los más altos, y analiza el efecto sobre estos flujos de la explotación del ecosistema (Gascuel & Pauly, 2009). Su aplicación no se limita sólo a ambientes acuáticos (sean marinos, lacustres o fluviales), pudiéndose desarrollar también para ecosistemas terrestres (p.ej. Krebs, Danell, Angerbjorn Agrell, Berteaux, Brathen et al., 2003). Actualmente, este programa es de acceso libre y de código abierto, y está gestionado por un consorcio de varios grupos de investigación, con sede en la Universidad de British Columbia (Vancouver, Canadá). El programa completo se puede descargar en www.ecopath.org, y su documentación (en la que está basada la explicación que se hace en este texto del modelo) se puede encontrar en http://sources.ecopath.org/trac/Ecopath/wiki/UsersGuide.

2.1. La foto-fija del ecosistema: Ecopath

Ecopath constituye la parte descriptiva del ecosistema, asumiendo el balance de masas a lo largo de un periodo de tiempo concreto (y no de equilibrio estable como en la primera versión propuesta por Polovina, ob. cit.). La parametrización del modelo se basa en dos ecuaciones principales referidas a cada grupo ecológico: a) la descripción de los términos que suponen una producción de biomasa (Figura 2); b) la expresión que representa el balance de masas o energía, cuya suma debe ser igual a cero,

$$B_i\left(\frac{P}{B}\right)_i EE_i - \sum B_j\left(\frac{Q}{B}\right)_j DC_{ji} - Y_i - BA_i - E_i = 0$$

donde, para un grupo *i*, B_i es la biomasa por unidad de área de cada grupo ecológico (en peso húmedo), $(P/B)_i$ es su relación producción:biomasa (que equivale a la tasa de mortalidad total instantánea en el equilibrio, Z) y EE_i es la eficiencia ecotrófica, que representa la proporción de la producción que es utilizada de manera efectiva por el sistema más, en su caso, la biomasa exportada. B_j es la biomasa del depredador *j* y $(Q/B)_j$ es su tasa de consumo. Y_i es la tasa de captura de *i*, BA_i es la tasa de acumulación para *i* y E_i es la tasa de migración neta para el grupo ecológico. DC_{ji} es la fracción de la presa *i* en la dieta promedio del depredador *j*, definida en la matriz de dietas.

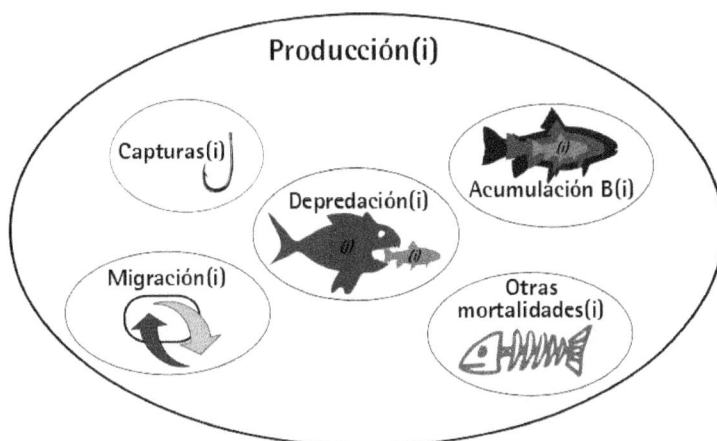

Figura 2. Componentes de los grupos ecológicos que suponen producción biológica

En el sistema de ecuaciones lineales, por una parte, se introduce B_i, $(P/B)_i$ y $(Q/B)_i$; EE_i suele ser estimado por el modelo, aunque también se puede incluir si se dispone de esa información. Por otro lado se introduce la composición de las dietas de cada grupo ecológico como la fracción de presa en la dieta promedio de cada depredador. La mortalidad por predación definida en la matriz de dietas relaciona todos los grupos entre si. En una tercera tabla se incluyen los datos de capturas de los grupos ecológicos que se exploten, así como los descartes que ello genere (que tendrán consideración de detritus en el modelo porque no consumen biomasa dentro del ecosistema y, como consecuencia, tampoco producen biomasa).

Cada grupo ecológico puede ser un grupo de especies que se comporten –desde el punto de vista trófico– de manera similar, una especie concreta o un grupo de edad o talla de una especie; lo que se conoce generalmente como *grupos funcionales*. Aunque usar grupos ecológicos a nivel de especie tenga muchas ventajas, en ocasiones es prácticamente imposible o desaconsejable (p.ej. en ecosistemas tropicales, con un número de especies muy alto). La definición de grupos ecológicos multiespecíficos debe hacerse considerando sus similaridades (p.ej. en términos de talla máxima, mortalidad, crecimiento, dieta y hábitat). Los parámetros de cada grupo ecológico multiespecífico se obtendrá promediando los de cada especie que lo componga, ponderados respecto a la biomasa de cada una de las especies. Para peces, por ejemplo, valores para cada parámetro, para características propias de cada especie y una utilidad para definir conjuntos de especies similares según sus características y por hábitat puede encontrarse en http://www.fishbase.org.

Para establecer qué grupos ecológicos, y cuántos, debe incluir el modelo no existen reglas definidas ni se puede hacer una generalización. Todo depende del ecosistema y de los objetivos del estudio. Para un ecosistema acuático sería recomendable considerar uno o dos tipos de detritus (p.ej. la materia orgánica particulada, por una parte, y los descartes procedentes de la pesca, por otra), fitoplancton, productores bentónicos, zooplancton herbívoro, zooplancton carnívoro, meio- y macrobentos, peces herbívoros, peces planctófagos, peces macrófagos, etc. El grupo bacterias puede asociarse a los grupos de detritus que se consideren; o pueden asumirse dentro de un flujo de exportación de esos grupos de detritus hacia un ecosistema adyacente formado por las bacterias, cuando a éstas no se les asigna un papel determinante en el conjunto del ecosistema a modelar (aunque también se puede considerar no incluirlas en el modelo si no soportan consumo de otros grupos). De todos modos, el criterio personal y el conocimiento directo que se tenga del ecosistema a modelar deben guiar la elección final de los grupos ecológicos.

El ecosistema a modelar con *Ecopath* puede ser, prácticamente, de cualquier tipo; pero sus límites deben ser congruentes con las bases teóricas del modelo (es decir, el balance de biomasas). El criterio principal que se usa es establecer los límites de manera que los flujos totales dentro del ecosistema a modelar sean tan grandes o mayores que los que puedan existir entre el ecosistema elegido y el adyacente. Esto significa que las importaciones a, y las exportaciones desde, el ecosistema a estudiar no deben exceder la suma de transferencias de materia entre los grupos funcionales definidos. Si no fuera así se deberían añadir grupos funcionales inicialmente obviados para incrementar la suma de materia transferida entre grupos ecológicos y corregir la diferencia.

Como criterio principal para balancear el modelo se establece que EE_i debe ser menor de 1. El balanceado del modelo requiere considerar otros flujos correspondientes a la materia que se consume pero no se invierte en producción; es decir, la que se gasta en respiración y la que se excreta. La consistencia del modelo se comprueba mediante el parámetro EE_i así como con las relaciones Respiración/Asimilación y Producción/Respiración, que deben ser todos menores de 1; y comprobando que la relación Respiración/Biomasa sea mayor en especies activas que en especies sedentarias.

Una vez balanceado el modelo, se obtienen toda una serie de parámetros descriptores del ecosistema que pueden utilizarse para valorar su estado ecológico. Una parte están relacionados con la estructura del ecosistema modelado; aparte de los introducidos de cada grupo ecológico para parametrizar el modelo (Biomasa, P/B, Q/B, EE), se obtiene —para cada grupo, también— la respiración total, el nivel trófico, las relaciones Respiración/Biomasa, Producción/Consumo, Producción/Respiración, Respiración/Asimilación y el Índice de Omnivoría. Basados en el análisis de redes se obtienen una serie de índices y relaciones que describen el funcionamiento del ecosistema; entre ellos están la descomposición de flujos por niveles tróficos, la eficiencia de transferencia entre niveles tróficos, la producción primaria requerida para mantener el ecosistema, y los flujos desde detritus. El análisis de redes también calcula las interacciones directas e indirectas entre grupos ecológicos y actividades humanas incluidas en el modelo, facilitando valorar qué efecto tiene la variación de biomasa de un grupo sobre el resto de grupos ecológicos del ecosistema. Complementariamente se puede obtener el diagrama de flujos entre grupos ecológicos, ordenando cada uno de ellos según su nivel trófico y representando su tamaño en relación a su biomasa. La Ascendencia, entre otros, deriva de la Teoría de la Información y mide el nivel de actividad y grado de organización del ecosistema; su valor aumenta según se incrementa la madurez y/o estructuración del ecosistema.

2.2. *Ecosim*: La simulación temporal del modelo

Ecosim proporciona una simulación de la dinámica temporal del ecosistema definido a partir del modelo *Ecopath*, derivando respecto al tiempo la biomasa de cada uno de los grupos ecológicos considerados. La ecuación principal del modelo queda de la siguiente manera:

$$\frac{dB_i}{dt} = g_i \sum_j Q_{ji} - \sum_j Q_{ij} + I_i - (MO_i + F_i + e_i) B_i$$

donde dB$_i$/dt es la tasa de crecimiento durante el intervalo *t* del grupo ecológico (i) en términos de su biomasa B$_i$; g$_i$ es la eficiencia neta del crecimiento, equivalente a *(P/Q)$_i$*; *MO$_i$* es la tasa de mortalidad natural no debida a la depredación (otras mortalidades); *Fi* es la tasa de mortalidad por pesca, *e$_i$* es la tasa de emigración, *I$_i$* es la tasa de inmigración. El consumo Q$_{ji}$ se calcula según el concepto de *arena de forrajeo*, de manera que B$_i$ se descompone en una parte vulnerable y otra invulnerable, definiéndose una tasa de transferencia v$_{ij}$ entre estos dos componentes que determina si el control de la depredación es desde arriba hacia abajo, de abajo hacia arriba, o si el control lo realiza un grupo ecológico intermedio. La primera se da en situaciones donde la presa no tiene refugio y es depredada siempre que tienen un encuentro con el depredador; en este caso v$_{ij}$ tiene valores mucho más grande que 1. El control se ejerce por la presa cuando esta dispone de refugio la mayor parte del tiempo, y sólo está disponible para el depredador cuando sale de su protección; aquí el valor de v$_{ij}$ es cercano o igual a 1. La vulnerabilidad es el parámetro más importante para ajustar las predicciones del modelo a las series de datos históricos.

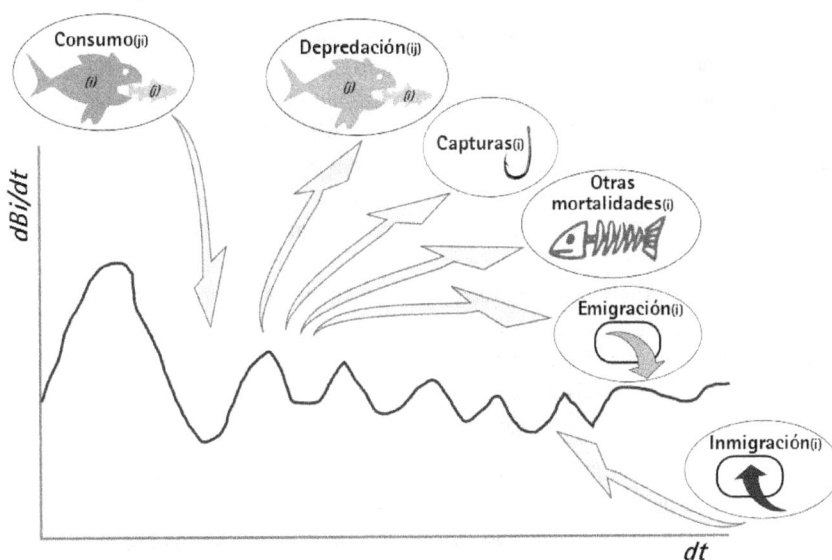

Figura 3. Componentes que intervienen en la dinámica temporal de la biomasa estimada en Ecosim

Para empezar a trabajar con *Ecosim*, debemos definir un *escenario* en el que estableceremos los cambios en el ecosistema sobre los que se realizará la simulación. Para un modelo de *Ecopath* se pueden definir tantos escenarios como combinaciones de cambios nos interese simular. Los cambios se pueden introducir a través de funciones mediadoras que modifican las vulnerabilidades v_{ij} de presas seleccionadas sobre sus depredadores. Pueden definirse funciones mediadoras sobre una *especie clave*, la cual modifica las tasas de alimentación de una especie *j* sobre otra especie *i*. Se pueden establecer efectos mediadores de *Facilitación*, cuando la especie clave favorece que la especie *i* esté más disponible para la especie *j* cuando la especie clave sea más abundante (p.ej. los atunes pueden empujar a peces pelágicos pequeños hacia la superficie, donde son más accesibles para las aves); o de *Protección*, cuando la especie clave reduce la disponibilidad de la especie *i* para la especie *j* (por ejemplo, las praderas de fanerógamas marinas o los corales ofrecen protección a juveniles y los hace menos accesibles a los depredadores; si desaparecen esas praderas, los juveniles pierden la protección y sufren mayores tasas de depredación). Otra manera de generar cambios en el ecosistema es a través de las funciones forzantes, que representan factores físicos (p.ej. la temperatura) o ambientales (p.ej. la producción primaria), y lo hacen modificando la tasa de producción de los grupos ecológicos que interese; las funciones forzantes pueden ser estacionales (que se repiten cíclicamente en el año) o anuales de largo plazo. Como una función forzante específica está la referida al esfuerzo de pesca, que permite obtener simulaciones del modelo con niveles diferentes de este parámetro y cambios en la estructura de las flotas definidas.

Los resultados de *Ecosim* se obtienen de manera gráfica y numérica, representando la predicción de la mayoría de parámetros introducidos y/o estimados en *Ecopath* (tanto en términos absolutos como relativos respecto al valor inicial de cada grupo) a lo largo de la serie temporal definida para la simulación. Si se han cargado los datos de series históricas (p.ej. información sobre abundancia relativa, esfuerzo de pesca, etc.), estos se representarán superpuestos a los resultados de la simulación. De manera específica, *Ecosim* ofrece la posibilidad de simular la relación Stock-Reclutamiento y comprobar los efectos compensatorio del reclutamiento en el modelo según cambios denso-dependientes asociados con cambios en el tiempo de alimentación y riesgo de depredación. Por otro lado, *Ecosim* ofrece la posibilidad de ajustar las series de tiempo de biomasas simuladas a biomasas de referencia u observadas, o evaluar los efectos de la pesca incorporando la información histórica de las pesquerías. Para ello utiliza la minimización de suma de cuadrados como medida de bondad de ajuste. También puede utilizarse para comparar la sensibilidad del modelo a los cambios en la vulnerabilidad a la depredación probando diferentes hipótesis de comportamiento trófico de las especies; o bien explorar y obtener series de tiempo de producción primaria derivados de efectos de eventos como el cambio de régimen de explotación, entre otros. Y como opción principal está la de analizar los resultados de posibles políticas de gestión pesquera, mediante la regulación de las tasas de mortalidad por pesca. Obviamente, no se espera con esto que se obtengan estimas futuras exactas de la mortalidad de pesca óptima, pero sí intervalos razonables para este parámetro. Este análisis se puede desarrollar de dos maneras:

- Definiendo las mortalidades por pesca a lo largo del tiempo y analizar *a posteriori* los resultados en términos de capturas, indicadores económicos y cambios en la biomasa. Suele usarse para una exploración rápida y preliminar de los efectos derivados de los cambios en la mortalidad por pesca.

- Utilizar los métodos de optimización incluidos para buscar aquellas políticas de gestión que maximicen un objetivo concreto; éstos son: la maximización del beneficio económico, maximizar el beneficio social, maximizar la recuperación de especies, o maximizar la calidad del ecosistema o priorizar la conservación de la biodiversidad. Para todos ellos, la optimización se puede conseguir para el conjunto de las flotas definidas (enfoque de propietario único); o para cada una de ellas por separado (enfoque de derechos de pesca múltiples) incluyendo aquí también usos no consuntivos. En las dos aproximaciones deben tenerse en cuenta ciertas consideraciones para evitar caer en los sesgos extremos a los que lleva el proceso de optimización (ver apartado 9.9 del Manual de *Ecopath*; Christensen et al., 2008).

Ambas maneras de analizar las variaciones de la biomasa debido a cambios en la mortalidad por pesca pueden utilizarse de manera conjunta. Por ejemplo, realizando una optimización para alguno de los objetivos propuestos y, después, ir modificando la mortalidad por pesca de esta optimización para explorar objetivos complementarios al usado en la optimización inicial.

2.3. *Ecospace*: la representación del modelo en el espacio

La representación espacial de *Ecopath*, junto con los resultados de *Ecosim*, se realiza de manera dinámica en el módulo *Ecospace* (Walters et al., 1999), donde se define una cartografía que media entre *Ecopath* –que asume inicialmente una distribución homogénea de la biomasa en un espacio indefinido– y el ecosistema real considerado con características fisiográficas diferentes (hábitats) que condicionan la distribución de la biomasa. La variación espacial de la biomasa resultante de las simulaciones se asigna a lo largo de una cartografía organizada en celdas de tamaño definido por el investigador, teniendo en cuenta los siguientes aspectos:

- Los movimientos de una celda hacia las cuatro adyacentes son simétricos, aunque modificados según si la celda está definida como "hábitat preferido" o no.

- El riesgo de depredación es más alto y la tasa de alimentación se reduce en "hábitat no preferido". En consecuencia, la tasa de movimiento se genera de una área no preferida a una preferida.

- Cada celda está sujeta a cierto nivel de esfuerzo de pesca, proporcional a la rentabilidad total de la pesca en esa celda, y cuya distribución puede estar condicionada por los costes de pescar en ella.

Cada simulación en *Ecospace* requiere abrir un escenario. Cada modelo *Ecopath* puede albergar tantos escenarios de *Ecospace* como se requiera, que se basarán en los datos de entrada iniciales (es decir, grupos, dietas, parámetros). Si se cambia alguno de ellos, las modificaciones repercutirán también en los escenarios existentes (y futuros) de *Ecospace*. Obviamente, el uso de *Ecospace* requiere tener un modelo de *Ecopath* debidamente balanceado; también es recomendable haber ajustado el modelo en *Ecosim*, a series de datos reales.

La inicialización de un escenario de *Ecospace* se puede hacer de dos modos: o bien asignando la biomasa media introducida en *Ecopath* a cada celda que incluye "hábitat preferido" para el grupo ecológico, y menor biomasa a aquellas celdas con "hábitat no preferido"; o concentrando la biomasa referida en *Ecopath* para cada grupo ecológico sólo en aquellas celdas que incluyan "hábitat preferido" para el grupo ecológico considerado. La simulación con *Ecospace* se puede hacer desde tres aproximaciones diferentes: considerando la dinámica de las clases de edad de los grupos ecológicos (modelos de múltiples estadios), basándolo en las consecuencias derivadas de la interacción de los individuos entre sí (Individual Based Model), o tomando en cuenta la gestión del riesgo que supone el buscar alimento por parte de las presas en el área de forrajeo, condicionado por la proporción de "hábitat preferido" en cada celda.

La simulación en *Ecospace* requiere definir las dimensiones y ámbito del mapa, y las diferentes capas de los parámetros que condicionen la distribución de biomasa. Cada una de ellas representan grupos de celdas con ciertas características (p.ej. tipo de hábitat, profundidad, distancia a la costa, tipo de gestión, etc), que condicionan el movimiento, tasa de alimentación y supervivencia de los grupos ecológicos. Las capas se organizan en cuatro grandes grupos: las que diferencian entre continente y océano, las que definen hábitats, las que delimitan áreas marinas protegidas y las que establecen regiones dentro del ecosistema. Complementariamente, existe la posibilidad de asignar valores numéricos a cada celda referido al nivel de producción primaria general establecido en *Ecopath*, de manera que podamos variar este valor para cada celda según presente niveles mayores o menores de producción primaria.

Una vez definidos los hábitats, se debe asignar el "hábitat preferido" a cada uno de los grupos ecológicos incluidos en *Ecopath*. Esta asignación se hace considerando los siguientes criterios:

- La tasa de alimentación y su tasa de crecimiento son más altos en el "hábitat preferido" que en el resto.

- La tasa de supervivencia es más alta en el "hábitat preferido".

- La tasa de movimientos es mayor fuera del "hábitat preferido".

La distribución final de la biomasa en el ecosistema vendrá condicionada por la tasa de dispersión *m* (km/año) que definamos para cada grupo ecológico para una fracción de esa biomasa. Este parámetro no es una tasa de migración, con una direccionalidad concreta, sino como resultado de movimientos al azar dentro del ecosistema. El resultado final de *Ecospace* refleja el efecto de ese movimiento junto con las posibilidades de alimentarse y ser comido en cada celda. Al final, el resultado de la simulación espacial es independiente de los valores de *m* asignados a cada grupo ecológico, por lo que no vale la pena dedicarle muchos esfuerzos a discutir sobre qué valor de *m* se asigna a cada grupo ecológico, a menos que se disponga de datos empíricos reales basados, por ejemplo, en marcado. Otros parámetros que deben establecerse son la tasa de dispersión, de vulnerabilidad y de consumo en "hábitat no preferido"; también debe indicarse si un grupo está sujeto a advección, si realiza migraciones y si se concentra en zonas concretas durante periodos de tiempo específicos.

Ecospace permite definir dónde se desarrollan las actividades de cada flota incluida en *Ecopath*, ligado al tipo de hábitat en el que cada flota puede o suele trabajar, indicando un nivel de efectividad en términos de capturabilidad relativa para cada arte, y un multiplicador de la eficiencia total del esfuerzo ejercido por cada uno de ellos. *Ecospace* incluye herramientas de optimización espacial para establecer, por ejemplo, el mejor emplazamiento de una área marina protegida, o cualquier otro tipo de zonación, que maximice objetivos definidos por el usuario. Esto se puede hacer de dos maneras: una, mediante la evaluación de celdas que maximicen la función de objetivos ecológicos, económicos y sociales establecidos, a partir de una celda seminal que se considere idónea para proteger; la otra se basa en la definición de "capas de interés" que representan aspectos relevantes para la protección (por ejemplo, hábitats clave para la supervivencia de especies), usándolas como celdas iniciales en el proceso de selección para maximizar la función de objetivos definida (y no para evaluar la función de objetivos en sí misma), calificando la idoneidad de las celdas adyacentes mediante el método de Monte Carlo.

El resultado final de *Ecospace* son mapas de distribución de cada uno de los componentes del ecosistema modelado y del esfuerzo de pesca de cada una de las flotas. Las desviaciones de biomasa respecto a los valores iniciales incluidos en *Ecopath* se muestran en rojo, si son incrementos, o en azul si la biomasa disminuye. La distribución espacial final de cada componente del ecosistema puede ser de dos tipos: la más frecuente es de tipo convergente hacia una situación única de equilibrio estable; la otra oscila entre dos estados alternativos, que sugiere una situación de equilibrio dinámico entre ellos. La visualización de estas dos opciones puede verse mejor complementando los mapas con el gráfico de la variación temporal de cada grupo ecológico a lo largo del periodo simulado.

2.4. Ventajas e inconvenientes de EwE

El objetivo principal de los creadores de EwE fue desarrollar su capacidad para simular escenarios posibles de gestión que no pueden ser planteados con modelos uniespecíficos, tales como el impacto de la pesca sobre especies no objetivo o el efecto cascada generado por la explotación de una especie sobre una tercera, permitiendo discutir propuestas de gestión que deben abordarse simultáneamente desde varios puntos de vista. Aunque un modelo EwE pueda requerir más esfuerzo que otras opciones uniespecíficas, su elaboración genera un producto valioso en si mismo al recopilar y sintetizar explícitamente una cantidad (a veces considerable) de información pluridisciplinar. Ello permite identificar vacíos de información y definir objetivos comunes a diferentes áreas de estudio que inicialmente no eran obvias, ayudando a centrar y dirigir los esfuerzos de muestreo que se precisen para un mejor conocimiento del ecosistema.

De todos modos, *Ecopath* está concebido para poder estimar parámetros de los que no se disponga información o sea sesgada (p.ej. la biomasa de cierto grupo ecológico) a partir de parámetros que se conozcan (p.ej. la tasa total de mortalidad, P/B) y su eficiencia ecológica EE_i. Sobre este último parámetro, aunque raramente existen datos empíricos de su valor, pueden asumirse ciertos rangos según el tipo de grupo ecológico: por ejemplo, las especies pelágicas de pequeño tamaño raramente morirán por vejez en un sistema explotado (e incluso prístino), y lo normal será que acaben capturadas o depredadas, por lo que su EE_i estará entre 0.90 y 0.99; en el caso de un depredador tope, su EE_i será una proporción conocida de su mortalidad por pesca F, por lo que podrá ser estimada con cierta exactitud. De manera general, si la información requerida no se dispone de manera directa para el ecosistema que se esté modelando, se puede conseguir en la bibliografía para grupos o ambientes próximos. Un ejemplo, como se ha comentado anteriormente, puede encontrarse en FishBase (http://www.fishbase.org, Froese & Pauly, 2013), que incluye una subrutina de búsqueda de información específica para peces de diferentes zonas de estudio para incluirlos en un modelo de EwE con las debidas reservas. La precisión final del modelo dependerá de cuánta información incluida proceda directamente del ecosistema modelado y cuánta se haya tomado "prestada" de otros ecosistemas similares donde existía esa información, y se podrá evaluar mediante la herramienta *Pedigree* incluida en EwE el nivel de confianza del modelo relativo al origen de los datos.

Cada módulo de EwE permite un cierto nivel de análisis. *Ecopath* representa la estimación instantánea de biomasas, mortalidades y flujos tróficos de un año o el promedio de unos cuantos, pero no necesariamente sobre una base de condiciones de equilibrio o estabilidad de los valores de biomasa ya que se puede indicar una tasa de acumulación o pérdida para la biomasa de cada grupo ecológico a lo largo del año, y por tanto asumir cambios dentro del periodo contemplado. Sus resultados descriptivos pueden usarse para inferir el estado ambiental del ecosistema (*sensu* Christensen, 1995) usando parámetros como el nivel trófico, pero no para evaluar los efectos de cambios en las políticas de gestión, que suponen cambios acumulativos en las biomasas de cada grupo ecológico. Para ello debe usarse *Ecosim*, que mostrará los efectos debidos a esos cambios en las tasas, por ejemplo, de explotación, considerando también que las interacciones entre grupos ecológicos están mediadas por su respectiva abundancia relativa, su comportamiento y la estructura del hábitat.

EwE es muy sensible a las imprecisiones que se puedan incurrir en la definición de las relaciones tróficas entre los grupos ecológicos definidos. Suele ser complicado valorar la contribución de algunos grupos (p.ej. peces juveniles) en la dietas de su predadores debido a la rapidez con que se digieren o su aparición estacional en los contenidos estomacales, lo que lleva a considerarla como una presa rara u ocasional. Esto, aunque para el depredador pueda ser así, para la presa representa una subestimación importante de su mortalidad, lo que conlleva inexactitudes importantes en la dinámica temporal de los grupos ecológicos. De manera similar, EwE no es capaz de evidenciar la existencia real de procesos de mediación entre más de dos grupos ecológicos ya sea debido a las variaciones respectivas de sus biomasas, a cambios en su vulnerabilidad a la predación o cambios temporales en la estructura del hábitat. Todos estos aspectos interfieren la relación directa de la relaciones depredador-presa y la aditividad de las tasas de depredación, y no quedan debidamente reflejados en los resultados de la simulación del modelo. La solución a todo esto pasa por conocer mejor el ecosistema que se pretende modelar y valorar de manera crítica los resultados que se obtengan de EwE.

3. Análisis ecosistémico y gestión de la piscicultura en mar abierto con EwE

3.1. La piscicultura en mar abierto y sus efectos ambientales

La acuicultura costera intensiva con jaulas en mar abierto es una actividad muy extendida, tanto en zonas templadas como tropicales, y con tendencia creciente, que produce algo más de 20 millones de toneladas al año (FAO, 2012). Los mayores productores son Noruega (28%), Chile (25%), China (12%), Japón (11%), Gran Bretaña (6%), Canadá (4%), Grecia (3%) y Turquía (3%). La producción está limitada a peces óseos; principalmente varias especies de salmónidos, seriola japonesa, pargo rojo, roncador amarillo, lubina, dorada y cobia (Tacon & Halwart, 2007). España produce anualmente unas 44.000 toneladas de peces, principalmente dorada y lubina.

Las piscifactorías (Foto 1) están compuestas por varias jaulas —entre 9 y 24— que mantienen su forma por gravedad, ayudadas por una serie de pesos y anillos de HDPE (Foto 2), todo ello convenientemente fijado por un sistema de anclado al fondo marino. El diámetro de las jaulas suele variar entre 6 y 25 m, y llegar desde los 6 m hasta los 20 m de profundidad, con un volumen entre los 20.000 y 50.000 m^3; cada una puede contener entre 50.000 y 300.000 peces (Foto 3). Suelen localizarse en zonas costeras abrigadas o entre islas, no siendo frecuente su instalación en áreas oceánicas abiertas para disminuir el riesgo de rotura debido a temporales.

Los peces estabulados se alimentan con pienso para alimentación animal (Foto 4), especialmente formulado para las especies ícticas cultivadas, que se lanza a las jaulas a mano o mediante un cañón de aire (Foto 5), y cada piscifactoría puede producir entre 100 y 1000 Tm de peces por ciclo productivo. Anualmente, en España la acuicultura en mar abierto consume casi 100.000 Tm de piensos; entre un 15 y un 25% se escapa fuera de las jaulas, lo que supone una entrada de materia orgánica importante al medio marino.

Foto 1. Vista panorámica de una piscifactoría en mar abierto (autor: Pablo Sánchez-Jerez)

Foto 2. Detalle de las estructuras flotantes de una jaula (autor: Pablo Sánchez-Jerez)

Foto 3. Parte sumergida de la jaula de engorde con peces estabulados (autor: Pablo Sánchez-Jerez)

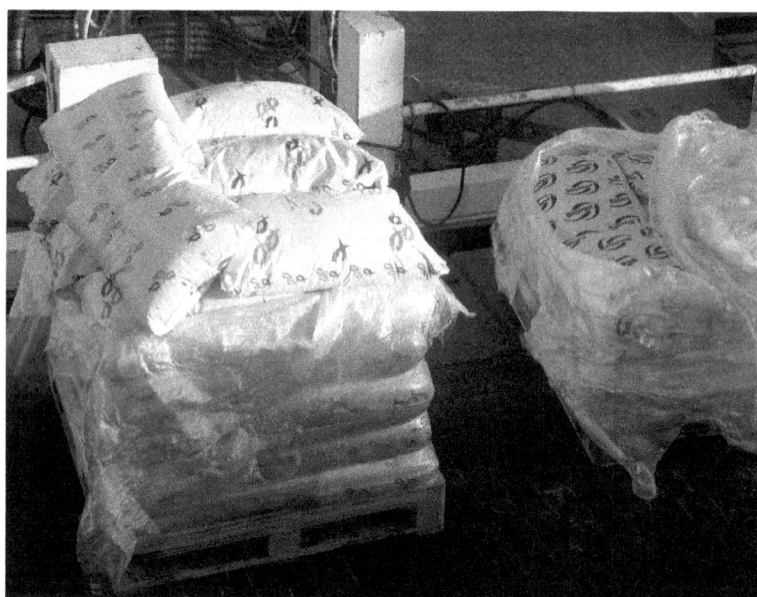

Foto 4. Sacos de pienso preparados para alimentar a los peces estabulados (autor: Pablo Sánchez-Jerez)

*Foto 5. Embarcación de servicio de la piscifactoría alimentando una jaula mediante cañón de aire
(autor: Pablo Sánchez-Jerez)*

Esta actividad genera varios tipos de impactos ambientales en el medio marino. El más importante y constante se debe a la parte del pienso aportado que se escapa de las jaulas y acaba incrementando la proporción de materia orgánica en el medio. Esto lleva a modificaciones en el sedimento (Karakassis, Tsapakis & Hatziyanni, 1998) y de la comunidad bentónica y demersal (p.ej. Karakassis & Hatziyanni, 2000; Karakassis, Tsapakis, Hatziyanni, Papadopoulou & Plaiti, 2000; Delgado, Ruiz, Pérez, Romero & Ballesteros, 1999; Aguado-Giménez & Ruiz-Fernández, 2012) y genera una atracción de peces salvajes que se alimentan de ese pienso sobrante (Fernandez-Jover, Sanchez-Jerez, Bayle-Sempere, Valle & Dempster, 2008). La acumulación de peces salvajes puede llegar a ser del orden de toneladas (Dempster, Sanchez-Jerez, Bayle-Sempere, Giménez-Casalduero & Valle, 2002), afectando la presencia y abundancia de estas especies en el área circundante a la piscifactoría. La presencia de los peces salvajes agregados aumenta la escala espacial del efecto final de la piscicultura sobre la columna de agua, al contribuir a la dispersión de NH_4^+ y compuestos orgánicos disueltos a través de sus heces (Fernandez-Jover, Lopez-Jimenez, Sanchez-Jerez, Bayle-Sempere, Gimenez-Casalduero, Martinez-Lopez et al., 2007). El efecto podría acabar notándose en las capturas de la pesca artesanal y deportiva, dado que algunas especies agregadas componen las capturas de estas flotas.

3.2. Modelado de una piscifactoría mediterránea con EwE

A pesar de la controversia sobre los efectos de la piscicultura en mar abierto sobre el medio marino y los conflictos con otras actividades (p.ej. turismo), existen pocas aproximaciones ecosistémicas que valoren su impacto considerando todos los grupos ecológicos implicados. El interés de este tipo de enfoque estriba en la necesidad de analizar la existencia y magnitud de las interacciones de la piscicultura con otras actividades (p.ej. la pesca), así como en evidenciar tanto los efectos directos como indirectos (p.ej. efecto cascada) entre los diferentes compartimentos definidos en el modelo; aspecto este que no se puede abordar mediante estudios limitados a un sólo taxón o actividad. El estudio y valoración de los efectos indirectos de la piscicultura es la única manera de balancear objetivos socio-económicos de las diferentes actividades humanas dentro de un intervalo adecuado de los parámetros ambientales y operacionales de cada actividad; también puede considerarse una forma de análisis de sensibilidad de cómo varia cada grupo ecológico respecto a los otros. La formalización de las interacciones obtenida en la modelización de la piscifactoría es la base para establecer y desarrollar estrategias de gestión sostenible mediante su simulación temporal, pudiendo acoplarlas mejor en un entorno de gestión integrada costera de mayor escala espacial.

El modelo de EwE se hizo sobre una piscifactoría situada en la Bahía de Santa Pola (Alicante, Sudeste de la Península Ibérica), que recopila 11 años de trabajo del grupo investigador en la zona (Sánchez-Jerez et al., 2011) y está descrito en Bayle-Sempere, Arreguín-Sánchez, Sanchez-Jerez, Salcido-Guevara, Fernandez-Jover y Zetina-Rejón (2013). La piscifactoría actua como una estructura atractora para las especies pelágicas y provee substrato para especies bentónicas (Figura 4). La instalación está a 3700 m de la costa, con una profundidad máxima de 21 m, ocupando una superficie de 140.000 m^2 sobre fondo arenoso fangoso. Está formada por 24 jaulas flotantes, cada una de ellas con un volumen de 450 m^3, conteniendo un total de 775 Tm de dorada (*Sparus aurata*), lubina (*Dicentrarchus labrax*) y corvina (*Argyrosomus regius*). El pienso utilizado esta formulado con un 36% de harina de pescado, 16% de harina de trigo, 12% de gluten de maíz, 12% de harina de soja, 10% de gluten de trigo, 10% de aceite de pescado, 4% de aceite de soja; el resto lo componen vitaminas y antioxidantes. Los peces estabulados se alimentan a demanda, a mano o utilizando el cañón de aire; una vez al día en invierno (de noviembre a abril) o dos veces al día en verano (de mayo a octubre). Al año se consumían algo más de 4300 Tm de pienso, del cual un 15% —unas 650 Tm— se escapaba de las jaulas y quedaba disponible para el poblamiento salvaje agregado o se incorporaba al sedimento.

Se usó el promedio de la información disponible del ecosistema para el periodo 2001-2007. Algunas especies con hábitos ecotróficos similares se incluyeron en el modelo en un único grupo ecológico funcional (ver Tabla 1). Una parte de los peces salvajes agregados se mantuvieron como grupos ecológicos a nivel de especie; entre ellos el jurel (*Trachurus mediterraneus*), la palometa (*Trachinotus ovatus*), la boga (*Boops boops*), alacha (*Sardinella aurita*) y el anjova (*Pomatomus saltatrix*). Otros se agregaron en un sólo grupo en base a su similitud ecológica y trófica (p.ej. los espáridos, incluyendo especies del género *Diplodus*). El poblamiento microbiano se considera implícitamente dentro de la dieta del zooplancton y de la dinámica de los detritus. En total se incluyeron 41 grupos ecológicos.

Los datos de biomasa de cada grupo ecológico se recopilaron de estudios propios o existentes en otros estudios publicados, y se refirieron a densidad de organismos por unidad de superficie del ecosistema del cual se puede obtener un rendimiento potencial. Para cada grupo ecológico se incluyó su P/B, que para las especies no explotadas corresponde a la tasa instantánea de mortalidad natural (M) y se estimó a partir de los datos en FishBase (www.fishbase.org); para los grupos restantes se usaron datos de mortalidad existentes en la bibliografía. De manera similar se recopilaron los datos para Q/B. La matriz de dietas se elaboró con datos propios procedentes de estudios de contenidos estomacales para los diferentes grupos ecológicos o se utilizaron los existentes en otros estudios cuando no se contaba con ellos para el ecosistema modelado. Por otro lado, se recopilaron los datos sobre la flota artesanal y recreativa, con capturas sobre cefalópodos, gastrópodos, salmonete, espetón, espáridos, boga, lecha, rascacios y serránidos, corregidas por la proporción generada como descarte y que es devuelta al mar.

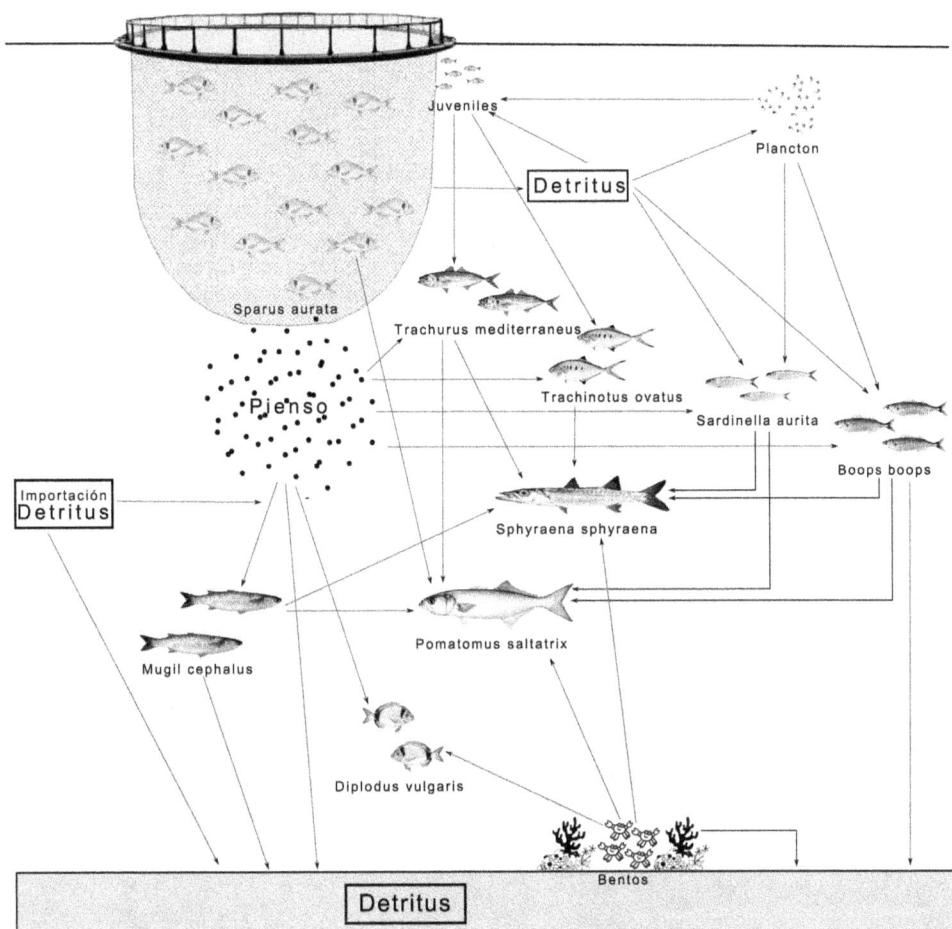

Figura 4. Vista esquemática simplificada de la comunidad asociada a las jaulas (modificada de Sánchez-Jerez et al. 2011)

Como criterio principal para balancear el modelo se estableció que la eficiencia ecotrófica de cada grupo ecológico (EE$_i$) fuera menor de 1. Esto se obtuvo, en los grupos ecológicos donde fue necesario, modificando ligeramente (± 5% máx.) los consumos en la dieta inicial del depredador para cada presa, evitando el añadir y eliminar presas. Se suele adoptar esta estrategia porque la dieta suele ser la información con mayor nivel de incertidumbre y variabilidad en la ecología de cada grupo. Por otro lado, la consistencia del modelo se verificó comprobando que las relaciones R/A y P/R fueran menores de 1, y comprobando que los valores de R/B fueran mayores cuanto más alta fuera la actividad de los grupos ecológicos.

	Grupo ecológico	Nivel trófico	Índice de omnivoría	B_i (Tm/km²)	P/B (año⁻¹)	Q/B (año⁻¹)	EE_i	Detritus importados (Tm/km²/año)
1	Cabracho (*Scorpaena scrofa*)	**3.89**	**0.069**	0.103	1.537	5.603	**0.099**	0
2	Espetón (*Sphyraena sphyraena*)	**3.77**	**0.163**	0.029	2.679	9.444	**0.347**	0
3	Lecha (*Seriola dumerilii*)	**3.73**	**0.278**	0.098	2.505	7.799	**0.008**	0
4	Anjova (*Pomatomus saltatrix*)	**3.44**	**0.957**	14.453	2.669	10.082	**0.000**	0
5	Cefalópodos	**3.21**	**0.077**	0.205	1.676	4.536	**0.789**	0
6	Ballesta (*Balistes capriscus*)	**3.17**	**0.558**	0.023	1.495	5.221	**0.164**	0
7	Góbido (*Gobius buccichi*)	**3.16**	**0.055**	0.018	2.979	9.989	**0.420**	0
8	Dorada (*Sparus aurata*) juvenil	**3.09**	**0.002**	0.429	6.184	16.868	**0.563**	0
9	Milano (*Myliobatis aquila*)	**3.07**	**0.001**	0.341	2.438	8.455	**0.000**	0
10	Peces pelágicos planctívoros juveniles	**3.04**	**0.003**	6.432	5.295	14.566	**0.589**	0
11	Espáridos juveniles	**3.04**	**0.003**	0.221	5.700	15.089	**0.562**	
12	Palometa juvenil (*Trachinotus ovatus*)	**3.02**	**0.002**	0.958	4.902	12.745	**0.542**	0
13	Boga juvenil (*Boops boops*)	**3.01**	**0.001**	1.849	6.63	19.383	**0.521**	0
14	Mugílidos juveniles	**3.00**	**0.000**	0.587	8.908	24.112	**0.479**	0
15	Jurel juvenil (*Trachurus mediterraneus*)	**3.00**	**0.000**	0.490	7.49	20.370	**0.445**	0
16	Espáridos	**2.92**	**0.375**	0.435	2.403	8.200	**0.248**	0
17	Salmonete (*Mullus surmulletus*)	**2.70**	**0.291**	2.066	1.187	4.848	**0.282**	0
18	Jurel (*Trachurus mediterraneus*)	**2.68**	**0.708**	11.788	2.49	7.924	**0.120**	0
19	Serrano (*Serranus cabrilla*)	**2.54**	**0.356**	0.020	1.878	6.997	**0.676**	0
20	Peces pelágicos planctívoros	**2.45**	**0.386**	0.319	2.691	8.898	**0.259**	0
21	Cangrejos	**2.41**	**0.367**	0.020	2.257	10.988	**0.821**	0
22	Camarones	**2.30**	**0.235**	0.011	3.315	15.590	**0.681**	0
23	Equinodermos	**2.18**	**0.158**	6.93	0.549	3.193	**0.478**	0
24	Misidaceos	**2.12**	**0.112**	2.331	5.122	25.522	**0.630**	0
25	Anfípodos	**2.12**	**0.12**	70.385	4.682	22.628	**0.656**	0
26	Boga (*Boops boops*)	**2.12**	**0.155**	0.388	2.640	8.936	**0.080**	0
27	Poliquetos	**2.07**	**0.070**	3.887	4.200	10.810	**0.565**	0
28	Palometa (*Trachinotus ovatus*)	**2.07**	**0.107**	60.056	2.737	9.392	**0.050**	0
29	Dorada (*Sparus aurata*) salvaje	**2.06**	**0.130**	0.588	0.571	1.779	**0.284**	0
30	Gastrópodos	**2.00**	**0.000**	0.011	1.851	11.566	**0.760**	0
31	Bivalvos	**2.00**	**0.000**	0.010	1.635	10.636	**0.784**	0
32	Dorada (*Sparus aurata*) estabulada	**2.00**	**0.000**	6353.633	1.290	3.313	**0.567**	0
33	Corvina (*Argyrosomus regius*) estabulada	**2.00**	**0.000**	728.88	1.257	3.473	**0.588**	0
34	Lubina (*Dicentrarchus labrax*) estabulada	**2.00**	**0.000**	384.595	1.273	3.548	**0.731**	0
35	Mugílidos	**2.00**	**0.000**	180.422	2.993	11.464	**0.016**	0
36	Alacha (*Sardinella aurita*)	**2.00**	**0.000**	6.117	4.015	13.906	**0.135**	0
37	Copépodos planctónicos	**2.00**	**0.000**	3.980	51.137	310.533	**0.914**	0
38	Fitoplancton	**1.00**	**0.000**	11.549	136.653	-	**0.700**	0
39	Algas	**1.00**	**0.000**	9.893	2.707	-	**0.518**	0
40	Pienso	**1.00**	**0.000**	31200	-	-	**0.897**	31200
41	Detritus	**1.00**	**0.297**	631.73	-	-	**0.061**	4680

Tabla 1. Parámetros de entrada y estimados (en negrita) del modelo de la piscifactoría en Ecopath

Una vez que el modelo estuvo balanceado y con parámetros consistentes, se minimizaron los residuales de cada parámetro mediante la subrutina *Ecoranger*, que permite un cierto intervalo de variación (se usó el 5% en este caso) sobre una función de distribución de probabilidad elegida *a priori* (en este caso se eligió una distribución normal). Mediante el procedimiento de Monte Carlo, incluyendo aleatoriamente parámetros de entrada, se fue comprobando la idoneidad del modelo sujeto a condicionantes de tipo fisiológico y de equilibrio de masas. Este proceso se repitió hasta obtener 9000 modelos idóneos, eligiendo aquel que mejor se ajustara a los datos según el criterio de mínimos cuadrados.

3.3. La representación descriptiva de la piscifactoría modelada con *Ecopath*

El modelo obtenido mediante *Ecopath* para la piscifactoría tuvo un índice de Pedigree de 0.664, que lo sitúa en el nivel de los modelos con mayores valores debido al uso de una proporción muy alta de datos propios del ecosistema a modelar. Los resultados sobre nivel trófico e índice de omnivoría evidencian el uso que hacen las especies salvajes del pienso que se escapa de las jaulas (p.ej. el jurel o la palometa) en relación a las dietas propias de estas especies en medios naturales; algunas (p.ej. mugílidos, alacha) presentan un índice de omnivoría igual a cero porque se alimentan exclusivamente de pienso. Los valores bajos de EEi corresponden a grupos que son depredadores tope (p.ej. anjova, cabracho) o grupos que son poco aprovechados dentro del ecosistema (p.ej. mugílidos, detritus); los grupos con valores de EEi altos son grupos ecológicos con un alto aprovechamiento dentro del ecosistema (p.ej. pienso, copépodos planctónicos).

Ecopath evidencia la existencia de impactos directos e indirectos en el ecosistema formado por la piscifactoría (Figura 5). Los más evidentes son el generado por la anjova, de sentido negativo, sobre muchas de las especies de peces adultos y juveniles agregados alrededor de las jaulas, pudiendo sugerir un posible efecto trampa de las piscifactorías si se da una agregación alta de depredadores tope. Por otro lado, el pienso impacta positivamente en la mayoría de especies de peces salvajes agregados alrededor de las jaulas, así como sobre la pesca artesanal y la recreativa porque ambas capturan las especies salvajes agregadas, señalando un posible efecto de "regeneración" de las poblaciones explotadas por estas flotas. Estas especies salvajes agregadas y los juveniles de algunas especies se ven –indirectamente– impactadas positivamente por la pesca artesanal porque ésta controla a sus depredadores (anjova y espetón), prediciendo un efecto cascada entre estos grupos ecológicos y la actividad pesquera. El grupo Detritus muestra un ligero impacto positivo sobre los grupos de juveniles, evidenciando el papel de este recurso para estos estadíos.

El análisis de la red trófica (Tabla 2) muestra que la biomasa total que circula por el ecosistema es de casi 120.000 Tm/km^2/año, de la cual el 26% se dedica a consumo interno, el 11.5% se consume en respiración, el 42.4% va a parar a detritus y el 20% se dedica a exportación fuera del ecosistema en forma de capturas por la pesca y producción de la piscicultura. El índice de conectividad es 0.191, reflejando un nivel bajo de conexiones tróficas teóricas posibles, lo que concuerda con los valores bajos de índice de omnivoría. El pienso supone el 90% del consumo interno del ecosistema, repartiéndose en un 80% para los peces estabulados, un 8.4% para los peces salvajes agregados, el 1.4% para otros grupos vivos y un 9.9% fluye hacia Detritus. El pienso representa más del 82% del consumo de los peces salvajes agregados. El ecosistema, por tanto, está mantenido por la entrada de pienso y no por la producción primaria, como ocurre en sistemas naturales; de ahí que la producción neta estimada para el sistema sea negativa o que la energía consumida en respiración total sea casi nueve veces mayor que la producción primaria total. La proporción entre consumo total y respiración total frente la biomasa total que circula por el ecosistema sugieren un uso muy bajo de la energía en la piscifactoría; la producción total respecto biomasa total que circula por la piscifactoría también es bajo, evidenciando una eficiencia muy baja de la piscicultura.

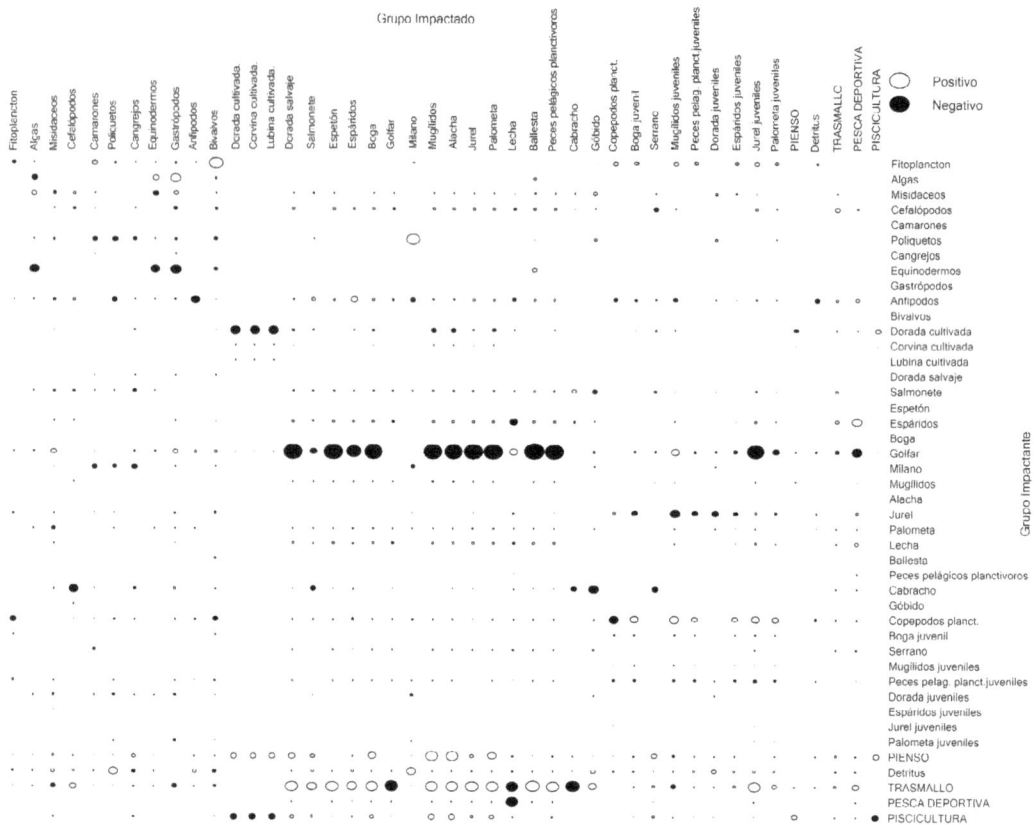

Figura 5. Impactos tróficos cruzados de los grupos ecológicos

En resumen, el resultado dado por *Ecopath* se considera una buena descripción del ecosistema formado por la piscifactoría en tanto concuerda con lo que ha ido observándose *a posteriori*. El modelo ha compendiado toda la información existente para la piscifactoría y ofrece una visión integrada de su funcionamiento, pudiendo ser una herramienta valiosa para la predicción de cambios a escala del ecosistema según diferentes escenarios de gestión. El uso de *Ecopath* ha permitido evidenciar aún más el papel de los peces salvajes agregados y el uso que hacen del pienso aportado a la piscifactoría, en relación al resto de componentes que forman este ecosistema, lo que se debería tener muy en cuenta por parte de los gestores y responsables institucionales a la hora de gestionar esta actividad.

Parámetro	Valor	Unidades
Suma de todos los consumos	31059.83	Tm/km²/año
Suma de todas las exportaciones	23933.35	Tm/km²/año
Suma de todos los flujos respiratorios	13812.25	Tm/km²/año
Suma de todos los flujos a detritus	50795.5	Tm/km²/año
Biomasa total circulante en el ecosistema	119601	Tm/km²/año
Suma de todas las producciones	12640	Tm/km²/año
Eficiencia (captura/producción primaria neta)	3.449	
Producción primaria total neta calculada	1604.958	Tm/km²/año
Production primaria total/Respiración total	0.116	
Producción neta del ecosistema	-12207.29	Tm/km²/año
Producción primaria total/Biomasa total	0.204	
Biomasa total/Biomasa total circulante	0.066	
Biomasa total (excluyendo detritus)	7864.549	Tm/km²
Capturas totales	5535.782	Tm/km²/año
Nivel trófico medio de las capturas	2	
Índice de conectividad	0.191	
Índice de omnivoría	0.129	

Tabla 2. Parámetros derivados del análisis de redes tróficas en el ecosistema formado por la piscifactoría

3.4. La simulación para predecir los resultados de la gestión de la piscicultura

Como se ha comentado anteriormente, *Ecopath* ofrece una descripción del ecosistema formado por la piscifactoría. Sus resultados pueden usarse como descripción puntual del estado ambiental del sistema, sirviendo como indicadores de "salud". Aunque también permite valorar la decisión, por ejemplo, sobre la conveniencia de instalar sistemas multitróficos complementarios que mitiguen la carga orgánica en el medio marino; en este caso, la medida no tendría sentido dado que el ecosistema formado por la piscifactoría aún tiene que importar 4680 g/m²/año de detritus para balancear el sistema (ver Tabla 1). Los parámetros resultantes de *Ecopath* integran la variabilidad a escala de ecosistema y no sufren la interferencia de procesos que ocurren a escalas espaciales y temporales menores, como en otro tipo de parámetros obtenidos con estudios correlacionales y considerando un sólo taxón concreto. En todo caso, el modelo más complejo debería considerar la variabilidad espacio-temporal de los poblamientos ya que cambian de forma importante entre instalaciones a escala de pocos kilómetros. Los cambios espaciales pueden deberse a las diferentes características de las instalaciones, como son el nivel de producción, la superficie ocupada, la profundidad de las jaulas, las especies cultivadas, el tipo de alimentación o la distancia a la costa (Dempster et al., 2002). Otros factores ambientales también pueden afectar a la composición como es la existencia de hábitats de especial importancia para la fauna (p. ej. arrecifes rocosos) o de caladeros de pesca, las disposición de rutas migratorias de las especies y la presencia de recursos tróficos de la masa de agua. Todos estos aspectos influyen de diferentes maneras y favorecen la gran variabilidad espacial de la estructura de los poblamientos de peces asociados a la acuicultura.

Por otra parte se han detectado importantes diferencias intra- e interanuales. Las variaciones estacionales pueden ser marcadas, pero depende de los patrones naturales, como son cambios en la temperatura del agua y en la migración natural de ciertas especies desde mar abierto a zonas costeras (Valle, Bayle-Sempere, Dempster, Sánchez-Jerez & Giménez-Casalduero, 2007). Esas variaciones estacionales están claramente definidas por los cambios en la temperatura del agua, así como el comportamiento reproductivo y migratorio de las especies (Sánchez-Jerez et al., 2008). Por ejemplo, en regiones más tropicales que el Mediterráneo, como son las islas Canarias, no se han detectado diferencias a lo largo del año (Boyra, Sánchez-Jerez, Tuya & Haroun, 2004), lo que puede deberse al estrecho intervalo térmico a lo largo del año. Otros aspectos como los cambios en la producción piscícola también afectan; en verano, la intensidad de alimentación de los peces estabulados es mayor, lo que incrementa el aporte de materia orgánica particulada en el medio marino, agregando a una mayor biomasa de peces. Las mismas instalaciones pueden mostrar importantes variaciones en la abundancia o en la composición de la comunidad entre años, aspecto difícil de modelar, ya que puede estar motivado por multitud de factores derivados de la biología reproductiva, asentamiento y reclutamiento de las especies, cambios en la estructura termohalina o de régimen de corrientes o simplemente a factores estocásticos (Fernandez-Jover et al., 2009). De aquí, la importancia de trabajar con datos que promedien una serie histórica adecuada.

A partir de la elaboración del modelo *Ecopath*, y usando la rutina *Ecosim* (y si viniera al caso, *Ecospace*), se pueden plantear diferentes escenarios de gestión en la piscifactoría y analizar los posibles efectos que pudieran aparecer, definiendo mediante funciones mediadoras la variabilidad espacio-temporal de los grupos ecológicos. Por ejemplo, podría simularse mediante *Ecosim* cuál sería la acumulación de materia orgánica en el compartimento *Detritus* si variara la densidad de peces salvajes agregados (digamos, debido a sobrepesca del poblamiento de peces agregados) o la cantidad de pienso aportada; y en base a esto, decidir la conveniencia de instalar sistemas multitróficos complementarios. Otro escenario interesante sería la evaluación mediante *Ecospace* de las localizaciones para la instalación de las piscifactorías, considerando las tasas de renovación de las masas de agua, la comunidad biológica existente y la tasa de acumulación de Detritus, para acoplar el nivel de producción piscícola a la capacidad de carga del ecosistema, de manera que se evitaran los efectos negativos que se podrían dar en áreas confinadas (p.ej. ensenadas o estuarios) con tasas de renovación muy bajas.

La simulación de importación y/o exportación de biomasa de peces salvajes agregados mediante *Ecospace* aportaría referencias para evaluar el efecto ecológico de la piscicultura en el entorno ambiental donde se desarrolle. Para ello, los estudios de censos y marcajes de peces serían útiles para obtener tasas de movimiento y residencia, y la distribución espacio-temporal de las diversas poblaciones ícticas salvajes que son atraídas por la actividad acuícola (p.ej. Arechavala-Lopez, Uglem, Sanchez-Jerez, Fernandez-Jover, Bayle-Sempere & Nilsen, 2010; Arechavala-Lopez, Sanchez-Jerez, Bayle-Sempere, Fernandez-Jover, Martinez-Rubio, Lopez-Jimenez, et al., 2011). De ese modo se podrían estudiar los efectos de dicha actividad en términos de "trampa ecológica" si se explotara la agregación de peces salvajes. Así mismo, estudios de marcaje, captura y recaptura ayudarían a estimar la mortalidad por pesca de estas especies y evaluar sus posibles consecuencias sobre las pesquerías locales (Izquierdo-Gómez, Arechavala-López, Bayle-Sempere, Sánchez-Jerez & Valle, 2011; Arechavala-Lopez, Uglem, Fernandez-Jover, Bayle-Sempere & Sanchez-Jerez, 2012), pudiendo servir para validar los resultados de las simulaciones temporales dadas por *Ecosim*. Además, este tipo de estudios aplicados con *Ecopath* podrían mejorar la gestión sostenible de la acuicultura, ya que se podría evaluar el efecto ecológico de los escapes de peces de las jaulas al medio marino (Arechavala-Lopez, 2012).

Las jaulas costeras flotantes no sólo actúan como simples estructuras artificiales atractoras, si no que su efecto se ve potenciado debido a la disponibilidad de comida, principalmente en forma de pienso que no es consumido por los peces cultivados y que aparece disponible en la columna de agua para los peces agregados. Estos piensos están parcialmente elaborados con ingredientes de originen vegetal terrestre como, entre otros, la soja, el maíz o el lino. Estos productos contienen ácidos grasos como el oleico y el linoleico que se encuentran en pequeñas cantidades en el medio marino y por lo tanto su presencia en el perfil de ácidos grasos de los peces es también muy baja. Los peces salvajes que se alimentan de pienso van a reflejar una composición lipídica de sus tejidos semejante a la del pienso comercial usado en las piscifactorías. La consecuencia principal es un aumento en la presencia de ácidos grasos como el ácido linoleico o el oleico, y la disminución de otros como el araquidónico o el DHA. Este hecho se ha constatado tanto en comunidades de peces salvajes agregadas alrededor de piscifactorías de salmón en el Atlántico Norte (Skog, Hylland, Torstensen & Berntssen, 2003; Fernandez-Jover, Martinez-Rubio, Sanchez-Jerez, Bayle-Sempere, López Jimenez, Martínez Lopez et al., 2011a) como en granjas de dorada y lubina en el Mediterráneo (Fernandez-Jover et al., 2007, 2009). Debido a que la cadena trófica natural en el medio marino es rica en ácidos grasos esenciales de cadena larga (Ackman 1980), su modificación en los diferentes eslabones está muy limitada (Iverson, 2009; p.ej. los peces no precisan elongar ácidos grasos de cadena más corta para obtener ácidos grasos esenciales, ya que estos se encuentran altamente disponibles en la dieta). Por lo tanto, los ácidos grasos ofrecen una excelente oportunidad para modelizar la ecología trófica de los diferentes componentes del ecosistema alrededor de las jaulas costeras (Fernández Jover, Arechavala López, Martínez Rubio, Tocher, Bayle-Sempere, López Jiménez, Martinez López & Sánchez Jerez, 2011b), pudiendo predecir los cambios de concentración a lo largo de los flujos de biomasa entre grupos ecológicos mediante *Ecotracer*, y consecuentemente conocer en profundidad la magnitud y consecuencias de la influencia de las piscifactorías sobre los stocks pesqueros y, en general, sobre toda la fauna asociada.

Obviamente, la predicción que se obtenga mediante simulación no tiene por qué cumplirse. Sin embargo, puede ser el marco de referencia idóneo –conceptualmente hablando– sobre el cual se diseñe el seguimiento ambiental de la actividad y su pauta espacio-temporal, se elijan los descriptores que mejor puedan resultar como indicadores y se establezcan los niveles de referencia para determinar cuándo la piscicultura se sale de lo que se podría llamar una "situación saludable". Esto, en sí mismo, ya es un elemento valioso porque permite focalizar los esfuerzos en aquellos parámetros que resulten relevantes, y ahorrar costes innecesarios. El seguimiento temporal y espacial de estos parámetros irá mostrando si la predicción era o no adecuada, dando margen también a que se pueda ir corrigiendo la gestión antes de que los cambios ambientales se aparten mucho de los puntos de referencia saludables establecidos.

Referencias

Ackman, R.G. (1980). Fish lipids. En Connell, J.J. (Ed.). *Advances in Fish Science and Technology. Fishing News Books*, Surrey, Part II, 86-103.

Aguado-Giménez, F., & Ruiz-Fernández, J.M. (2012). Influence of an experimental fish farm on the spatio-temporal dynamic of a Mediterranean maërl algae community. *Marine Environmental Research, 74,* 47-55. http://dx.doi.org/10.1016/j.marenvres.2011.12.003

Arechavala-Lopez, P. (2012). *Behavioural assessment and identification tools for sea bream and sea bass escapees: implications for sustainable aquaculture management.* Tesis Doctoral, Departamento de ciencias del Mar y Biología Aplicada. Universidad de Alicante, España. 160. http://rua.ua.es/dspace/bitstream/10045/26735/1/Tesis_Pablo_Arechavala_Lopez.pdf

Arechavala-Lopez, P., Sanchez-Jerez, P., Bayle-Sempere, J.T., Fernandez-Jover, D., Martinez-Rubio, L., Lopez-Jimenez, J.A., et al. (2011). Direct interaction between wild fish aggregations at fish farms and fisheries activity at fishing grounds: a case study with Boops boops. *Aquaculture Research, 42,* 996-1010. http://dx.doi.org/10.1111/j.1365-2109.2010.02683.x

Arechavala-Lopez, P., Uglem I., Sanchez-Jerez, P., Fernandez-Jover, D., Bayle-Sempere, J.T., & Nilsen, R. (2010). Movements of grey mullet Liza aurata and Chelon labrosus associated with coastal fish farms in the western Mediterranean Sea. *Aquaculture Environment Interactions, 1,* 127-136. http://dx.doi.org/10.3354/aei00012

Arechavala-Lopez, P., Uglem, I., Fernandez-Jover, D., Bayle-Sempere, J.T., & Sanchez-Jerez, P. (2012). Post-escape dispersion of farmed sea bream (*Sparus aurata* L.) and recaptures by local fisheries in the Western Mediterranean Sea. *Fisheries Research,* 121-122, 126-135. http://dx.doi.org/10.1016/j.fishres.2012.02.003

Bayle-Sempere, J.T., Arreguín-Sánchez, F., Sanchez-Jerez, P., Salcido-Guevara, L.A., Fernandez-Jover, D., & Zetina-Rejón, M. (2013). Trophic structure and energy fluxes around a Mediterranean fish farm. *Ecological Modelling, 248,* 135-147. http://dx.doi.org/10.1016/j.ecolmodel.2012.08.028

Boyra, A., Sánchez-Jerez, P., Tuya, F., & Haroun, R. (2004). Attraction of wild coastal fishes to an atlantic subtropical cage fish farms, Gran Canaria, Canary Islands. *Environmental biology of Fishes, 70,* 393-401. http://dx.doi.org/10.1023/B:EBFI.0000035435.51530.c8

Christensen, V. (1995). Ecosystem maturity – towards quantification. *Ecological Modelling, 77(1),* 3-32. http://dx.doi.org/10.1023/B:EBFI.0000035435.51530.c8

Christensen, V., Walters, C.J., Pauly, D., & Forrest, R. (2008). *Ecopath with Ecosim version 6. User guide.* Lenfest Ocean Futures Project, 235.

Delgado, O., Ruiz, J.M., Pérez, M., Romero, J., & Ballesteros, E. (1999). Effects of fish farm-ing on seagrass (Posidonia oceanica) in a Mediterranean Bay: seagrass decline after organic loading cessation. *Oceanologica Acta, 22,* 109-117.
http://dx.doi.org/10.1016/S0399-1784(99)80037-1

Dempster, T., Sanchez-Jerez, P., Bayle-Sempere, J.T., Giménez-Casalduero, F. & Valle, C. (2002). Attraction of wild fish to sea-cage fish farms in the south-western Mediterranean Sea: spatial and short-term temporal variability. *Marine Ecology Progress Series, 242,* 237-252.
http://dx.doi.org/10.3354/meps242237

FAO (2012). *El estado mundial de la pesca y la acuicultura 2012.* Depto. De Pesca y Acuicultura de la FAO. Roma, Organización de las Naciones Unidas para la Alimentación y la Agricultura, 251.

Fernandez-Jover, D., Arechavala-Lopez, P., Martinez-Rubio, L., Tocher D.R., Bayle-Sempere J.T., Lopez-Jimenez J.A., Martinez-Lopez., F.J. & Sanchez-Jerez, P. (2011b). Monitoring the influence of marine aquaculture on wild fish communities: benefits and limitations of fatty acid profiles. *Aquaculture Environment Interactions, 2,* 39-47. http://dx.doi.org/10.3354/aei00029

Fernandez-Jover D., Lopez-Jimenez J.A., Sanchez-Jerez P., Bayle-Sempere J.T., Gimenez-Casalduero F., Martinez-Lopez F.J., et al. (2007). Changes in body condition and fatty acid composition of wild Mediterranean horse mackerel (Trachurus mediterraneus, Steindachner, 1868) associated with sea cage fish farms. *Marine Environmental Research, 63,* 1-18.
http://dx.doi.org/10.1016/j.marenvres.2006.05.002

Fernandez-Jover D., Martinez-Rubio L., Sanchez-Jerez P., Bayle-Sempere J.T., López Jimenez J.A., Martínez Lopez F.J., et al. (2011a). Waste feed from coastal fish farms: a trophic subsidy with compositional side-effects for wild gadoids. *Estuarine, Coastal and Shelf Science, 91,* 559-568.
http://dx.doi.org/10.1016/j.ecss.2010.12.009

Fernandez-Jover, D., Sanchez-Jerez, P., Bayle-Sempere, J.T., Arechavala-Lopez, P., Martinez-Rubio, L., Lopez Jimenez, J., et al (2009). Coastal fish farms are settlement sites for juvenile fish. *Marine Environmental Research, 68,* 89–96.
http://dx.doi.org/10.1016/j.marenvres.2009.04.006

Fernandez-Jover D., Sanchez-Jerez P., Bayle-Sempere J.T., Valle C., & Dempster T. (2008). Seasonal patterns and diets of wild fish assemblages associated with Mediterranean coastal fish farms. *ICES Journal of Marine Science, 65,* 1153-1160.
http://dx.doi.org/10.1093/icesjms/fsn091

Froese, R. & Pauly, D. Editores. (2013). *FishBase.* Electronic publication. www.fishbase.org, version (02/2013).

Gascuel, D., & Pauly, D. (2009). EcoTroph: modelling marine ecosystems functioning and impact of fishing. *Ecological Modelling, 220,* 2885-2898.
http://dx.doi.org/10.1016/j.ecolmodel.2009.07.031

Iverson, S.J. (2009). Tracing aquatic food webs using fatty acids: from qualitative indicators to quantitative determination. En Arts M.T., Brett M.T., & Kainz M. (Eds.). *Lipids in aquatic ecosystems.* New York, NY: Springer Science + Business Media. 281-306.

Izquierdo-Gómez, D., Arechavala-López, P., Bayle-Sempere, J.T., Sánchez-Jerez, P., & Valle, C. (2011). Captures of seabream (Saprus aurata) escapes from fish cages on artisanal fisheries at the southeast of Spain. *Aquaculture Europe.* http://www.easonline.org.

Karakassis, I., & Hatziyanni, E. (2000). Benthic disturbance due to fish farming analyzed under different levels of taxonomic resolution. *Marine Ecology Progress Series, 203,* 247-253. http://dx.doi.org/10.3354/meps203247

Karakassis, I., Tsapakis, M., & Hatziyanni, E., (1998). Seasonal variability in sediment profiles beneath fish farms cages in the Mediterranean. *Marine Ecology Progress Series, 162,* 243-252. http://dx.doi.org/10.3354/meps162243

Karakassis, I., Tsapakis, M., Hatziyanni, E., Papadopoulou, K.N., & Plaiti, W. (2000). Impact of cage farming of fish on the seabed in three Mediterranean coastal areas. *ICES Journal of Marine Science, 57,* 1462-1471. http://dx.doi.org/10.1006/jmsc.2000.0925

Krebs, C.J., Danell, K., Angerbjorn, A., Agrell, J., Berteaux, D., Brathen, K.A., et al. (2003). Terrestrial trophic dynamics in the Canadian Arctic. *Canadian Journal of Zoology-Revue Canadienne De Zoologie, 81,* 827-843. http://dx.doi.org/10.1139/z03-061

Pauly, D., Soriano-Bartz, M., & Palomares, M.L. (1993). Improved construction, parametrization and interpretation of steady-state ecosystem models. En Christensen, V., & Pauly, D. (Eds.). *Trophic Models of Aquatic Ecosystems, 68. ICLARM Conference Proceedings, 26,* 1-13.

Polovina, J.J. (1984). Model of a coral reef ecosystems: I. The ECOPATH model and its application to French Frigate Shoals. *Coral Reefs, 3(1),* 1-11. http://dx.doi.org/10.1007/BF00306135

Sánchez-Jerez, P., Fernandez-Jover, D., Bayle-Sempere, J.T., Valle, C., Dempster, T., Tuya, F. et al. (2008). Interactions between bluefish Pomatomus saltatrix (L.) and coastal sea-cage farms in the Mediterranean Sea. *Aquaculture, 282(1–4),* 61–67. http://dx.doi.org/10.1016/j.aquaculture.2008.06.025

Sánchez-Jerez, P., Fernández-Jover, D., Uglem, I., Arechavala-López, P., Dempster, T., Bayle-Sempere, J.T. et al. (2011). Coastal fish farms a fish aggregation devices (FADs). En: Bortone, S.A., Pereira Brandini, F,; Fabi, G., Otake, S. (eds.). *Artificial reefs in fisheries management.* CRC Press, 187-208. http://dx.doi.org/10.1201/b10910-13

Sandberg, J., Kumblad, L. & Kautsky, U. (2007). Can ECOPATH with ECOSIM enhance models of radionuclide flows in food webs? – an example for C-14 in a coastal food web in the Baltic Sea. *Journal of Environmental Radioactivity, 92,* 96-111. http://dx.doi.org/10.1016/j.jenvrad.2006.09.010

Skog, T.E., Hylland, K., Torstensen, B.E., & Berntssen, M.H.G. (2003). Salmon farming affects the fatty acid composition and taste of wild saithe Pollachius virens L. *Aquaculture Research, 34,* 999–1007. http://dx.doi.org/10.1046/j.1365-2109.2003.00901.x

Tacon, A.G.J. & Halwart, M. (2007). Cage aquaculture: a global overview. En Halwart M., Soto D., & Arthur J.R. (Eds.). *Cage Aquaculture – Regional Reviews and Global Overview, 1-16 (FAO Fisheries Technical Paper,* 498. Rome, FAO, 241.

Ulanowicz, R.E. (2000). *Growth and Development: Ecosystem Phenomenology.* New York: Springer Verlag. 1986.

Valle, C., Bayle-Sempere, J.T., Dempster, T., Sánchez-Jerez, P., & Giménez-Casalduero, F. (2007). Temporal variability of wild fish assemblages associated with a sea-cage fish farm in the south-western Mediterranean Sea. *Estuarine, Coastal and Shelf Science, 72(1–2),* 299–307. http://dx.doi.org/10.1016/j.ecss.2006.10.019

Walters, C., Christensen, V. & Pauly, D. (1997). Structuring dynamic models of exploited ecosystems from trophic mass-balance assessments. *Reviews in Fish Biology and Fisheries, 7(2),* 139-172. http://dx.doi.org/10.1023/A:1018479526149

Walters, C., Pauly, D., & Christensen, V. (1999). Ecospace: Prediction of mesoscale spatial patterns in trophic relationships of exploited ecosystems, with emphasis on the impacts of marine protected areas. *Ecosystems, 2(6),* 539-554. http://dx.doi.org/10.1007/s100219900101

Capítulo 3

Modelos ecológicos para analizar el papel económico de los peces de forraje

Andrés M. Cisneros-Montemayor[1]

[1]Fisheries Economics Research Unit, Fisheries Centre, The University of British Columbia (Canadá)
a.cisneros@fisheries.ubc.ca

Doi: http://dx.doi.org/10.3926/oms.113

Referenciar este capítulo

Cisneros Montemayor, A.M. (2013). Modelos ecológicos para analizar el papel económico de los peces de forraje. En J.A. Blanco (Ed.). *Aplicaciones de modelos ecológicos a la gestión de recursos naturales*. (pp. 67-76). Barcelona: OmniaScience.

1. Introducción

1.1. El manejo pesquero de los peces de forraje: contexto ecológico

El manejo de recursos naturales, incluyendo a los peces y demás recursos marinos, tiene como objetivo el asegurar beneficios para los humanos según las metas planteadas. Ello puede implicar maximizar el valor económico de un stock de peces, maximizar la captura para ofrecer alimento, o bien obtener una combinación de beneficios resultado de objetivos mixtos donde tienen lugar la economía, alimento, empleo y conservación. Las metas finales del manejo son planteadas por la sociedad, pero los límites y oportunidades están dados por la naturaleza misma; siendo así, la conservación de los recursos es un objetivo implícito en cualquier acción de manejo sustentable. Es de suma importancia reconocer que los recursos marinos, de los que buscamos beneficiarnos, forman parte de un ecosistema complejo con muy variadas tasas de productividad natural y relaciones tróficas con otras especies. En este contexto hay ocasiones en las que algunas especies particulares presentan gran discrepancia entre su valor ecológico y el económico percibido por la industria pesquera, de manera que su manejo óptimo se torna más complejo y es necesario reconocer explícitamente al ecosistema circundante. Tal es el caso de los peces de forraje.

Las especies de peces de forraje no necesariamente son peces, ya que generalmente se incluyen calamares junto con sardinas, arenques, anchoas, etc. Las características que las definen son el presentar crecimiento individual rápido, ser generalmente pequeñas, con alta fecundidad y de vida corta, lo que les da la capacidad de responder muy rápidamente a las condiciones climáticas prevalecientes. De ésta manera, su abundancia poblacional crece de manera explosiva cuando las condiciones son favorables, pero también puede presentar colapsos poblaciones catastróficos si son desfavorables (Pikitch, Boersman, Boyd, Conover, Cury, Essington et al., 2012). Mientras que se sabe que el mecanismo de relación entre el clima y la abundancia de los peces de forraje es principalmente mediante la supervivencia y reclutamiento juvenil, también se ha reconocido que la sobrepesca de adultos puede exacerbar los efectos negativos de un régimen climático desfavorable (e.g., Cisneros-Mata, Nevárez-Martínez & Hamman, 1995; Csirke, 1989).

La característica más importante de los peces de forraje desde el punto de vista ecológico (y, por extensión, humano) es que ofrecen la vía energética principal desde el plancton hacia las especies depredadoras que conforman la mayoría de los stocks pesqueros (Pikitich et al., 2012). De esta manera, los atunes, jureles, macarelas, etc., necesitan de los peces de forraje a lo largo de las distintas etapas de su vida para obtener la energía necesaria. Aunque juegan un papel ecológico crucial, la abundancia histórica de los peces de forraje ha resultado en un bajo valor económico (e.g., un kilogramo de sardina es mucho menos valioso en el mercado que uno de atún), lo cual ofrece un caso ejemplar de disparidad entre la contribución ecológica y el valor percibido por la industria humana (Hannesson, Herrick & Field, 2009).

Todo lo anterior hace importante el conceptualizar el manejo pesquero de los peces de forraje de manera diferente al de otras especies. Nuestras recomendaciones de manejo serán muy diferentes si se conceptualiza a un pez de forraje como especie discreta, en lugar de soporte para muchas otras con su propio valor comercial. Aunque sea difícil cuantificar exactamente el valor económico real de los peces de forraje, es claro que el incluir de alguna manera su contribución a otras especies (y por ende sus pesquerías) es absolutamente necesario para una mejor gestión. Mientras que a comparación con una sólo especie se necesita mayor cantidad de información para representar cuantitativamente a un ecosistema, las técnicas y herramientas actuales hacen posible integrar mayores valores ecológicos y económicos dentro de nuestros modelos de manejo abriendo poco a poco el camino hacia un manejo basado en ecosistemas más aplicado. Cabe señalar que éste tipo de manejo no sólo es deseable en el ámbito marino, sino en cualquier sistema natural complejo.

1.2. Integración de la ecología y economía en el manejo

En cualquier caso, es indiscutible que existe una tendencia hacia una mayor inclusión de datos y valores tanto ecológicos como económicos dentro de los esquemas de manejo, un concepto generalmente llamado "manejo basado en ecosistemas" (MBE). Aunque la parte más importante de este concepto es el considerar cualitativamente al ecosistema entero al diseñar políticas y estrategias de manejo, el aspecto cuantitativo aun se discute, principalmente debido a la percepción de limitantes operativas para su implementación (Hilborn, 2011). Por ejemplo, la integración de servicios ecosistémicos (los beneficios humanos derivados de los componentes o funciones de los ecosistemas) generalmente son bienvenidos e incluidos dentro del lenguaje de los esquemas de manejo (Greiber 2009), pero su inclusión explícita en la estrategia, particularmente en el ámbito marino, aun no se acepta del todo (Guerry, Ruckelshausa, Arkemaa, Bernhardta, Guannela, Choong-Ki et al., 2012; De Groot, Wilson & Boumans, 2002).

Los planes de manejo diseñados para maximizar beneficios de los peces de forraje incorporan la idea de que es necesario dejar algo de biomasa como alimento para otras especies, pero su objetivo principal permanece dentro del contexto de manejo óptimo de una sola especie a la vez (Herrick, Norton, Mason & Bessey, 2007). Aunque tales estrategias toman en cuenta tanto componentes biológicos como económicos y representan un avance en cuanto a los esquemas anteriores, aún pueden beneficiarse del uso explícito de modelos de ecosistemas para e análisis, lo cual se ha hecho más sencillo gracias a nuevos métodos y tecnologías (Pauly, Christensen & Walters, 2000). Por ejemplo, usando modelos de ecosistema se han realizado estudios demostrando que, dado el precio en mercado de una especie de sardina a comparación con otros peces, sería económicamente óptimo limitar la pesquería de sardina para ofrecer alimento a otras especies más valiosas (Hannesson et al., 2009). Aunque el enfoque de estos estudios ha sido más bien teórico, el hecho es que ahora es posible estimar el valor total de una especie en cuanto a su contribución a otras, cambiando entonces las estrategias de manejo (Sumaila, 1997).

A continuación se presenta un ejemplo demostrando una posible vía de incorporar más amplia y explícitamente valores ecológicos y económicos. Mientras que se usa como caso de estudio a un grupo de peces de forraje dentro de un esquema de manejo pesquero, lo importante a subrayar es que es posible, y necesario, incorporar este tipo de valores y análisis dentro de nuestros esquemas de manejo para poder acceder a los mayores beneficios del ecosistema. De esta manera, usando como base la plataforma de modelación de ecosistemas, *Ecopath with Ecosim*, se proponen métodos para evaluar la contribución económica de especies de forraje tanto al valor económico del ecosistema en conjunto, como a otras especies valiosas en el mercado.

2. Modelo conceptual

Los peces de forraje son de gran importancia a lo largo de la costa del Pacífico oriental, incluyendo a México, que sirve aquí como área del modelo conceptual siguiente (Figura 1). Las especies de peces de forrajemás importantes en esta zona son la sardina del Pacífico (*Sardinops sagax*), la anchoveta (*Engraulis mordax*), y algunas otras especies como la sardina crinuda (*Ophistonema libertate*), macarela (e.g., *Scomber japonicus*) y calamares (*Loligo spp.*, *Dosidicus gigas*). Los estudios e información científica y pesquera actual parecen indicar que, además del impacto de la pesca comercial, la abundancia de peces de forraje en esta zona históricamente ha sido influenciada principalmente por distintos regímenes climáticos, habiendo una aparente relación (no necesariamente causal) con la Oscilación Decadal del Pacífico (véase, por ejemplo, Chavez, Ryan, Lluch-Cota & Ñiquen, 2003; McFarlane, Smith, Baumgartner & Hunter, 2002; Cisneros-Mata et al., 1995; Baumgartner, Soutar & Ferreira-Bartrina, 1992; Radovich, 1982).

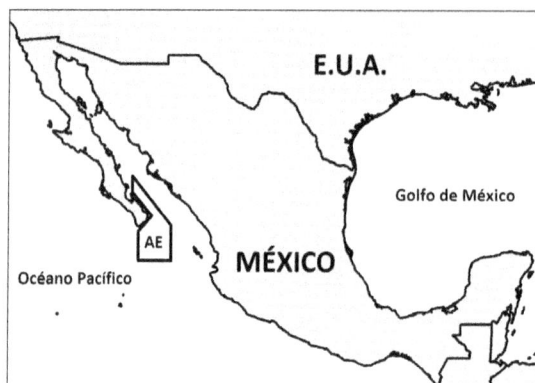

Figura 1. Área de estudio (AE) del modelo ecosistémico conceptual de la zona pelágica al sureste de la Península de Baja California, México

Al margen de las causas de estas fluctuaciones en abundancia poblacional, para propósito de los argumentos presentados en éste capítulo es más importante enfocarse en el estado del ecosistema pelágico de la zona en el contexto pesquero. Por ello, se usa como representación del ecosistema pelágico de Baja California Sur en el Pacífico Noroeste Mexicano un modelo de ecosistema desarrollado originalmente para explorar temas de manejo óptimo de pesquerías de peces pelágicos. A continuación se explican brevemente los fundamentos de la plataforma utilizada, *Ecopath with Ecosim* (*www.ecopath.org*). Los detalles y construcción del modelo se encuentran publicados en Cisneros-Montemayor, Christensen, Arreguín-Sanchez y Sumaila (2012). En la Tabla 1 se muestra la lista de grupos de especies y sus valores de captura pesquera calculados a partir de la captura estimada para Baja California Sur y el precio por tonelada reportado de manera oficial (CONAPESCA, 2010) y, para el marlin y dorado, en estimaciones publicadas (Cisneros-Montemayor, Cisneros-Mata, Harper & Pauly, 2013). En todas las instancias, los valores monetarios corresponden a dólares americanos (USD 2013). El nivel trófico de cada grupo se calcula como la media ponderada del nivel trófico de su dieta +1, donde los productores primarios tienen valor de 1. De ésta manera, una especie de zooplancton que se alimenta exclusivamente de fitoplancton tendría un nivel trófico de 2.

Grupo	NT	Captura (t)	Valor (miles USD)	Precio/t (USD)
Tiburones oceánicos	4.46	3,065	1,948	636
Tiburones costeros	4.40	588	454	733
Delfines	4.42	-	-	-
Marlin	4.87	725	700	965
Atún	4.24	576	1,374	2,888
Dorado	4.26	904	850	940
Barrilete	4.21	186	142	765
Pez vela	4.42	-	-	-
Carángidos	4.42	2,150	1,807	841
Corvinas	4.05	833	898	1,078
Escómbridos chicos	3.80	513	384	750
Calamares	3.69	13,218	3,927	297
Pez volador	3.25	-	-	-
Peces pelágicos menores	3.08	94,070	8,434	90
Peces mesopelágicos	3.25	-	-	-
Zooplancton	2.25	-	-	-
Fitoplancton	1.00	-	-	-

Tabla 1. Nivel trófico, captura (toneladas), precio por tonelada y valor total de la captura para las especies incluidas en el modelo del ecosistema pelágico de Baja California Sur. Se señalan en gris las especies de peces de forraje

El programa *Ecopath with Ecosim* (EwE) es una plataforma que permite representar y analizar un ecosistema, bajo el supuesto principal de que las relaciones entre diferentes especies pueden representarse en términos de sus características biológicas (biomasa, tasas de crecimiento y mortalidad), y las relaciones tróficas entre depredadores y presas (por supuesto, en todas las instancias salvo los productores primarios, cualquier especie funciona a la vez como depredador y presa). El desarrollo, funciones y limitantes de EwE se han publicado en Christensen y Walters (2004) y Christensen, Walters y Pauly (2005), y existe una muy amplia literatura acerca de las aplicaciones del programa a una gran variedad de sistemas y preguntas. A grandes rasgos, asumiendo que el sistema se encuentra en equilibrio en cuanto a biomasa, la producción (P) de cualquier especie es igual a:

$$P = C + M + E + AB + MO \qquad (1)$$

Ecuación 1. Producción de una especie dentro de Ecopath with Ecosim (Christensen & Walters, 2004)

donde C = captura por pesca, M = mortalidad natural por depredación, E = tasa de migración neta, AB = acumulación de biomasa (al final de cada unidad de tiempo) y MO = mortalidad natural aparte de la depredación (vejez, enfermedad, etc.). Este tipo de modelo representa el balance del ecosistema a lo largo de un año, de manera que las unidades de los parámetros anteriores están dadas en toneladas por año. Los depredadores y presas se vinculan a través de la mortalidad por depredación, donde M depende de la proporción de cada especie en la dieta de otra, la tasa de consumo del depredador y la tasa conversión de alimento a biomasa (eficiencia de conversión). En la Figura 2 se muestra una representación gráfica del modelo empleado como base para el análisis subsiguiente.

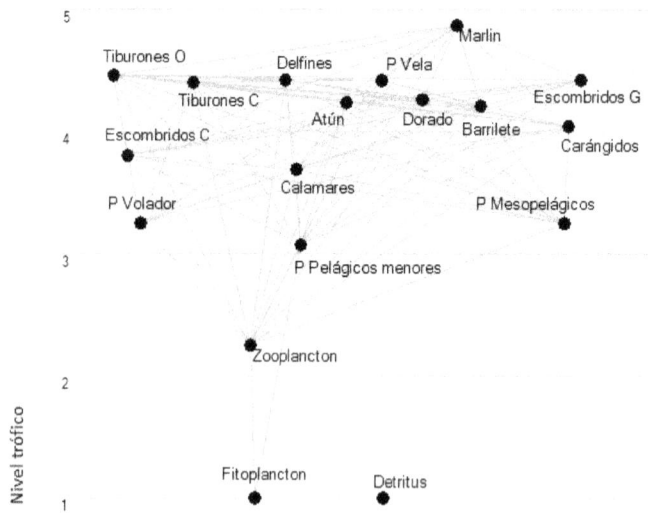

Figura 2. Diagrama trófico del modelo del ecosistema pelágico en el Pacífico Mexicano.
Las líneas simbolizan un vínculo depredador-presa. El nivel trófico de cada grupo se calcula
como media ponderada del nivel trófico de su dieta, donde los productores primarios
tienen valor de 1. Modelo base descrito en Cisneros-Montemayor et al., 2012

Una vez que se establecen los parámetros biológicos de cada especie, así como la matriz de dietas del sistema (la proporción de cada especie en la dieta de otras), a partir del valor de la captura pesquera de cada especie es relativamente sencillo calcular el valor económico que aporta cada una de sus presas al valor total. De ésta manera, el valor indirecto (VI) de cada especie presa (*i*) para la pesquería comercial de una especie depredador (*j*) está dado por:

$$VIi,j = PDi,j * VMj \qquad (2)$$

Ecuación 2. Cálculo del valor monetario indirecto en términos de captura pesquera entre
especies presa y sus depredadores.

donde PD = proporción de la especie *i* en la dieta de *j*, TC = tasa de consumo, TC= tasa de conversión de alimento a biomasa, y VM = valor en mercado de la captura.

El resultado de este modelo relativamente sencillo, creado con el propósito de ser semi-teórico, de cualquier manera sirve para ejemplificar el argumento principal de éste capítulo: muchas especies dentro de un ecosistema marino, y particularmente las que fungen como peces de forraje, están subvaluadas en el mercado (Figura 3). Es importante resaltar que los resultados usando este método sólo son válidos para una representación estática del ecosistema; si se buscan investigar cambios a lo largo del tiempo es necesaria más información temporal.

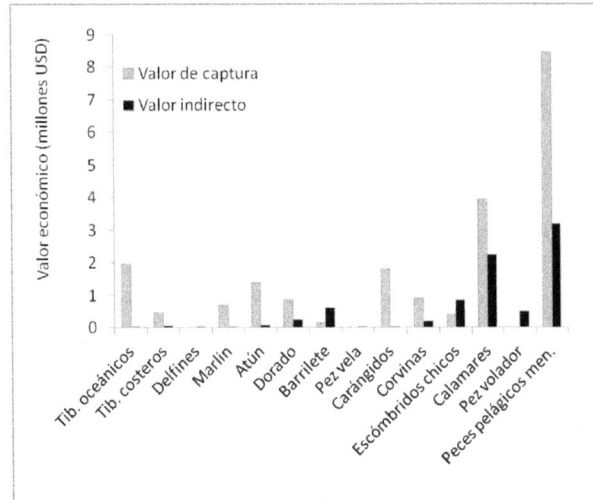

Figura 3. Valor de captura e indirecto para grupos del modelo del ecosistema pelágico en el Pacífico Mexicano

3. Conclusión

3.1. Implicaciones para el manejo de recursos naturales

De nuevo, el valor indirecto aquí representa el valor monetario que tiene una especie como alimento para otras especies que se han capturado. Aunque la relación entre la abundancia de especies de forraje y la abundancia de sus depredadores probablemente no es lineal (ya que existen límites de capacidad de carga ambiental), si no hubieran peces de forraje hubieran consecuencias muy serias para sus depredadores al faltar un vínculo energético entre los depredadores tope y los productores primarios y secundarios. Por ello es muy importante considerar estas relaciones ecológicas al diseñar estrategias de manejo, ya que el asumir que las especies funcionan de manera independiente de otras es una seria violación de la realidad de cualquier ecosistema marino. En términos del precio por tonelada de captura, el cual generalmente es el único considerado, las especies más valiosas de éste sistema serían los grandes depredadores, como los atunes, carángidos y tiburones (Tabla 1). Sin embargo, al incluir los valores indirectos de las especies para calcular el valor económico (de mercado) total, las especies más importantes se vuelven los peces pelágicos menores y calamares (Figura 3).

Dada la nueva información y reconociendo el valor que tienen las especies como alimento para otras más valiosas, una nueva estrategia de manejo podría decidir disminuir su captura total en ciertas temporadas. O bien, podría fomentarse la pesca (sustentable) de especies que limiten la abundancia de alimento en el sistema. En cualquier caso, es claro que, al tener una imagen más completa del valor económico real de las especies dentro de un ecosistema sujeto al manejo, las estrategias de manejo necesariamente deben cambiar para seguir siendo óptimas. Este es el valor que trae consigo el ejercicio de reunir información e integrarla en un modelo conceptual que se acerque más a la realidad de un ecosistema complejo y variable.

3.2. Limitaciones e investigación a futuro

El integrar formalmente valores económicos y ecológicos más amplios requiere de mayor información a la necesaria que cuando sólo se considera una especie. Sin embargo, como se ha mostrado aquí, ello no es una gran limitante ya que aún un modelo relativamente sencillo sirve para captar lo importante del concepto de manejo basado en ecosistemas, en un contexto económico. Lo que es más importante es que, si bien es más sencillo tratar a las especies marinas como entes discretas para el manejo, ello simplemente no concuerda con la realidad. Las dinámicas de los ecosistemas marinos, al igual que cualquier otro, son resultado de una muy compleja trama de conexiones entre diversas especies; es necesario reconocer esto en nuestros esquemas de manejo.

La representación explícita de este reconocimiento de complejidad en el manejo se ha hecho más fácil gracias al avance en poder de cómputo y metodologías que permiten elaborar modelos de ecosistemas sencillos o complejos según la información con que se cuente. Por ejemplo, la plataforma usada aquí, *Ecopath with Ecosim*, es gratis y ha tendido hacia el acceso abierto. Ya existen cientos de publicaciones, una guía de usuario, y comunidades en línea en las cuales apoyarse para aprender y aplicar el programa a situaciones y contextos particulares. De igual manera existen otros programas, como *Atlantis* (http://atlantis.cmar.csiro.au), que buscan una representación mucho más fiel de un ecosistema, por ejemplo integrando información oceanográfica, química y climática en los modelos. Aunque esto sí requiere de una gran cantidad de información, el hecho es que el representar un ecosistema de manera que el modelo sea útil y práctico para el manejo ya es una realidad (para una comparación de distintas plataformas de modelación de ecosistemas, véase Plagányi, 2007).

Una limitante real es la aceptación por parte de los involucrados en el manejo de recursos marinos, incluyendo académicos, políticos, y el sector pesquero, del manejo basado en ecosistemas, ya que, como hemos visto, en realidad puede cambiar significativamente las recomendaciones de manejo 'óptimo'. Cualquier cambio a un esquema existente de manejo trae consigo el reto de convencer a los afectados que el nuevo esquema es mejor que el anterior. En este caso, lo más conveniente probablemente sea el usar modelos relativamente sencillos (como se ha hecho aquí) para contrastar las recomendaciones de manejo que se obtendrían con una visión más amplia del ecosistema y los beneficios económicos que nos proporciona. Así se podrían identificar situaciones en las que el invertir en lograr un manejo verdaderamente basado en ecosistemas realmente traería consigo beneficios para todos los involucrados, fomentando así la transición.

Tal vez lo más importante sea el reconocer cuando pueden y deben incluirse conceptos ecológicos y valores económicos más amplios dentro de un análisis mecanístico como el que se ha planteado en este capítulo. En este caso sólo se han incluido los valores de mercado e indirecto de los peces de forraje para apoyar al argumento central de que el valor en el mercado a menudo no refleja el valor real de las especies en un ecosistema. Sin embargo, el mismo argumento podría extenderse para referirse a otros valores, como el recreativo (e.g., pesca deportiva o avistamiento de ballenas), de opción (e.g., dejar vivo un bosque para que nuestros hijos tengan la opción de talarlo), o cultural (e.g., los muchos animales y plantas con valor tradicional para distintas etnias). Aunque si bien es cierto que no siempre se pueden incluir todos estos valores dentro de modelos matemáticos, no por ello deben de dejar de debatirse en la mesa de discusión entro los diferentes actores interesados en el uso de los recursos para el mayor beneficio de la sociedad.

Agradecimientos

Se agradece al Dr. Juan Blanco por su ayuda en la revisión y preparación del manuscrito del capítulo, al Dr. Carl Walters y al Dr. Rashid Sumaila por sus comentarios y sugerencias, así como al Fisheries Economics Research Unit (University of British Columbia) y al Consejo Nacional de Ciencia y Tecnología de México por el apoyo brindado al autor.

Referencias

Baumgartner, T.E., Soutar, A., & Ferreira-Bartrina, V. (1992). Reconstruction of the history of Pacific sardine and northern anchovy populations over the past two millennia from sediments of the Santa Barbara Basin, California. *California Cooperative Oceanic Fisheries Investigations Reports, 33,* 24-40.

Chavez, F.P., Ryan, J., Lluch-Cota, S.E., & Ñiquen, M. (2003). From anchovies to sardines and back: multidecadal change in the Pacific ocean. *Science, 299,* 217-221.
http://dx.doi.org/10.1126/science.1075880

Christensen, V., & Walters, C.J. (2004). Ecopath with Ecosim: methods, capabilities and limitations. *Ecological Modelling, 172,* 109-139.
http://dx.doi.org/10.1016/j.ecolmodel.2003.09.003

Christensen, V., Walters, C.J., & Pauly, D. (2005). *Ecopath with Ecosim: a user's guide.* Fisheries Centre, University of British Columbia, Vancouver. 154.

Cisneros-Mata, M.A., Nevárez-Martínez, M.O., & Hamman, M.G. (1995). The rise and fall of the Pacific sardine, Sardinops sagax caeruleus Girard, in the Gulf of California. *California Cooperative Oceanic Fisheries Investigations Reports, 36,* 136-143.

Cisneros-Montemayor, A.M., Cisneros-Mata, M.A., Harper, S., & Pauly, D. (2013). Extent and implications of IUU catch in Mexico's marine fiisheries. *Marine Policy, 39,* 283-288.
http://dx.doi.org/10.1016/j.marpol.2012.12.003

Cisneros-Montemayor, A.M., Christensen, V., Arreguín-Sanchez, F., & Sumaila, U.R. (2012). Ecosystem models for management advice: an analysis of recreational and commercial fisheries policies in Baja California Sur, Mexico. *Ecological Modelling, 228,* 8-16.
http://dx.doi.org/10.1016/j.ecolmodel.2011.12.021

CONAPESCA (Comisión Nacional de Acuacultura y Pesca). 2010. *Anuario Estadístico de Acuacultura y Pesca. SAGARPA. México.*
Disponible en:
http://www.conapesca.sagarpa.gob.mx/wb/cona/cona_anuario_estadistico_de_pesca.

Csirke, J. (1989). Changes in the catchability coefficient in the Peruvian anchoveta (Engraulis ringens) fishery. En: Pauly, D., Muck, P., Mendo, J., & Tsukayama, I. (Eds.). The Peruvian upwelling ecosystem: dynamics and interactions. *ICLARM Conference Proceedings, 18,* 207-219.

De Groot, R.S., Wilson, M.A., & Boumans, R.M.J. (2002). A typology for the classification, description and valuation of ecosystem functions, goods and services. *Ecological economics, 41,* 393-408. http://dx.doi.org/10.1016/S0921-8009(02)00089-7

Greiber, T. (2009). Payments for ecosystem services. Legal and institutional frameworks. *IUCN Environmental Policy and Law Paper, 78,* 314.

Guerry, A.D., Ruckelshausa, M.H., Arkemaa, K.K, Bernhardta, J.R., Guannela, G., Choong-Ki, K., et al. (2012). Modeling benefits from nature: using ecosystem services to inform coastal and marine spatial planning. *International Journal of Biodiversity Science, Ecosystem Services & Management, 8,* 107-121. http://dx.doi.org/10.1080/21513732.2011.647835

Hannesson, R., Herrick Jr., S.F., & Field, J. (2009). Ecological and economic considerations in the conservation and management of the Pacific sardine (Sardinops sagax). *Canadian Journal of Fisheries and Aquatic Science, 66,* 859-868. http://dx.doi.org/10.1139/F09-045

Herrick Jr., S.F., Norton, J.G., Mason, J.E., & Bessey, C. (2007). Management application of an empirical model of sardine-climate regime shifts. *Marine Policy, 31,* 71-80. http://dx.doi.org/10.1016/j.marpol.2006.05.005

Hilborn, R. (2011). Future directions in ecosystem based fisheries management: a personal perspective. *Fisheries Research, 108,* 235-239. http://dx.doi.org/10.1016/j.fishres.2010.12.030

McFarlane, G.A., Smith, P.E., Baumgartner, T.E., & Hunter, J.R. (2002). Climate variability and the Pacific sardine populations and fisheries. *American Fisheries Society Symposium, 32,* 195-214.

Pauly, D., Christensen, V., & Walters C. (2000). Ecopath, Ecosim, and Ecospace as tools for evaluating ecosystem impact of fisheries. *ICES Journal of Marine Science, 57,* 697-706. http://dx.doi.org/10.1006/jmsc.2000.0726

Pikitch, E., Boersman, P.D., Boyd, I.L., Conover, D.O., Cury, P., Essington, T., Heppel, S.S., Houde, E.D., Mangel, M., Pauly, D., Plangányi, E.E., Sainsbury, K., & Steneck, R.S. (2012). *Little fish, big impact: managing a crucial link in ocean food webs.* Lenfest Ocean Program. Washington D.C., 108.

Plagányi, E.E. (2007). *Models for En Ecosystem Approach to Fisheries.* FAO Fisheries Technical Paper. Rome: FAO.

Radovich, J. (1982). The collapse of the California sardine fishery. What have we learned? *California Cooperative Oceanic Fisheries Investigations Reports, 23,* 56-78.

Sumaila, U.R. (1997). Strategic dynamic interaction: the case of Barents Sea fisheries. *Marine Resource Economics, 12,* 77-94.

Capítulo 4

Aplicación de modelos ecológicos para el análisis de la estructura y dinámica de los bosques Ibéricos en respuesta al cambio climático

Paloma Ruiz-Benito[1,2], Marta Benito-Garzón[3,4], Raúl García-Valdés[2,5,6], Lorena Gómez-Aparicio[7], Miguel A. Zavala[2]

[1]CIFOR-INIA. Ctra. de la Coruña, Km. 7,5. 28040. Madrid, Spain.
[2]Grupo de Ecología y Restauración Forestal. Departamento de Ciencias de la Vida. Edificio de Ciencias. Universidad de Alcalá. Campus Universitario, 28871 Alcalá de Henares (Madrid), Spain.
[3]CNRS, Centre International de Recherche sur l'Environnement et le Développement. (CIRED), 94736, Nogent-sur-Marne Cedex, France.
[4]CNRS, Laboratoire d'Ecologie, Systématique et Evolution, UMR 8079 Univ. Paris-Sud, CNRS, F-91405 Orsay Cedex, France.
[5]Department of Biogeography and Global Change. National Museum of Natural Sciences (CSIC). C/ José Gutiérrez Abascal, 2, 28006. Madrid, Spain.
[6]Instituto de Ciencias Ambientales - Facultad de Ciencias del Medio Ambiente. Avda. Carlos III, s/n. 45071. Toledo.
[7]Instituto de Recursos Naturales y Agrobiología de Sevilla (IRNAS), CSIC, PO BOX 1052. 41080. Sevilla. Spain.
palomaruizbenito@gmail.com

Doi: http://dx.doi.org/10.3926/oms.179
Referenciar este capítulo
Ruiz-Benito, P., Benito-Garzón, M., García-Valdés, R., Gómez-Aparicio, L., & Zavala, M.A. (2013). Aplicación de modelos ecológicos para el análisis de la estructura y dinámica de los bosques Ibéricos en respuesta al cambio climático. En J.A. Blanco (Ed.). *Aplicaciones de modelos ecológicos a la gestión de recursos naturales*. (pp. 77-107). Barcelona: OmniaScience.

1. Introducción

El estudio de los factores ambientales y bióticos que determinan la distribución geográfica y la abundancia de las especies es un objetivo fundamental de la Ecología (MacArthur, 1984; Crawley, 1997). La estructura y dinámica de las comunidades presenta una serie de regularidades en el espacio y en el tiempo, en parte condicionada por factores abióticos y bióticos que determinan los mecanismos y procesos subyacentes a los patrones de distribución y abundancia (Watt, 1947; Levin, 1992). Un mayor conocimiento de los factores y mecanismos que determinan dichos patrones de distribución es esencial para comprender la posible respuesta de los bosques ante nuevos riesgos ambientales (e.g. cambio climático), así como identificar prioridades en las estrategias de gestión frente a dichos riesgos.

Los bosques cubren actualmente más del 30% de la superficie terrestre (FAO, 2010), albergan cerca de dos tercios de la diversidad mundial (Millennium Ecosystem Assessment, 2005) y proporcionan múltiples servicios ecosistémicos (Gamfeldt, Snall, Bagchi, Jonsson, Gustafsson, Kjellander, et al., 2013). Sin embargo, la estructura y dinámica de estos ecosistemas clave podrían verse particularmente alteradas por los efectos del cambio global ya que los árboles tienen una capacidad de dispersión limitada y ciclos de vida largos que dificultan adaptaciones rápidas a las variaciones ambientales (Jump & Peñuelas, 2005; Jump, Hunt & Peñuelas, 2006). Existen evidencias empíricas de que los cambios en el uso del suelo y el clima han causado importantes impactos en la estructura de los bosques a nivel mundial y se prevé que este impacto aumente a lo largo de este siglo (Millennium Ecosystem Assessment, 2005).

Por otro lado, el cambio climático puede tener efectos positivos en el crecimiento y la productividad de especies arbóreas, tal y como se ha observado en los bosques Europeos durante la segunda mitad del siglo XX (Nabuurs, Schelhaas, Mohren & Field, 2003). Este aumento se ha atribuido en parte al efecto positivo de la fertilización de carbono y periodos vegetativos más prolongados (Ciais, Schelhaas, Zaehle, Piao, Cescatti, Liski, et al., 2008; Bellassen, Viovy, Luyssaert, Le Maire, Schelhaas & Ciais, 2011). No obstante, también se han observado efectos negativos del cambio global sobre el crecimiento arbóreo, debido principalmente al estrés hídrico, el aumento de la frecuencia e intensidad de eventos climáticos extremos, y las elevadas densidades resultantes del abandono de la gestión forestal, principalmente en regiones Mediterráneas, donde la disponibilidad de agua es menor y el abandono de zonas rurales ha sido particularmente intenso (Ciais, Reichstein, Viovy, Granier, Ogee, Allard et al., 2005; Vayreda, Martínez-Vilalta, Gracia & Retana, 2012b). Otro ejemplo de los efectos negativos del cambio climático en los bosques Mediterráneos es el incremento de la defoliación y el riesgo de mortalidad arbórea observado durante las últimas décadas (Allen, Macalady, Chenchouni, Bachelet, McDowell, Vennetier et al., 2010; Carnicer, Coll, Ninyerola, Pons, Sánchez & Peñuelas, 2011). Dichos cambios podrían afectar a las tasas demográficas básicas de las especies y a sus patrones de distribución (Purves, 2009), si bien el conocimiento de la relación demografía-distribución en un escenario de cambio climático es aún muy escaso (Doak & Morris, 2010).

Los bosques Ibéricos se desarrollan en un contexto abiótico heterogéneo gracias a la amplitud de los gradientes climáticos (desde el clima continental Mediterráneo hasta el templado

Atlántico), altitudinales (hasta 3500 m sobre el nivel del mar) y edáficos (zona silícea y calcárea) existentes en la Península Ibérica (Costa, Morla & Sáinz, 1997). Además, el relativo aislamiento de la Península determinado por su situación geográfica (Pirineos en el norte y el estrecho de Gibraltar al sur) y el hecho de que fuera un refugio climático durante la última glaciación (Carrión, Munuera, Navarro & Sáez, 2000; Carrión, Errikarta, Walker, Legaz, Chaín & López, 2003) ha favorecido una elevada heterogeneidad florística y un alto número de endemismos (Galán, Gamara & García, 1998). Todos los factores anteriores han contribuido a que la Península Ibérica sea una de las zonas de mayor riqueza de especies a nivel mundial (Myers, Mittermeier, Mittermeier, da Fonseca & Kent, 2000), albergando aproximadamente 7.900 especies de flora y más de 80 especies arbóreas (Ruiz de la Torre, 1990).

Los patrones actuales de distribución de las especies arbóreas en la Península Ibérica están fuertemente determinados por factores abióticos como la temperatura media y la precipitación de verano, o el pH del suelo y la disponibilidad de agua (i.e. relación entre evaporación y precipitación; Figura 1). A escalas regionales o locales, factores como la interacción entre especies (e.g. competencia o facilitación, dispersión zoócora) o el papel de las perturbaciones (e.g. fuego, pastoreo) tienen un papel fundamental dirigiendo la dinámica y composición de las comunidades vegetales (Valladares, Camarero, Pulido & Gil-Peregrin, 2004; Zavala, 2004a).

La extensión y estructura de los bosques en la Península Ibérica han estado altamente influenciadas por la acción del ser humano durante milenios (Valbuena-Carabaña, de Heredia, Fuentes-Utrilla, González-Doncel & Gil, 2010). A finales del siglo XIX la Península presentaba un alto grado de deforestación y de degradación de su cubierta vegetal, debido a la conversión histórica de bosques en tierras para agricultura y pastoreo, así como a la extracción de madera para la industria naval, la revolución industrial y los procesos de desamortización que supusieron la privatización y explotación de grandes extensiones de monte (Bauer, 1980). Debido a este elevado nivel de deforestación se llevó a cabo el Plan de Repoblación de 1940 que supuso la repoblación de unos 3,5 millones de hectáreas (Ortuño, 1990; Montero, 1997). Actualmente, España es el cuarto país Europeo con mayor superficie forestal y el decimotercer país en extensión de repoblaciones a nivel mundial, habiendo aumentado la superficie forestal aproximadamente en 5 millones de hectáreas entre 1990 y 2010 (FAO, 2006; FAO, 2010). El aumento de la superficie arbolada en España se debe principalmente al abandono de la actividad agraria, junto con la forestación de tierras agrícolas y a la sucesión natural de las masas forestales (MMA, 1999). Actualmente, los bosques suponen aproximadamente el 33% de la superficie española, unos 16,5 millones de ha (considerando por bosques las zonas forestales arboladas con una fracción de cabida cubierta superior al 20%, según datos del tercer Inventario Forestal Nacional). La mayor parte de las zonas forestales de la Península Ibérica están en áreas montañosas (Ruiz de la Torre, 1990), y aproximadamente el 50% de los bosques son de titularidad privada (AEF, 2010).

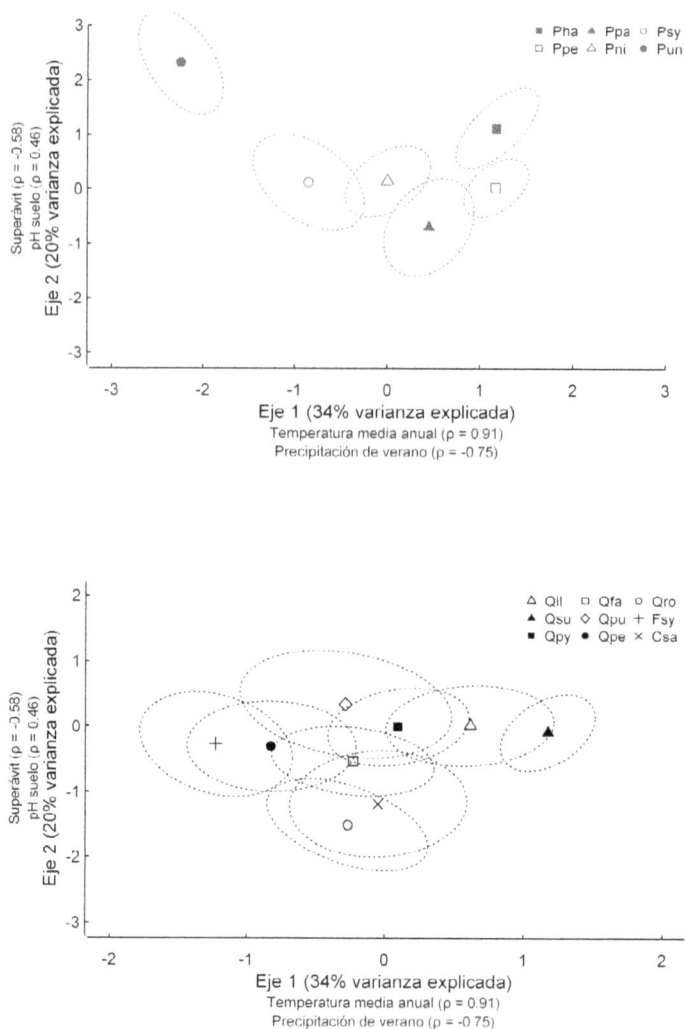

Figura 1. Distribución de las 15 especies más abundantes de la Península Ibérica (Tercer Inventario Forestal Nacional) para los dos primeros ejes del Análisis de Correspondencia Canónico (se muestra el centroide de abundancia y las elipses están basadas en la desviación estándar con un intervalo de confianza del 95%). Las especies incluyen: (a) especies de coníferas: Pinus halepensis (Pha), P. pinea (Ppe), P. pinaster (Ppa), P. nigra (Pni), P. sylvestris (Psy) y P. uncinata; y (b) especies de frondosas: Quercus ilex (Qil), Q. suber (Qsu), Q. pirenaica (Qpy), Q. faginea (Qfa), Q. pubenscens (Qpu), Q. petraea (Qpe), Q. robur (Qro), Fagus sylvatica (Fsy) y Castanea sativa (Csa). Las variables con mayores correlaciones de Spearman se muestran en los ejes del CCA, en el primer eje se muestra la temperatura media anual (ºC) y precipitación de verano (mm), y en el segundo eje el pH del suelo (básico, neutro o ácido) y superávit (mm, calculado como la suma de la diferencia anual entre precipitación y evapotranspiración considerando todos los meses en los que esta diferencia fue positiva), (ver Ruiz-Benito, 2013)

En la actualidad, e cambio climático es considerado una de las principales amenazas para los bosques Ibéricos (MMA, 2008; Serrada, Aroca, Roig, Bravo & Gómez, 2011). El cambio climático en la Península Ibérica está causando un incremento de las temperaturas ligado a un probable descenso de las precipitaciones, así como un aumento de la frecuencia e intensidad de eventos climáticos extremos (Christensen, Hewitson, Busuioc, Chen, Gao, Held et al., 2007; Lindner, Maroschek, Netherer, Kremer, Barbati, Garcia-Gonzalo et al., 2010). La aridificación del clima de la Península supondría un incremento general del estrés hídrico para las especies forestales, lo cual podría tener serios impactos negativos sobre algunas especies en un sistema ya de por sí limitado por la sequía estival y con alto riesgo de erosión y desertificación (Schröter, Cramer, Leemans, Prentice, Araujo, Arnell et al., 2005; WWF, 2012). Así, algunos estudios recientes sugieren que el cambio climático podría provocar cambios en la distribución (Sanz-Elorza, Dana, González & Sobrino, 2003; Peñuelas, Ogaya, Boada & Jump, 2007; Urli, Delzon, Eyermann, Couallier, García-Valdés, Zavala et al., 2013) y en la fenología de las especies (Peñuelas & Filella, 2001; Peñuelas, Rutishauser & Filella, 2009; Serrada et al., 2011), todo lo cual podría conllevar una notable reducción en los rangos de distribución potencial de la mayoría de las especies Ibéricas (Benito-Garzón, Sánchez de Dios & Ollero, 2008a). Sin embargo, otros marcos de modelización que miden procesos demográficos han observado que muchas especies forestales no están en equilibrio climático y que de hecho sus distribuciones reales están en proceso de expansión. Esta inercia expansiva, no obstante, podría verse truncada por el cambio global (García-Valdés, Zavala, Araújo & Purves, 2013), incluyendo éste tanto efectos de cambio climático cómo de pérdida de hábitat.

2. Estudio de patrones y procesos mediante análisis de inventarios forestales: del rodal a la región

El estudio de patrones y procesos en bosques supone un importante desafío ya que se trata de sistemas complejos compuestos por especies de gran tamaño y longevidad, lo que dificulta la realización de estudios experimentales. Además, el uso de enfoques experimentales clásicos es particularmente difícil cuando se pretenden realizar estudios a escalas espaciales amplias. Complementariamente al uso de experimentos para analizar patrones y procesos ecosistémicos en bosques se pueden aplicar modelos calibrados con datos observaciones disponibles a escalas espaciales amplias (e.g. Inventarios Forestales Nacionales). Existen diferentes tipos de modelos que pueden utilizarse dependiendo del objetivo del estudio (e.g. teórico o aplicado, mecanicístico o fenomenológico) y el tipo de variable respuesta (Bolker, 2008; Tabla 1). Los detalles técnicos de los modelos consideran el conjunto de métodos usados, incluyendo decisiones sobre cómo representar los individuos, el tiempo y el espacio. La aplicación de diferentes técnicas estadísticas y modelos hacen que se asuman una serie de supuestos estadísticos en función del tipo de técnica y parametrización realizada.

La disponibilidad de datos observacionales es fundamental a la hora de parametrizar modelos estadísticos que analicen variaciones en procesos y servicios ecosistémicos forestales a lo largo de gradientes abióticos y bióticos (Sagarin & Pauchard, 2009). En este sentido, los Inventarios Forestales Nacionales (IFN) constituyen una fuente de datos extremadamente valiosa, pues presentan un sólido diseño estadístico y proporcionan un gran número de muestras, asegurando una amplia representatividad de los procesos observados. Además, los IFN normalmente tienen parcelas localizadas geográficamente, lo que permite su unión con información climática, topográfica, edáfica y cualquier otro tipo de información disponible espacialmente. Inicialmente los IFN estaban enfocados a conocer las existencias de madera y superficie forestal, pero actualmente cuentan con información adicional como la diversidad de especies y estructura del rodal (Chirici, Winter & McRoberts, 2011). Por ello, los IFN pueden ser utilizados para cuantificar y comprender procesos y servicios ecosistémicos claves en bosques Ibéricos, como la distribución de sumideros de carbono (Vayreda, Gracia, Canadell & Retana, 2012a; Vayreda et al., 2012b) y procesos regionales asociados al uso de madera (Ojea, Ruiz-Benito, Markanda & Zavala, 2012), factores que influyen en procesos demográficos (Plieninger, Rolo & Moreno, 2010; Gómez-Aparicio, García-Valdés, Ruiz-Benito & Zavala, 2011; Ruiz-Benito, Gómez-Aparicio & Zavala, 2012) o el efecto de la biodiversidad en la productividad forestal (Vilà, Vayreda, Comas, Ibáñez, Mata & Obón, 2007; Vilà, Carrillo-Gavilán, Vayreda, Bugmann, Fridman, Grodzki et al., 2013).

Alcance y enfoque		
Teórico	Aplicado	Los modelos teóricos son en numerosas ocasiones matemáticamente difíciles y ecológicamente sobre-simplificados. Los modelos aplicados normalmente son matemáticamente más sencillos, pero tienden a capturar mejor la complejidad ecológica, necesaria para hacer predicciones detalladas
Descriptivo	Predictivo	Depende del objetivo de la técnica utilizada, es decir, usar para describir la relación entre dos o más variables o para predecir un determinado valor de la variable respuesta bajo unas condiciones determinadas
Matemático	Estadístico	Los modelos matemáticos normalmente usan modelos determinísticos que tratan de modelizar procesos, mientras que las técnicas estadísticas se centran más en modelos estáticos y estocásticos que tratan el ruido y la incertidumbre cuidadosamente
Mecanicístico (proceso)	Fenomenológico (patrón)	Los modelos fenomenológicos se centran en patrones observados, usando funciones y distribuciones para modelizar los patrones. Los modelos mecanicísticos (o de proceso) se centran en los procesos subyacentes, usando funciones y distribuciones que se basan en lo esperado bajo un marco teórico
Detalles técnicos		
Analítico	Computacional	Los modelos analíticos están compuestos de ecuaciones que se resuelven mediante álgebra y cálculo. Los modelos computacionales consisten en programas que calculan una serie de valores de los parámetros para proyectar su comportamiento
Dinámico	Estático	En los modelos dinámicos el valor de la variable respuesta en un momento determinado del tiempo retroalimenta para afectar a las variables respuesta en el futuro. La mayor parte de los modelos estadísticos son estáticos, es decir, la relación entre las variables explicativas y la respuesta es fija a lo largo del tiempo
Determinístico	Estocástico	Los modelos determinísticos representan la media de la predicción de la variable respuesta, el comportamiento esperado de un sistema sin considerar variaciones al azar. Los modelos estocásticos incorporan el ruido o un grado de azar dentro de los procesos modelizados.

Tabla 1. Dicotomías comunes de modelos usados en Ecología en función del alcance
y enfoque del modelo y de los detalles técnicos (Bolker, 2008)

2.1. Técnicas estadísticas para la formulación y selección de modelos

La inferencia estadística recoge diferentes enfoques, siendo las técnicas de máxima verosimilitud y estadística Bayesiana una alternativa a los métodos frecuentistas tradicionales (i.e. basados en una distribución de probabilidad). Las diferencias entre ambas técnicas engloban desde el modo en que se estiman los parámetros y se construyen los modelos hasta la formulación y comparación de hipótesis (Ellinson, 2004). En estadística frecuentista tradicional generalmente se asumen distribuciones de errores normales y datos sin ningún tipo de autocorrelación o dependencia temporal o espacial, mientras que en inferencia estadística de máxima verosimilitud y estadística Bayesiana se pueden determinar distribuciones de errores específicas y tratar la autocorrelación espacial (Gelman, Carlin, Stern & Rubin, 2004). Además, en la inferencia estadística frecuentista las formas funcionales de la variable respuesta generalmente se basan en criterios estadísticos, mientras que bajo un enfoque de máxima verosimilitud y estadística Bayesiana las relaciones funcionales son construidas explícitamente para representar procesos biológicos de muy distintas formas (frecuentemente no lineales, e.g. Hobbs & Hilborn, 2006). Finalmente, la estadística frecuentista se basa en la comparación única de una hipótesis alternativa con la hipótesis nula (Quinn & Keough, 2002; Johnson & Omland, 2004). Por el contrario, los métodos basados en máxima verosimilitud y estadística Bayesiana permiten evaluar múltiples hipótesis plausibles representadas como modelos basándose en la fuerza de la evidencia en los datos usados (Hilborn & Mangel, 1997; Burnham & Anderson, 2002; Stephens, Buskirk, Hayward & Martínez Del Rio, 2005).

El proceso de formulación y selección entre modelos candidatos conlleva varias etapas (ver Figura 2; Burnham & Anderson, 2002; Johnson & Omland, 2004; Stephens et al., 2005; Bolker, 2008). En primer lugar, se debe formular el problema, determinando los objetivos e hipótesis de partida. El segundo paso es transformar estas ideas en un modelo conceptual, donde se determinen las relaciones entre las variables basándonos en la pregunta biológica a la que se pretende responder. En tercer lugar, se debe transformar el modelo conceptual en un modelo estadístico, considerando las restricciones impuestas por los datos (e.g. tipo de variable respuesta, tipo de variables independientes o existencia de dependencia en los datos). Finalmente, se pasa a la formulación, comparación y selección de modelos candidatos y plausibles basados en las hipótesis establecidas *a priori*. La selección de modelos puede realizarse usando diferentes métodos que incluyen desde métodos secuenciales de eliminación o introducción de variables hasta validaciones cruzadas de modelos o métodos basados en criterios de información sobre la parsimonia del modelo (Crawley, 2007). Criterios de Información como el criterio de Akaike Information Criterion, AIC (Burnham & Anderson, 2002) evalúan la bondad de ajuste del modelo considerando su grado de ajuste a los datos y su complejidad (número de parámetros). Otros criterios de información como el Bayesiano (Bayesian Information Criterion, BIC) tienen en cuenta el tamaño muestral a la hora de penalizar el modelo, siendo más conservadores que el AIC (Burnham & Anderson, 2002).

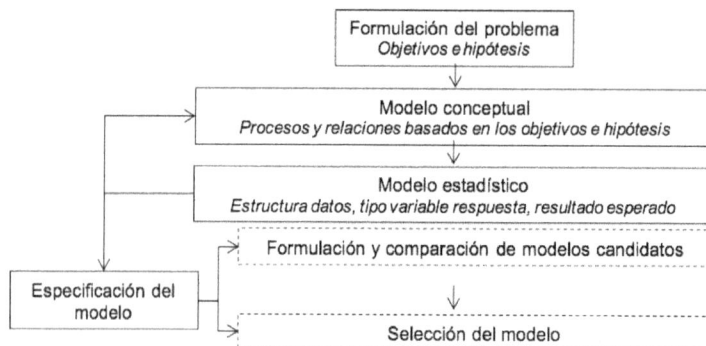

Figura 2. Pasos a seguir desde el planteamiento del problema ecológico a resolver hasta la selección del mejor modelo (Burnham & Anderson, 2002; Johnson & Omland, 2004; Stephens et al., 2005; Bolker, 2008)

Las técnicas de regresión estándar pueden ser elegidas por diferentes razones como la rapidez computacional y la estabilidad o el uso de definiciones estándar (Bolker, 2008). El uso modelos estáticos y fenomenológicos incluyen diferentes aproximaciones estadísticas y su aplicación depende tanto de los detalles del modelo como del objetivo del estudio, tipo de variable respuesta o diseño del muestro (Figura 3). Los "*modelos lineales generales*" tienen asunciones como la normalidad, varianza constante o independencia de los datos, pero ante el incumplimiento de éstas asunciones se pueden aplicar otras técnicas como "*modelos lineales generalizados*" (para estructuras de errores no normales), "*modelos mixtos*" (cuando existe algún tipo de variable "al azar" que puede afectar a nuestra variable respuesta) o "*modelos aditivos generalizados*" (modelos no paramétricos cuando la distribución de la variable respuesta no es normal) (Figura 3). Otros modelos no lineales incluyen técnicas de aprendizaje automático de datos (e.g. Redes Neuronales, Random Forest, Maxent) y otras técnicas que permiten que el modelo sea construido explícitamente usando aproximaciones estadísticas de máxima verosimilitud o estadística Bayesiana, estudiando el proceso de interés mediante parámetros representativos del mismo (Burnham & Anderson, 2002; Bolker, 2008).

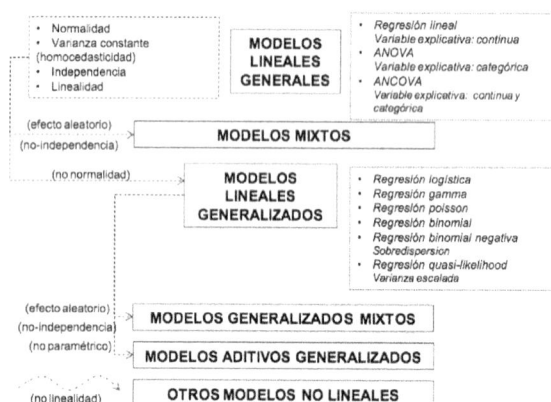

Figura 3. Técnicas estadísticas más utilizadas en Ecología (negrita), tipos de modelos para cada técnica (cursiva) y asunciones estadísticas que se deben considerar en cada técnica estadística (Bolker, 2008)

2.2. Ejemplos específicos de aplicación de modelos para analizar patrones y procesos en bosques Ibéricos

Dentro de la clasificación de modelos en función del alcance y enfoque del mismo (Tabla 1) se pueden distinguir los modelos fenomenológicos o correlacionales (que describen patrones) o modelos mecanicísticos o que simulan determinados procesos ecológicos (i.e. considerando los procesos subyacentes que dan lugar a un determinado patrón, ver Zavala, 2004b; Díaz-Sierra, Zavala & Rietkerk, 2010). Los modelos correlacionales (i.e. "*top-down*") no incorporan mecanismos causales y se utilizan tanto para describir un determinado patrón de distribución de especies como para describir un determinado mecanismo o proceso (e.g. una fase demográfica). Por otra parte, los modelos basados en procesos (i.e. "*bottom-up*") se conocen como modelos que analizan niveles de organización menores infiriendo sus efectos sobre la estructura y dinámica del bosque (Landsberg, 1986; Zavala, 2004a). Los modelos basados en procesos permiten por tanto corroborar ciertas hipótesis y trasladar los resultados a nivel de comunidad como por ejemplo considerar los procesos fisiológicos para describir el estado de la planta completa o analizar los cambios en los ciclos biogeoquímicos e hidrológicos para inferir cambios en la comunidad (e.g. Modelos de la Dinámica Global de la Vegetación, Cramer, Bondeau, Woodward, Prentice, Betts, Brovkin et al., 2001). Otros modelos de proceso consideran espacialmente cómo los procesos demográficos inducen cambios a nivel de rodal como los modelos basados en individuos, modelos espaciales de rodal o modelos analíticos (e.g. SORTIE, Pacala, Canham & Silander, 1993; Zavala & Zea, 2004; Zavala, Angulo, de la Parra & López-Marcos, 2007).

En este apartado presentamos modelos utilizados dentro de las categorías de modelos correlacionales (Ficha 1) y modelos basados en procesos (Ficha 2). Dentro de los modelos correlacionales incluimos modelos clásicos de distribución de especies y modelos estadísticos fenomenológicos para la parametrización de patrones demográficos (Figura 4). Dentro de los modelos de procesos incluimos modelos pseudo-dinámicos y dinámicos que consideran cómo los procesos demográficos determinan la presencia/ausencia o abundancia de especies. Los ejemplos mostrados se centran en: (i) modificaciones de los modelos clásicos de distribución de especies considerando cómo se ven modificadas por procesos de crecimiento y mortalidad (Ficha 2.A.), modelos de metapoblaciones (Ficha 2.B.) y modelos de simulación basados en individuos (Ficha 2.C). Para cada Ficha se muestran los detalles técnicos del modelo (parametrización y calibración), la variable respuesta y variables independientes usadas para el ajuste del modelo, e información obtenida tras la aplicación del modelo en los bosques Ibéricos.

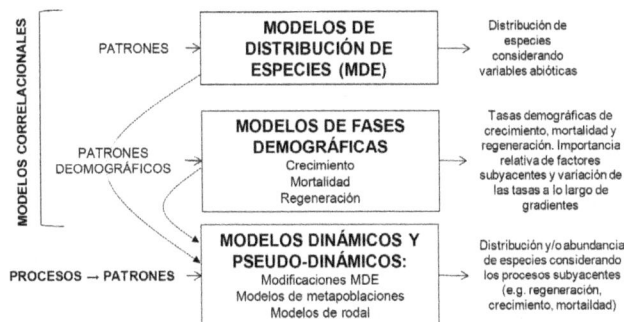

Figura 4. Ejemplos de aplicaciones de modelos usados para estudiar patrones y/o procesos en bosques Ibéricos, tipo de modelo y tipo de variable respuesta obtenida

Ficha 1: Modelos correlacionales

1.A. Modelos de Distribución de Especies (MDE)

- **Detalles técnicos del modelo.** Los modelos de distribución se basan en correlaciones lineales o no lineales de la presencia/ausencia o abundancia de las especies en función de las condiciones abióticas (ver MDE clásico conceptual en Figura 5). Existen modificaciones de los MDE clásicos de forma que la presencia de las especies no se incluya inicialmente como variable respuesta, sino que se pueden usar otras variables con significado biológico como la abundancia, la variabilidad fenotípica o la demografía. De esta forma, los modelos son capaces de reproducir otros patrones que no se basan únicamente en presencia/ausencia, produciendo unos resultados más realistas que los MDE clásicos.

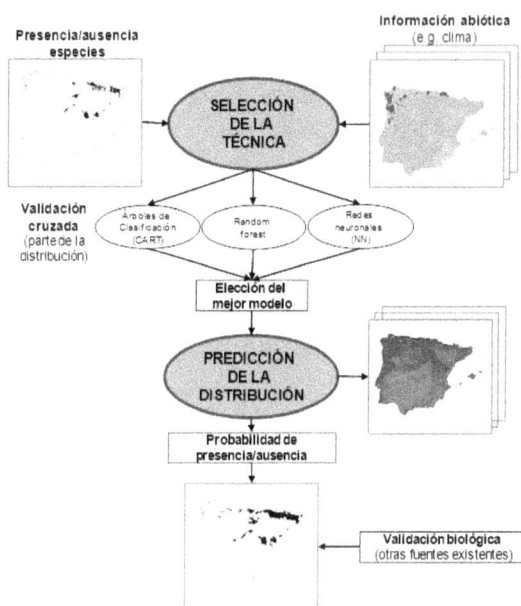

Figura 5. Diagrama clásico conceptual de modelización de la distribución de las especies adaptado para la Península Ibérica basado en técnicas de aprendizaje automático (Benito-Garzón, Blazek, Neteler, Sánchez de Dios, Ollero & Furlanello, 2006)

- **Variable respuesta/objeto de estudio.** En los MDE clásicos la variable respuesta es la presencia/ausencia o abundancia de una especie o una población en un determinado lugar.

- **Variables independientes/datos de entrada.** Tradicionalmente variables climáticas y topográficas. Sin embargo, se puede incluir otra información abiótica (e.g. variables edáficas), biótica (e.g. estructura de la parcela, variabilidad fenotípica, adaptación local, competencia o demografía) o antrópica (e.g. frecuencia o intensidad de incendios). Gracias a la correlación a gran escala de las distribuciones de las especies con el clima, los MDE pueden ser usados para estimar el área que ocuparon las especies en el pasado o la idoneidad de hábitat que las especies pueden encontrar en el futuro. Para ello, las variables de entrada deben incluir escenarios climáticos del pasado o del futuro respectivamente.

- **Información obtenida para la Península Ibérica:** Para la Península Ibérica se han aplicado diversos MDE cambiando los datos de entrada y el po de variable respuesta. Por un lado, los MDE aplicados al clima pasado han ayudado a la delimitación de las áreas de distribución de las especies forestales en el pasado, especialmente durante el último máximo glaciar y la recuperación posterior durante el Holoceno medio (Benito-Garzón, Sánchez de Dios & Ollero, 2007; Benito-Garzón et al., 2008b). Por otro lado, los MDE clásicos combinados con escenarios de cambio climático para el futuro dan una visión pesimista sobre el futuro de los bosques en la Península Ibérica (Figura 6) (Benito-Garzón et al., 2008a), donde la idoneidad en el área de distribución de bosques tiende generalmente a disminuir con el cambio climático. Sin embargo, hemos observado que incluir la variabilidad fenotípica y la adaptación local de las especies puede modificar significativamente su rango de distribución (e.g. *P. pinaster* y *P. sylvestris*, Benito-Garzón, Alía, Robson & Zavala, 2011).

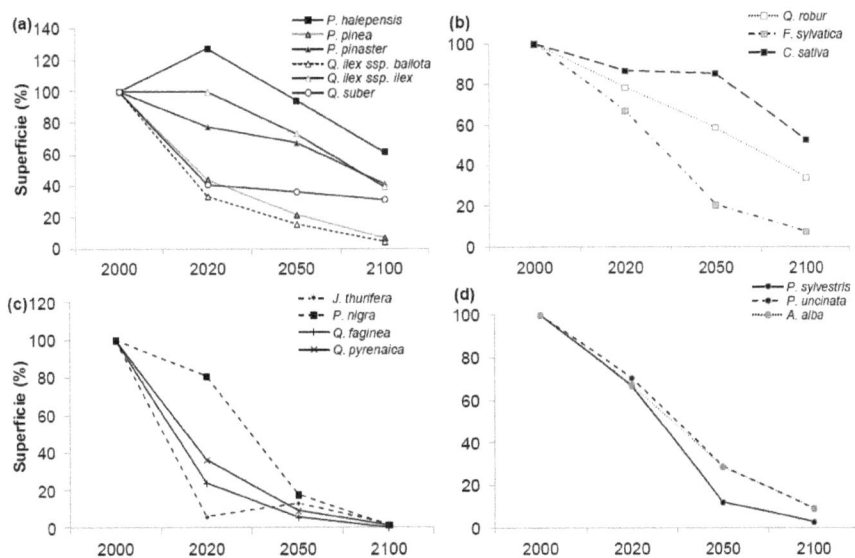

Figura 6. Variación para el periodo 2000-2100 en el porcentaje de la superficie ocupada por las principales especies arbóreas de la Península Ibérica: (a) especies Mediterráneas, (b) especies sub-Mediterráneas, (c) especies de montaña y (d) especies con distribución Europea. Datos obtenidos de modelos de distribución de especies según Benito-Garzón et al. (2008a)

<u>Ficha 1</u>: Modelos correlacionales

1.B. Modelos de fases demográficas específicas

- **Detalles técnicos del modelo.** Los modelos estáticos fenomenológicos basados en procesos demográficos (e.g. crecimiento, mortalidad) pueden ser realizados a nivel de individuo (Gómez-Aparicio et al., 2011; Ruiz-Benito, Lines, Gómez-Aparicio, Zavala & Coomes, 2013), aunque la parametrización a nivel de rodal también es ampliamente usada (e.g. Ruiz-Benito et al., 2012; Vayreda et al., 2012b). Se pueden usar diferentes técnicas de parametrización de modelos, incluyendo desde aproximaciones frecuentistas hasta aproximaciones de máxima verosimilitud o estadística Bayesiana (ver Figura 7). Igualmente se pueden usar diferentes técnicas estadísticas, desde regresiones lineales o modelos lineales generalizados hasta aproximaciones no lineales donde los parámetros son informativos del proceso biológico (Figura 3).

Figura 7. Proceso conceptual de los datos de entrada, formulación y comparación de modelos para la parametrización de procesos demográficos como el crecimiento y la mortalidad

- **Variable respuesta/objeto de estudio.** Procesos demográficos de crecimiento, mortalidad, regeneración o cambios en abundancia de especies.

- **Variables independientes/datos de entrada.** Introducción de variables que afectan a la variable respuesta (e.g. crecimiento o mortalidad). Estás variables incluyen desde variables abióticas (clima, topografía o variables edáficas) hasta variables bióticas relacionadas con el tamaño del árbol, competencia simétrica o asimétrica (e.g. área basal total o área basal de individuos más grandes), o competencia intra-específica (e.g. área basal de la misma especie).

- **Información obtenida para la Península Ibérica.** En la Península Ibérica se ha observado consistentemente que la estructura del rodal es relativamente más importante que el clima determinando procesos de regeneración (Olano,

Laskurain, Escudero & De La Cruz., 2009; Ruiz-Benito et al., 2012), crecimiento (Gómez-Aparicio et al., 2011) y mortalidad (Carnicer et al., 2011; Ruiz-Benito, 2013). La densidad del rodal condiciona la disponibilidad de los recursos hídricos necesarios para las plantas, siendo en bosques Mediterráneos el recurso más limitante para el crecimiento. Entre los factores climáticos, se ha encontrado que la temperatura juega de manera general un papel más importante que la precipitación como condicionante de las tasas demográficas de especies arbóreas (ver Figura 8, Gómez-Aparicio et al., 2011; Ruiz-Benito et al., 2013). Este resultado puede deberse a que el estrés inducido por altas temperaturas es particularmente importante en bosques Mediterráneos (van Mantgem & Stephenson, 2007; Carnicer et al., 2011). Además, es necesario destacar la existencia de importantes interacciones entre los efectos del clima y de la estructura del rodal (Gómez-Aparicio et al., 2011; Ruiz-Benito et al., 2013). Por ejemplo, las tasas de mortalidad serían especialmente altas en bosques sometidos a elevadas temperaturas y altos niveles de competencia, probablemente causado por los efectos combinados de una menor disponibilidad de agua por alta competencia entre vecinos y a una elevada demanda hídrica por altas evapotranspiraciones (Valladares & Pearcy, 2002; Linares, Camarero & Carreira, 2009). Los resultados de los trabajos realizados para la Península Ibérica sugieren que los bosques de alta densidad serían especialmente susceptibles a sufrir colapsos demográficos, independientemente de su composición específica. Todas las especies verían incrementada su mortalidad a altos niveles de competencia, ya sea directamente (como las coníferas) o indirectamente a través de su interacción con el clima (como las planifolias) (Ruiz-Benito et al., 2013).

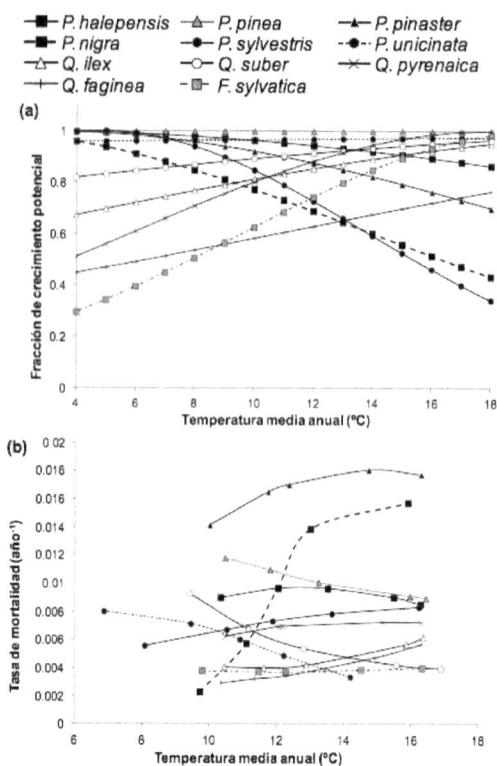

Figura 8. Efecto predicho de la temperatura media anual en (a) la fracción de crecimiento potencial y (b) en la tasa de mortalidad para las especies más abundantes de la Península Ibérica. Figura basada en Gómez-Aparicio et al. (2011) y Ruiz-Benito et al. (2013).

<u>Ficha 2</u>: Modelos de procesos dinámicos y pseudo-dinámicos

2.A. Modelos de Distribución de Especies (MDE) incluyendo mortalidad y crecimiento

- **Detalles técnicos del modelo.** Los detalles técnicos y el marco conceptual es el mismo que los MDE clásicos (ver Figura 5). Estos modelos permiten la obtención de resultados más realistas de la idoneidad de hábitat de las especies respecto a los modelos de distribución de especies clásicos al no estar basados en datos binarios de distribución de las especies (presencia/ausencia) sino constreñidos por tasas demográficas (crecimiento, mortalidad) estimadas con datos observacionales (e.g. Inventario Forestal Nacional).

- **Variable respuesta/objeto de estudio.** Además de las mismas variables que en los MDE clásicos, deben incluirse tasas demográficas como el crecimiento, el reclutamiento o la mortalidad.

- **Variable Independiente/datos de entrada.** Información abiótica y biótica similar a la usada en los MDE clásicos.

- **Información obtenida para la Península Ibérica.** Hemos obtenido que las diferencias inter-específicas en crecimiento y la mortalidad dirigen los patrones de distribución de las especies (Benito-Garzón, Ruiz-Benito & Zavala, 2013). Además, bajo un escenario de cambio climático observamos que la tendencia más probable sería hacia un incremento del crecimiento que podría verse contrarrestado por un incremento de la mortalidad. Los modelos de nicho parametrizados con crecimiento y mortalidad presentan importantes diferencias en los rangos de distribución de especies respecto a los modelos tradicionales de nicho (parametrizados únicamente con clima y presencia-ausencia de especies, ver ejemplo Figura 9). Nuestros modelos revelan dos tendencias claras y opuestas de los efectos de la demografía en la distribución de especies. Así, las especies que tienen el límite sur de su rango de distribución en la Península (e.g. *Abies alba*, *Fagus sylvatica* y *Quercus robur*) tenderían a ver reducido su rango de distribución, particularmente bajo cambio climático, presumiblemente debido a aumentos en la mortalidad. Por otra parte, especies con carácter Mediterráneo (*Pinus pinea* y *Pinus nigra*) podrían sufrir alguna expansión en su distribución en el norte de la Península Ibérica, presumiblemente debido a un aumento del crecimiento bajo el cambio climático. En conjunto, los modelos realizados para la Península Ibérica ponen de manifiesto que el límite sur de distribución de las especies forestales está fuertemente constreñido por la mortalidad, y que en el futuro variaciones en las tasas de mortalidad pueden condicionar la distribución de las especies.

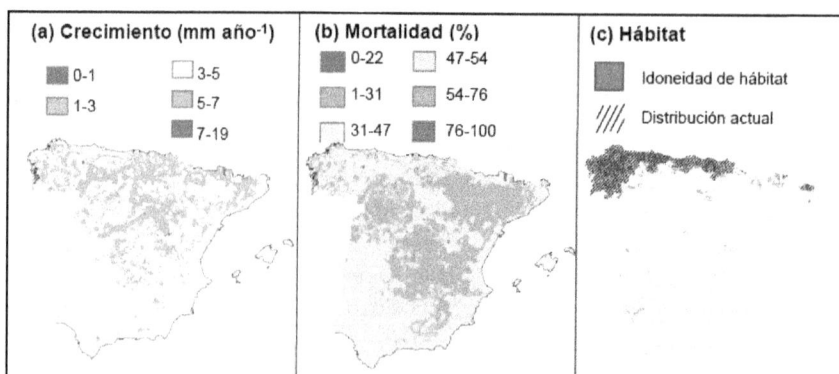

Figura 9. Ejemplo de simulaciones para Quercus robur de (a) el crecimiento (mm año^{-1}), (b) la mortalidad (porcentaje de árboles muertos), (c) la idoneidad de hábitat (que combina los modelos de crecimiento y la mortalidad por maximización del True Skill Statistics), y la distribución actual de especies (Euforgen, http://www.euforgen.org/distribution_maps.html). Figura basada en Benito-Garzón et al. (2013)

Ficha 2: Modelos de procesos dinámicos y pseudo-dinámicos

2.B. Modelos de metapoblaciones

- **Detalles técnicos del modelo.** Existen muchas variantes de los modelos de metapoblaciones. Estos pueden ser deterministas o estocásticos, utilizar un tamaño de tesela fijo o variable, etc. Los Modelos Estocásiticos de Metapoblaciones ("*Stochastich Patch Occupanccy Models*", SPOM) son un tipo específico de modelo de metapoblaciones que incluye la estocasticidad en las predicciones (el porcentaje al azar del proceso), incluyendo por tanto la incertidumbre asociada a un determinado proceso. Este tipo de modelos permite analizar las variaciones en la ocupación de las parcelas en un determinado Inventario, siendo un modelo espacialmente explícito parametrizado con datos de presencia ausencia (ver Figura 10). Así por ejemplo, Purves, Zavala, Ogle, Prieto y Benayas (2007) y Montoya, Zavala, Rodríguez y Purves (2008) usaron datos provenientes de un único inventario forestal (Villaescusa & Díaz, 1998) y ajustaron el modelo asumiendo que el sistema había alcanzado un estado de pseudoequilibrio (equilibrio entre colonizaciones y extinciones locales). Modificaciones a este modelo han considerado cambios en la ocupación de las parcelas entre el segundo y tercer Inventario Forestal Nacional (Villanueva, 2004) para estimar los ratios de colonización y extinción local de cada especie en función de variables climáticas y la distancia entre teselas (García-Valdés et al., 2013). En García-Valdés, Gotelli, Zavala, Purves y Araújo (En Revisión) se incluyeron las interacciones entre especies como variable independiente para estudiar cómo afecta a la extinción y la colonización local.

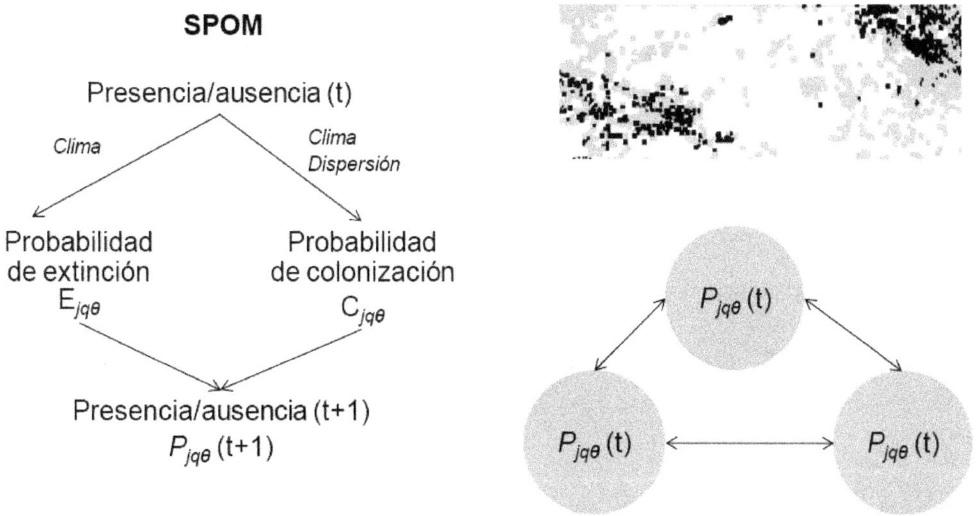

Figura 10. Representación conceptual del flujo de información en un modelo de metapoblaciones SPOM ("Stochastich Patch Occupancy Models") para obtener la probabilidad de ocupación en las parcelas a lo largo del tiempo usando las probabilidades de extinción y colonización. Figura basa en Purves et al. (2007)

- **Variable respuesta/objeto de estudio.** Estructura espacial de las poblaciones de una especie. Puede ser solamente la localización de las distintas poblaciones o incluir también el tamaño de las teselas de hábitat que estas ocupan, las teselas que podrían ser potencialmente colonizadas pero que están desocupadas, etc. Se pueden utilizar datos de un solo momento en el tiempo o series temporales que permitan calcular cambios en las ocupaciones entre distintos momentos.

- **Variables independientes/datos de entrada.** Los primeros modelos de metapoblaciones (Levins, 1969; Hanski, 1991) consideran únicamente las distancias entre las teselas de hábitat apto para cada especie. Existen algunas variaciones de estos modelos donde se incluyen además variables ambientales para determinar la adecuación de cada tesela. También puede incluirse variables bióticas, como la presencia de otras especies en las teselas o sus densidades poblacionales.

- **Información obtenida para la Península Ibérica.** En García-Valdés et al. (2013) se observó una expansión en las parcelas ocupadas en nueve de las diez especies más comunes, especialmente dentro del rango actual de distribución (Figura 11). Las posibles causas de esta inercia de crecimiento son el abandono rural que ha sufrido el país en las últimas décadas, y parcialmente la progresiva ocupación del espacio de algunas especies desde la última glaciación. Este aumento en la frecuencia de ocupación a nivel regional podría mantenerse durante el siglo XXI. El cambio climático probablemente no cambiará drásticamente esta expansión, pero podría modificar patrones de crecimiento, produciendo que especialmente especies atlánticas alcancen niveles inferiores de ocupación que los que hubieran alcanzado si el cambio climático no existiera. Sin embargo, las especies Mediterráneas probablemente no verán afectada su distribución bajo cambio climático, pudiendo incluso alcanzar mayores niveles de ocupación que los que hubieran alcanzado bajo un clima estable (ver Figura 12).

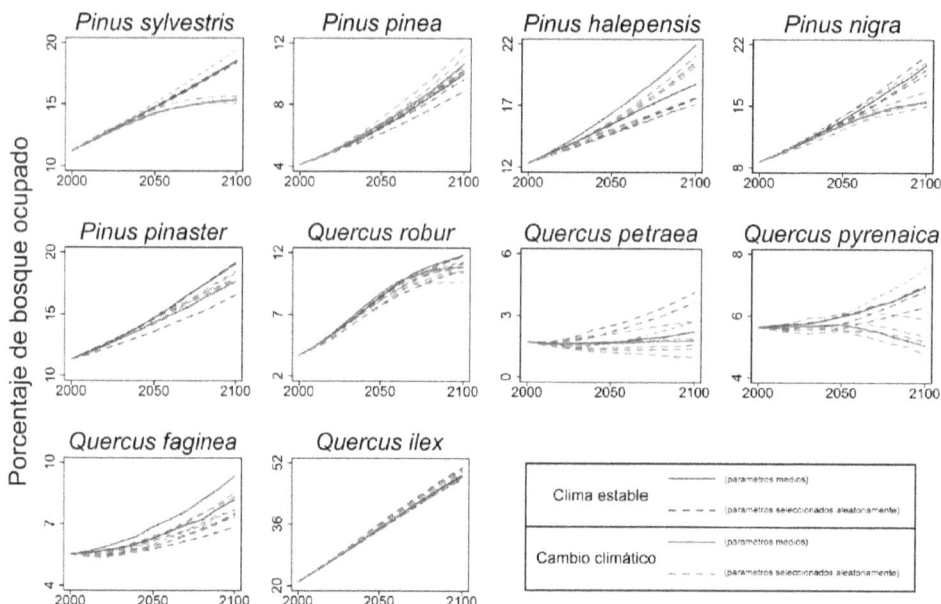

Figura 11. Variación para el periodo 2000-2200 de la frecuencia de ocupación real (porcentaje de parcelas ocupadas) de las 10 especies forestales más comunes en la Península Ibérica, con y sin cambio climático. Datos obtenidos a partir de SPOM ("Stochastic Patch Occupancy Models"; García-Valdés et al., 2013). Para el escenario de cambio climático se utilizó un ensamblaje de siete Modelos Generales de Circulación. Las líneas discontinuas representan la incertidumbre del modelos (incluye la estocasiticidad y la incertidumbre en los parámetros). La línea continua se realizó usando los valores más probables para cada uno de los parámetros (medias bayesianas). Figura modificada de García-Valdés et al. (2013)

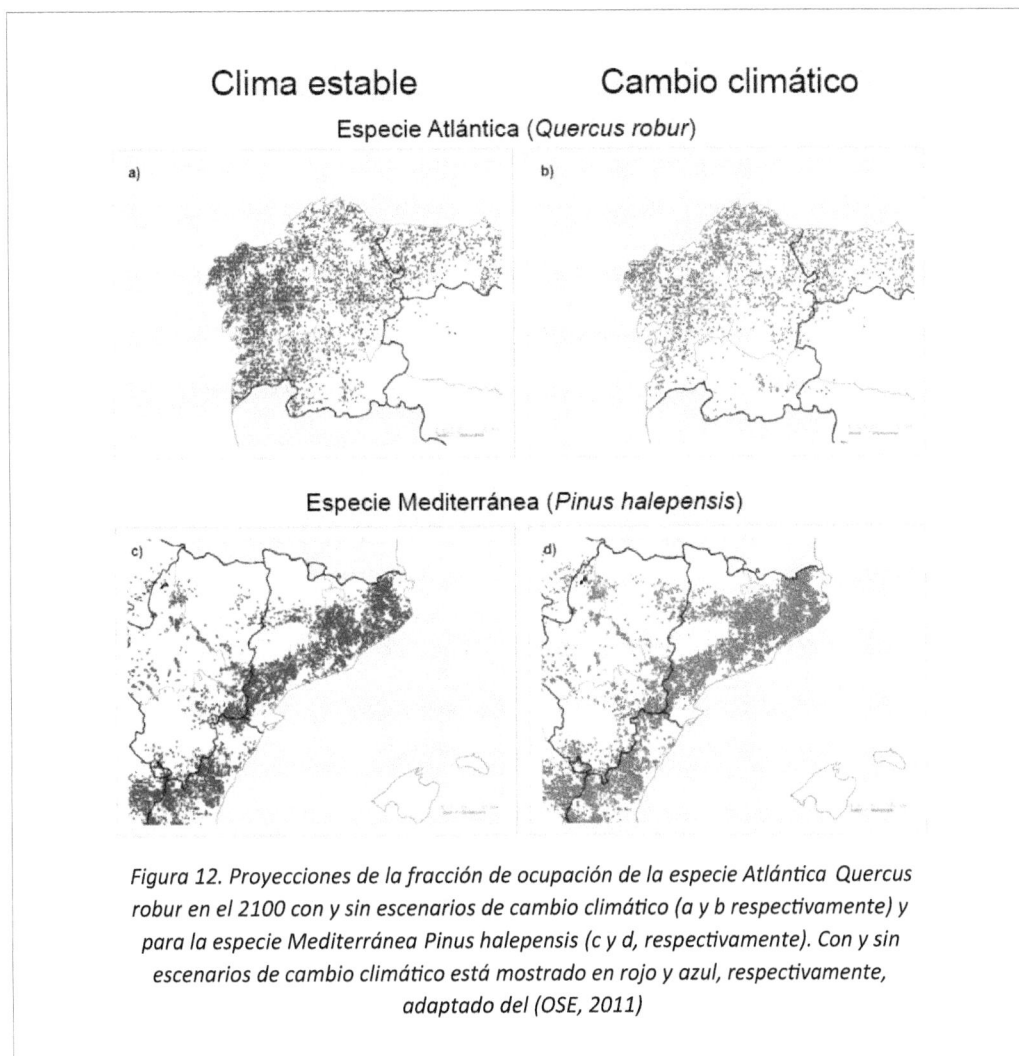

Figura 12. Proyecciones de la fracción de ocupación de la especie Atlántica Quercus robur en el 2100 con y sin escenarios de cambio climático (a y b respectivamente) y para la especie Mediterránea Pinus halepensis (c y d, respectivamente). Con y sin escenarios de cambio climático está mostrado en rojo y azul, respectivamente, adaptado del (OSE, 2011)

<u>Ficha 2</u>: **Modelos de procesos dinámicos y pseudo-dinámicos**

2.C. Modelos a nivel de rodal

- **Detalles técnicos del modelo.** El modelo parametriza rutinas de crecimiento, mortalidad y alometría de las especies considerando competencia y clima. Simula el desarrollo del bosque, empezando en rodales abiertos. El modelo PPA (*Perfect Plasticity Approximation*, Purves, Lichstein, Strigul & Pacala, 2008) para calcular el nivel de competencia por luz considera que cada árbol puede localizarse en cualquier parte del plano horizontal asumiendo una captura de luz máxima.

- **Variable respuesta/objeto de estudio.** Predicciones de dinámica sucesional: dominancia observada a lo largo del tiempo.

- **Variables independientes/datos de entrada.** Variables climáticas (e.g. temperatura anual media, precipitación anual, duración de la sequía), bióticas (e.g. área de la copa, tamaño del árbol) y parametrización de las tasas de mortalidad, crecimiento y regeneración.

- **Información obtenida para la Península Ibérica.** Lines (2012) han parametrizado un modelo forestal espacialmente implícito basado en individuos usando PPA. Este tipo de modelos es capaz de reproducir patrones observados de abundancia de especies, asumiendo que los procesos de crecimiento y mortalidad a lo largo de gradientes climáticos determinan los cambios en dominancia en la Península Ibérica.

3. Implicaciones teóricas y aplicadas: del conodel conocimiento a la adaptación de los bosques Ibéricos

Los patrones de distribución y abundancia de especies forestales en la Península Ibérica (e.g. Figura 1) y los procesos demográficos subyacentes varían a lo largo de gradientes bióticos (e.g. estructura del rodal) y gradientes climáticos (e.g. temperatura media anual, Figura 8). Diversos autores sugieren que la estructura del rodal es una variable relativamente más importante que el clima determinando procesos demográficos en bosques cómo el crecimiento y la mortalidad (Carnicer et al., 2011; Gómez-Aparicio et al., 2011; Vayreda et al., 2012b; Ruiz-Benito et al., 2013). Además, las variaciones en las tasas demográficas a lo largo de gradientes de competencia dependen de la etapa demográfica considerada (i.e. regeneración, crecimiento o mortalidad). Se ha observado que generalmente los máximos en las diferentes tasas demográficas ocurren a diferentes niveles de competencia, de forma que los máximos de regeneración generalmente ocurren a niveles de competencia intermedios (Ruiz-Benito et al., 2012), de crecimiento a niveles de competencia bajos (Gómez-Aparicio et al., 2011; Vayreda et al., 2012b) y de mortalidad a niveles de competencia altos (Carnicer et al., 2011; Ruiz-Benito et al., 2013).

El clima es otro factor clave que ejerce un papel fundamental sobre los diferentes estadios demográficos de las especies forestales. Así la temperatura aparece como uno de los principales determinantes de las tasas de crecimiento y mortalidad en estos bosques, incluso con una importancia relativa mayor que la precipitación (Carnicer et al., 2011; Gómez-Aparicio et al., 2011; Ruiz-Benito et al., 2013). Así, se ha observado una tendencia generalizada de aumentos en la tasa de mortalidad en zonas de altas temperaturas, independientemente de la especie considerada (Carnicer et al., 2011; Ruiz-Benito et al., 2013). Sin embargo, los mecanismos subyacentes al efecto de las altas temperaturas sobre la mortalidad podrían variar dependiendo de la especie considerada. Así en las especies de coníferas el estrés hídrico podría causar un cierre estomático que limitara su fijación de carbono, mientras que las especies planifolias presentarían una mayor tendencia a sufrir fallos hidráulicos (McDowell, 2011; McDowell, Beerling, Breshears, Fisher, Raffa & Stitt, 2011).

La existencia de fuertes interacciones entre los efectos del clima y la estructura del bosque sobre los principales procesos demográficos, sugiere que en situaciones de elevada densidad algunas poblaciones podrían ser particularmente susceptibles a sufrir colapsos demográficos, independientemente de su composición (Ruiz-Benito et al., 2013). Esto se debe a que todas las especies pueden verse fuertemente afectadas por la competencia bien directamente (como las coníferas que son más susceptibles a niveles de competencia elevados) o indirectamente a través de su interacción con el clima (en el caso de las planifolias). Sin embargo, en bosques de densidad intermedia donde las tasas demográficas no estuvieran tan constreñidas por la competencia, las diferencias inter-específicas en la respuesta al clima serían más patentes. Así, las especies con el límite sur de su distribución en la Península Ibérica (e.g. especies de montaña) serían más sensibles a reducciones en la regeneración (Ruiz-Benito et al., 2012), supresión del crecimiento (Gómez-Aparicio et al., 2011) y a incrementos en la mortalidad bajo el cambio climático (Ruiz-Benito et al., 2013), que las especies Mediterráneas adaptadas a las condiciones climáticas afectando significativamente a los patrones de distribución de las especies en la Península Ibérica (Benito-Garzón et al., 2013; García-Valdés et al., 2013).

El hecho de que consistentemente se haya observado que la estructura del bosque es un factor determinante en los procesos demográficos y en los patrones de distribución, sugiere que la gestión constituye una oportunidad y una posible herramienta para incrementar la resistencia y la resiliencia de los bosques frente a los efectos del cambio climático (Schröter et al., 2005; Lindner et al., 2010). Bajo los escenarios de cambio climático en la Península Ibérica (i.e. aumento de la aridez IPCC, 2007) la demografía de las especies arbóreas podría verse particularmente alterada teniendo implicaciones para la distribución de especies. Esto hace que la adaptación de los bosques Ibéricos deba ser una prioridad a nivel nacional, particularmente la de las masas densas procedentes de repoblaciones y que ocupan importantes extensiones en la Península Ibérica sin recibir un manejo adecuado (Madrigal, 1998; MMA, 2008; Serrada et al., 2011; Ruiz-Benito et al., 2012). Reducciones de la densidad, y por tanto de los niveles de competencia, en masas de elevada densidad sería recomendable para promover heterogeneidad estructural, favorecer el suministro de semillas y el establecimiento de plantones (Mendoza, Gómez-Aparicio, Zamora & Matías, 2009; Zamora, Hódar, Matías & Mendoza, 2010) y mejorar la resiliencia frente a perturbaciones como incendios y cambio climático (Pausas, Blade, Valdecantos, Seva, Fuentes, Alloza, et al., 2004; Seppälä, Buck & Katila, 2009). Estas medidas de disminución de la competencia serían particularmente necesarias en masas jóvenes, por ser éstas particularmente sensibles a los efectos del clima, en especial en bosques limitados por agua como en la región Mediterránea (Vayreda et al., 2012b).

Las especies con el límite sur de su distribución en la Península Ibérica (e.g. especies de montaña) son particularmente vulnerables a los efectos negativos potenciales del cambio climático y a elevadas densidades. Por una parte, ante el cambio climático, aumentos potenciales en la tasas de mortalidad pueden limitar fuertemente su distribución (Benito-Garzón et al., 2013) y condicionar consistentemente sus posibilidades de expansión (García-Valdés et al., 2013) ya que dependen de la existencia de poblaciones cercanas para que puedan producirse procesos de recolonización (García-Valdés et al., En Revisión). Además, se ha identificado que las coníferas de montaña son particularmente proclives al decaimiento por su sensibilidad a la sequía (Galiano, Martínez-Vilalta & Lloret, 2010; Sánchez-Salguero, Navarro-Cerrillo, Swetnam & Zavala, 2012) y susceptibles a una reducción de su hábitat por modificaciones climáticas bajo escenarios de cambio climático (Benito-Garzón et al., 2008a).

La disponibilidad de datos a escalas regionales, como los Inventarios Forestales Nacionales (Villanueva, 2004) o ensayos de procedencia (e.g. Alía, García del Barrio, Iglesias, Mancha, de Miguel, Nicolás, et al., 2009), junto con el uso aproximaciones teóricas y de modelización (algunas de ellas sintetizadas en el presente capítulo) han supuesto un importante avance en el conocimiento teórico sobre el funcionamiento de los bosques Ibéricos. Dicho conocimiento es esencial para identificar prioridades en la gestión forestal sostenible incluyendo medidas de adaptación para incrementar su resistencia y resiliencia frente al cambio climático.

Agradecimientos

Agradecemos al Ministerio de Agricultura, Alimentación y Medio Ambiente (MAGRAMA) el acceso a información del segundo y tercer Inventario Forestal. Esta revisión ha sido financiada por el proyecto FUNDIV Europe (ENV.2010.2.1.4-1) y REMEDINAL-2 (S2009/AMB-1783). Agradecemos a Jaime Madrigal-González y Asier Herrero Méndez comentarios sobre versiones previas del capítulo. PRB ha estado financiada por una beca F.P.U. (AP2008-01325) y MBG por una beca postdoctoral *Juan de la Cierva*. Parte del presente capítulo de libro se basa en contenidos de la Tesis de Paloma Ruiz Benito (2013) titulada *"Patterns and drivers of Mediterranean forest structure and dynamics: theoretical and management implications"* (Universidad de Alcalá, 2013).

Referencias

Alía, R., García del Barrio, J.M., Iglesias, S., Mancha, J.A., de Miguel, J., Nicolás, J.L., et al. (2009). *Regiones de procedencia de especies forestales en España*. DGB, Ministerio de Medio Ambiente, Medio Rural y Marino, España.

AEF., (2010). Anuario de Estadística Forestal 2010. Ministerio de Agricultura, Alimentación y Medio Ambiente, España.

Allen, C.D., Macalady, A.K., Chenchouni, H., Bachelet, D., McDowell, N., Vennetier, M., et al. (2010). A global overview of drought and heat-induced tree mortality reveals emerging climate change risks for forests. *Forest Ecology and Management, 259,* 660-684. http://dx.doi.org/10.1016/j.foreco.2009.09.001

Bauer, E. (1980). *Los montes de España en la historia*. Servicio de Publicaciones Agrarias del Ministerio de Agricultura, España.

Bellassen, V., Viovy, N., Luyssaert, S., Le Maire, G., Schelhaas, MJ., & Ciais, P. (2011). Reconstruction and attribution of the carbon sink of European forests between 1950 and 2000. *Global Change Biology, 17,* 3274-3292. http://dx.doi.org/10.1111/j.1365-2486.2011.02476.x

Benito-Garzón, M., Alía, R., Robson, T.M., & Zavala, M.A. (2011). Intra-specific variability and plasticity influence potential tree species distributions under climate change. *Global Ecology and Biogeography, 20,* 766-778. http://dx.doi.org/10.1111/j.1466-8238.2010.00646.x

Benito-Garzón, M., Blazek, R., Neteler, M., Sánchez de Dios R., Ollero, H.S., & Furlanello, C. (2006). Predicting habitat suitability with machine learning models: The potential area of *Pinus sylvestris* L. in the Iberian Peninsula. *Ecological Modelling, 197,* 383-393. http://dx.doi.org/10.1016/j.ecolmodel.2006.03.015

Benito-Garzón, M., Sánchez de Dios R., & Ollero, H.S. (2007). Predictive modelling of tree species distributions on the Iberian Peninsula during the last Glacial Maximum and mid-Holocene. *Ecography, 30,* 120-134.

Benito-Garzón, M., Sánchez de Dios R., & Ollero, H.S. (2008a). Effects of climate change on the distribution of Iberian tree species. *Applied Vegetation Science, 11,* 169-178. http://dx.doi.org/10.3170/2008-7-18348

Benito-Garzón, M., Ruiz-Benito, P., & Zavala, M.A. (2013). Inter-specific differences in tree growth and mortality responses to climate determine potential species distribution limits in Iberian forests. *Global Ecology and Biogeography.* En Prensa. http://dx.doi.org/10.1111/geb.12075

Benito-Garzón, M., Sánchez de Dios, R., & Sainz Ollero, H. (2008b). The evolution of the *Pinus sylvestris* L. area in the Iberian Peninsula from the last glacial maximum to 2100 under climate change. *The Holocene, 18,* 705-714. http://dx.doi.org/10.1177/0959683608091781

Bolker, B. (2008). *Ecological models and data in R.* , New Jersey: Princeton University Press, Princeton.

Burnham, K.P., & Anderson, D.R. (2002). *Model selection and multimodel inference: a practical information-theoretic approach*. New York, USA: Springer-Verlag.

Carnicer, J., Coll, M., Ninyerola, M., Pons, X., Sánchez, G., & Peñuelas, J. (2011). Widespread crown condition decline, food web disruption, and amplified tree mortality with increased climate change-type drought. *Proceedings of the National Academy of Sciences, 108,* 1474-1478. http://dx.doi.org/10.1073/pnas.1010070108

Carrión, J.S., Errikarta, I.Y., Walker, M.J., Legaz, A.J., Chaín, C., & López, A. (2003). Glacial refugia of temperate, Mediterranean and Ibero-North African fbra in south-eastern Spain: new evidence from cave pollen at two Neanderthal man sites. *Global Ecology and Biogeography, 12,* 119-129. http://dx.doi.org/10.1046/j.1466-822X.2003.00013.x

Carrión, J.S., Munuera, M., Navarro, C, & Sáez, F. (2000). Paleoclimas e historia de la vegetación cuaternaria en España a través del análisis polínico: viejas falacias y nuevos paradigmas. *Complutum, 11,* 115-142.

Chirici, G., Winter, S., & McRoberts, R. (2011). *National Forest Inventories: contributions to forest biodiversity assessments*, Managing Forest Ecosystems. Dordrecht, The Netherland: Springer Science + Business Media.

Christensen, J.H., Hewitson, B., Busuioc, A., Chen, A., Gao, X., Held, I., et al. (2007). Regional climate projections. En: Solomon S., Qin D., Manning M., Chen Z., Marquis M., Averyt K.B., Tignor M, Miller H.L. (Eds.) *Climate change 2007: The physical science bases.* Cambridge and New York: Cambridge University Press. 847-943.

Ciais, P., Reichstein, M., Viovy, N., Granier, A., Ogee, J., Allard, V., et al. (2005). Europe-wide reduction in primary productivity caused by the heat and drought in 2003. *Nature, 437,* 529-533. http://dx.doi.org/10.1038/nature03972

Ciais, P., Schelhaas, M.J., Zaehle, S., Piao, S.L., Cescatti, A., Liski, J., et al. (2008). Carbon accumulation in European forests. *Nature Geosciences, 1,* 425-429. http://dx.doi.org/10.1038/ngeo233

Costa, M., Morla, C., & Sáinz, H. (1997). *Los bosques ibéricos: una interpretación geobotánica.* Barcelona: Editorial Planeta.

Cramer, W., Bondeau, A., Woodward, F.I., Prentice, I.C., Betts, R.A., Brovkin, V., et al. (2001). Global response of terrestrial ecosystem structure and function to CO2 and climate change: results from six dynamic global vegetation models. *Global Change Biology, 7,* 357-373. http://dx.doi.org/10.1046/j.1365-2486.2001.00383.x

Crawley, M.J. (1997). *Plant ecology.* Blackwell Publishing.

Crawley, M.J. (2007). *The R Book.* UK: John Wiley & Sons, Chichester. http://dx.doi.org/10.1002/9780470515075

Díaz-Sierra, R., Zavala, M.A., & Rietkerk, M. (2010). Positive interactions, discontinuous transitions and species coexistence in plant communities. *Theoretical Population Biology, 77,* 131-144. http://dx.doi.org/10.1016/j.tpb.2009.12.001

Doak, D.F., & Morris, W.F. (2010). Demographic compensation and tipping points in climate-induced range shifts. *Nature, 467,* 959-962. http://dx.doi.org/10.1038/nature09439

Ellison, A.M. (2004). Bayesian inference in ecology. *Ecology Letters, 7,* 509-520.
http://dx.doi.org/10.1111/j.1461-0248.2004.00603.x

FAO. (2006). *Global planted forests thematic study. Results and analysis*. Food and Agriculture Organization of the United Nations, Rome, Italy.

FAO. (2010). *Global forest resource assessment 2010*. Food and Agriculture Organization of the United Nations, Rome, Italy.

Galán, P., Gamara, R., & García, J.I. (1998). *Árboles y arbustos de la península Ibérica e Islas Baleares*. Madrid, España: Jaguar.

Galiano, L., Martínez-Vilalta, J., & Lloret, F. (2010). Drought-induced multifactor decline of scots pine in the Pyrenees and potential vegetation change by the expansion of co-occurring oak species. *Ecosystems, 13,* 978-991. http://dx.doi.org/10.1007/s10021-010-9368-8

Gamfeldt, L., Snall, T., Bagchi, R., Jonsson, M., Gustafsson, L., Kjellander, P., et al. (2013). Higher levels of multiple ecosystem services are found in forests with more tree species. *Nature Communications, 4,* 1340. http://dx.doi.org/10.1038/ncomms2328

García-Valdés, R., Gotelli, N.J., Zavala, M.A., Purves, D.W., & Araújo, M.B. Effects of climate, density, and dispersal on decadal colonization and extinction rates of Iberian tree species. *Ecology.*

García-Valdés, R., Zavala, M.A., Araújo, M.B., & Purves, D.W. (2013). Chasing a moving target: projecting climate change-induced changes in non-equilibrial tree species distributions. *Journal of Ecology, 101,* 441-453. http://dx.doi.org/10.1111/1365-2745.12049

Gelman, A., Carlin, J.B., Stern, H.S., & Rubin, D.B. (2004). *Bayesian data analysis*. New York, USA: Chapman & Hall/CRC Press.

Gómez-Aparicio, L., García-Valdés, R., Ruiz-Benito, P., & Zavala, M.A. (2011). Disentangling the relative importance of climate, size and competition on tree growth in Iberian forests: implications for management under global change. *Global Change Biology, 17,* 2400-2414. http://dx.doi.org/10.1111/j.1365-2486.2011.02421.x

Hanski, I. (1991). Single species metapopulation dynamics: concepts, models and observations. *Biological Journal of the Linnean Society, 42,* 17-38.
http://dx.doi.org/10.1111/j.1095-8312.1991.tb00549.x

Hilborn, R., & Mangel, M. (1997). *The ecological detective: confronting models with data*. Princeton, USA: Princeton University Press.

Hobbs, N.T., & Hilborn, R. (2006). Alternatives to statistical hypothesis testing in ecology: a guide to self teaching. *Ecological Applications, 16,* 5-19. http://dx.doi.org/10.1890/04-0645

IPCC. (2007). *Climate change 2007: Synthesis report.* Cambridge, UK.

Johnson, J.B., & Omland, K.S. (2004). Model selection in ecology and evolution. *Trends in Ecology & Evolution, 19,* 101-108. http://dx.doi.org/10.1016/j.tree.2003.10.013

Jump, A.S., Hunt, J.M., & Peñuelas, J. (2006). Rapid climate change-related growth decline at the southern range edge of *Fagus sylvatica. Global Change Biology, 12,* 2163-2174. http://dx.doi.org/10.1111/j.1365-2486.2006.01250.x

Jump, A.S., & Peñuelas, J. (2005). Running to stand still: adaptation and the response of plants to rapid climate change. *Ecology Letters, 8,* 1010-1020. http://dx.doi.org/10.1111/j.1461-0248.2005.00796.x

Landsberg, J.J. (1986). *Physiological ecology of forest production.* Cambridge, UK: Academic Press.

Levin, S.A. (1992). The problem of pattern and scale in ecology: the Robert H. MacArthur award lecture. *Ecology, 73,* 1943-1967. http://dx.doi.org/10.2307/1941447

Levins, R. (1969). Some genetic and demographic consequences of environmental heterogeneity for biological control. *Bulletin of the Entomological Society of America, 15,* 237-240.

Linares, J.C., Camarero, J.J., & Carreira, J.A. (2009). Interacting effects of changes in climate and forest cover on mortality and growth of the southernmost European fir forests. *Global Ecology and Biogeography, 18,* 485-497. http://dx.doi.org/10.1111/j.1466-8238.2009.00465.x

Lindner, M., Maroschek, M., Netherer, S., Kremer, A., Barbati, A., Garcia-Gonzalo, J., et al. (2010). Climate change impacts, adaptive capacity, and vulnerability of European forest ecosystems. *Forest Ecology and Management, 259,* 698-709. http://dx.doi.org/10.1016/j.foreco.2009.09.023

Lines, E.R. (2012). *Forest dynamics at regional scales: predictive models constrained with inventory data.* Plant Sciences Department. Cambridge, UK: Cambridge University.

MacArthur, R.H. (1984). *Geographical ecology: patterns in the distributions of species.* Princeton, UK: Princeton University Press.

Madrigal, A. (1998). Problemática de la ordenación de masas artificiales en España. *Cuadernos de la Sociedad Española de Ciencias Forestales, 6,* 13-20.

McDowell, N.G. (2011). Mechanisms linking drought, hydraulics, carbon metabolism, and vegetation mortality. *Plant Physiology, 155,* 1051-1059. http://dx.doi.org/10.1104/pp.110.170704

McDowell, N.G, Beerling, D.J, Breshears, D.D., Fisher, R.A., Raffa, K.F, & Stitt, M. (2011). The interdependence of mechanisms underlying climate-driven vegetation mortality. *Trends in Ecology & Evolution, 26,* 523-532. http://dx.doi.org/10.1016/j.tree.2011.06.003

Mendoza, I., Gómez-Aparicio, L., Zamora, R., & Matías, L. (2009). Recruitment limitation of forest communities in a degraded Mediterranean landscape. *Journal of Vegetation Science, 20,* 367-376. http://dx.doi.org/10.1111/j.1654-1103.2009.05705.x

Millennium Ecosystem Assessment. (2005). *Ecosystem and human well-being: biodiversity synthesis.* Washington D.C., USA: World Resources Institute.

MMA. (1999). *Estrategia Forestal Española*. Ministerio de Medio Ambiente, España.

MMA. (2008). *Plan Nacional de Adaptación al Cambio Climático (PNACC): Marco para la coordinación entre administraciones públicas para las actividades de evaluación de impactos, vulnerabilidad y adaptación al cambio climático.* Ministerio de Medio Ambiente, España.

Montero, G. (1997). Breve descripción del proceso repoblador en España (1940-1995). *Legno Celulosa Carta, 4,* 35-42.

Montoya, D., Zavala, M.A., Rodríguez, M.A., & Purves, D.W. (2008). Animal versus wind dispersal and the robustness of tree species to deforestation. *Science, 320,* 1502-1504. http://dx.doi.org/10.1126/science.1158404

Myers, N., Mittermeier, R.A., Mittermeier, C.G., da Fonseca, G.A.B., & Kent, J. (2000). Biodiversity hotspots for conservation priorities. *Nature, 403,* 853-858. http://dx.doi.org/10.1038/35002501

Nabuurs, G.J., Schelhaas, M.J., Mohren, G.M.J., & Field, C.B. (2003). Temporal evolution of the European forest sector carbon sink from 1950 to 1999. *Global Change Biology, 9,* 152-160. http://dx.doi.org/10.1046/j.1365-2486.2003.00570.x

Ojea, E., Ruiz-Benito, P., Markanda, A., & Zavala, M.A. 2012. Wood provisioning in Mediterranean forests: a bottom up spatial valuation approach. *Forest Policy and Economics, 20,* 78-88. http://dx.doi.org/10.1016/j.forpol.2012.03.003

Olano, J.M., Laskurain, N.A., Escudero, A., & De La Cruz, M. (2009). Why and where do adult trees die in a young secondary temperate forest? The role of neighbourhood. *Annals of Forest Science, 66,* 105. http://dx.doi.org/10.1051/forest:2008074

Ortuño, F. (1990). El Plan para la repoblación forestal de España del año 1939. Análisis y comentarios. *Ecología Fuera de Serie, 1,* 373-392.

OSE. (2011). *Biodiversidad en España: Base para la sostenibilidad ante el cambio global*. Mundiprensa, Madrid, España.

Pacala, S.W., Canham, C.D., & Silander, Jr. (1993). Forest models defined by field measurements: I. The design of a northeastern forest simulator. *Canadian Journal of Forest Research, 23,* 1980-1988. http://dx.doi.org/10.1139/x93-249

Pausas, J.G., Blade, C., Valdecantos, A., Seva, J.P., Fuentes, D., Alloza, J.A., et al. (2004). Pines and oaks in the restoration of Mediterranean landscapes of Spain: New perspectives for an old practice - a review. *Plant Ecology, 171,* 209-220. http://dx.doi.org/10.1023/B:VEGE.0000029381.63336.20

Peñuelas, J., & Filella, I. (2001). Phenology - Responses to a warming world. *Science, 294,* 793-794. http://dx.doi.org/10.1126/science.1066860

Peñuelas, J., Ogaya, R., Boada, M., & Jump, A.S. (2007). Migration, invasion and decline: changes in recruitment and forest structure in a warming-linked shift of European beech forest in Catalonia (NE Spain). *Ecography, 30,* 829-837. http://dx.doi.org/10.1111/j.2007.0906-7590.05247.x

Peñuelas, J., Rutishauser, T., & Filella, I. (2009). Phenology feedbacks on climate change. *Science, 324,* 887-888. http://dx.doi.org/10.1126/science.1173004

Plieninger, T., Rolo, V., & Moreno, G. (2010). Large-scale patterns of *Quercus ilex, Quercus suber* and *Quercus pyrenaica* regeneration in central-western Spain *Ecosystems, 13,* 644-660.

Purves, D.W. (2009). The demography of range boundaries versus range cores in eastern US tree species. *Proceedings of the Royal Society B: Biological Sciences, 276,* 1477-1484. http://dx.doi.org/10.1098/rspb.2008.1241

Purves, D.W., Lichstein, J.W., Strigul, N., & Pacala, S.W. (2008). Predicting and understanding forest dynamics using a simple tractable model. *Proceedings of the National Academy of Sciences, 105,* 17018-17022. http://dx.doi.org/10.1073/pnas.0807754105

Purves, D.W., Zavala, M.A., Ogle, K., Prieto, F., & Benayas, J.M.R. (2007). Environmental heterogeneity, bird-mediated directed dispersal and oak woodland dynamics in Mediterranean Spain. *Ecological Monographs, 77,* 77-97.

Quinn, G., & Keough, M. (2002). *Experimental design and data analysis for biologists*. New York, USA: Cambridge University Press. http://dx.doi.org/10.1017/CBO9780511806384

Ruiz-Benito, P. (2013). *Patterns and drivers of Mediterranean forest structure and dynamics: theoretical and management implications.* Ciencias de la Vida, Unidad Docente Ecología, Universidad de Alcalá, Alcalá de Henares, España.

Ruiz-Benito, P., Gómez-Aparicio, L., & Zavala, M.A. (2012). Large scale assessment of regeneration and diversity in Mediterranean planted pine forests along ecological gradients. *Diversity and Distributions, 18,* 1092–1106. http://dx.doi.org/10.1111/j.1472-4642.2012.00901.x

Ruiz-Benito, P., Lines, E.R., Gómez-Aparicio, L., Zavala, M.A., & Coomes, D.A. (2013). Patterns and drivers of tree mortality in Iberian forests: climatic effects are modified by competition. *PloS ONE, 8,* e56843. http://dx.doi.org/10.1371/journal.pone.0056843

Ruiz de la Torre, J. (1990). Distribución y características de las masas forestales Españolas. *Ecología, Fuera de Serie, 1,* 11-30.

Sagarin, R., & Pauchard, A. (2009). Observational approaches in ecology open new ground in a changing world. *Frontiers in Ecology and the Environment, 8,* 379-386. http://dx.doi.org/10.1890/090001

Sánchez-Salguero, R., Navarro-Cerrillo, R.M., Swetnam, T.W., & Zavala, M.A. (2012). Is drought the main decline factor at the rear edge of Europe? The case of southern Iberian pine plantations. *Forest Ecology and Management, 271,* 158-169. http://dx.doi.org/10.1016/j.foreco.2012.01.040

Sanz-Elorza, M., Dana, E.D., González, A., & Sobrino, E. (2003). Changes in the high-mountain vegetation of the central Iberian peninsula as a probable sign of global warming. *Annals of Botany, 92,* 273-280. http://dx.doi.org/10.1093/aob/mcg130

Schröter, D., Cramer, W., Leemans, R., Prentice, I.C., Araujo, M.B., Arnell, N.W., et al. (2005). Ecosystem service supply and vulnerability to global change in Europe. *Science, 310,* 1333-1337. http://dx.doi.org/10.1126/science.1115233

Seppälä, R., Buck, A., & Katila, P. (2009). *Adaptation of forest and people to climatic change: a global assessment report.* IUFRO World Series Volume 22, Heksinki, Finlandia.

Serrada, R., Aroca, M.J., Roig, S., Bravo, A., & Gómez, V. (2011). *Impactos, vulnerabilidad y adaptación al cambio climático del sector forestal. Notas sobre gestión adaptativa de las masas forestales ante el cambio climático.* Madrid, España: V.A. Impresores S.A.

Stephens, P.A., Buskirk, S.W., Hayward, G.D., & Martínez Del Rio, C. (2005). Information theory and hypothesis testing: a call for pluralism. *Journal of Applied Ecology, 42,* 4-12. http://dx.doi.org/10.1111/j.1365-2664.2005.01002.x

Urli, M., Delzon, S., Eyermann, A., Couallier, V., García-Valdés, R., Zavala, M.A., et al. (2013). Inferring shifts in tree species distribution using asymmetric distribution curves: a case study in the Iberian mountains. *Journal of Vegetation Science.* En Prensa. Doi: 10.1111/jvs.12079. http://dx.doi.org/10.1111/jvs.12079

Valbuena-Carabaña, M., de Heredia, U.L., Fuentes-Utrilla, P., González-Doncel, I., & Gil, L. (2010). Historical and recent changes in the Spanish forests: A socio-economic process. *Review of Palaeobotany and Palynology, 162,* 492-506. http://dx.doi.org/10.1016/j.revpalbo.2009.11.003

Valladares, F., Camarero, J.J., Pulido, F., & Gil-Peregrin, E. (2004). El bosque mediterráneo, un sistema humanizado y dinámico. En: Valladares F. (ed), *Ecología del bosque mediterráneo en un mundo cambiante*. Madrid, España: EGRAF, S.A. 13-25.

Valladares, F., & Pearcy, R.W. (2002). Drought can be more critical in the shade than in the sun: a field study of carbon gain and photo-inhibition in a Californian shrub during a dry El Niño year. *Plant, Cell & Environment, 25,* 749-759. http://dx.doi.org/10.1046/j.1365-3040.2002.00856.x

van Mantgem, P.J., & Stephenson, N.L. (2007). Apparent climatically induced increase of tree mortality rates in a temperate forest. *Ecology Letters, 10,* 909-916.
http://dx.doi.org/10.1111/j.1461-0248.2007.01080.x

Vayreda, J., Gracia, M., Canadell, J.G., & Retana, J. (2012a). Spatial patterns and predictors of forest carbon stocks in western Mediterranean. *Ecosystems, 15,* 1258-1270.
http://dx.doi.org/10.1007/s10021-012-9582-7

Vayreda, J., Martínez-Vilalta, J., Gracia, M., & Retana, J. (2012b). Recent climate changes interact with stand structure and management to determine changes in tree carbon stocks in Spanish forests. *Global Change Biology, 18,* 1028-1041.
http://dx.doi.org/10.1111/j.1365-2486.2011.02606.x

Vilà, M., Carrillo-Gavilán, A., Vayreda, J., Bugmann, H., Fridman, J., Grodzki, W., et al. (2013). Disentangling biodiversity and climatic determinants of wood production. *PLoS ONE, 8,* e53530.
http://dx.doi.org/10.1371/journal.pone.0053530

Vilà, M., Vayreda, J., Comas, L., Ibáñez, J.J., Mata, T., & Obón, B. (2007). Species richness and wood production: a positive association in Mediterranean forests. *Ecology Letters, 10,* 241-250.
http://dx.doi.org/10.1111/j.1461-0248.2007.01016.x

Villaescusa, R., & Díaz, R. (1998). *Segundo Inventario Forestal Nacional (1986-1996)*. Ministerio de Medio Ambiente, ICONA, Madrid, España.

Villanueva, J.A. (2004). *Tercer Inventario Forestal Nacional (1997-2007). Comunidad de Madrid*. Ministerio de Medio Ambiente, Madrid, España.

Watt, A.S. (1947). Pattern and process in the plant community. *Journal of Ecology, 35,* 1-22.
http://dx.doi.org/10.2307/2256497

WWF. (2012). *Modelos de dinámica forestal como fuente de información para la adaptación de los bosques al cambio climático*. Informe de conclusiones del Taller WWF. WWF, Ministerio de Agricultura, Alimentación y Medio Ambiente, España.

Zamora, R., Hódar, J.A., Matías, L., & Mendoza, I. (2010). Positive adjacency effects mediated by seed disperser birds in pine plantations. *Ecological Applications, 20,* 1053-1060.
http://dx.doi.org/10.1890/09-0055.1

Zavala, M.A. (2004a). Estructura, dinámica y modelos de ensamblaje del bosque Mediterráneo: entre la necesidad y la contingencia. En Valladares F. (Ed.). *Ecología del bosque mediterráneo en un mundo cambiante*. Madrid, España: EGRAF, S.A. 249-277.

Zavala, M.A. (2004b). Integration of drought tolerance mechanisms in Mediterranean sclerophylls: a functional interpretation of leaf gas exchange simulators. *Ecological Modelling*, *176,* 211-226. http://dx.doi.org/10.1016/j.ecolmodel.2003.11.013

Zavala, M.A., & Zea, E. (2004). Mechanisms maintaining biodiversity in Mediterranean pine-oak forests: insights from a spatial simulation model. *Plant Ecology, 171,* 197-207. http://dx.doi.org/10.1023/B:VEGE.0000029387.15947.b7

Zavala, M.A., Angulo, O., de la Parra, R.B., & López-Marcos, J.C. (2007). An analytical model of stand dynamics as a function of tree growth, mortality and recruitment: The shade tolerance-stand structure hypothesis revisited. *Journal of Theoretical Biology, 244,* 440-450. http://dx.doi.org/10.1016/j.jtbi.2006.08.024

OmniaScience

Capítulo 5

Modelización del crecimiento y la producción de los rodales a través de Índices de Densidad

Luis Mario Chauchard[1], Ernesto Andenmatten[2], Federico Letourneau[2]

[1]Universidad Nacional del Comahue. Administración de Parques Nacionales. Argentina.
[2]Instituto Nacional de Tecnología Agropecuaria, Argentina.
chauchard@smandes.com.ar,
eandenmatten@gmail.com,
letourneau.federico@inta.gob.ar

Doi: http://dx.doi.org/10.3926/oms.127

Referenciar este capítulo

Chauchard, L.M., Andenmatten, E., Letourneau, F. (2013). Modelización del crecimiento y la producción de los rodales a través de Índices de Densidad. En J.A. Blanco (Ed.). *Aplicaciones de modelos ecológicos a la gestión de recursos naturales*. (pp. 109-124). Barcelona: OmniaScience.

1. Introducción

Una buena planificación del manejo forestal requiere proyecciones confiables de crecimiento y producción (García, 1994). El uso de las mismas, asociado con apropiados modelos de análisis económicos, permite tomar decisiones concernientes a la edad óptima de la cosecha, los niveles de renovación adecuados, los momentos de las cortas intermedias, entre otros aspectos (Clutter, Forston, Pineaar, Brister & Bailey, 1992).

El manejo forestal tiene una característica distintiva respecto de cualquier otro tipo de proceso y es que la fábrica es también el producto y el objetivo particular del mismo es encontrar el balance entre la producción y el almacenaje (Clutter el al., 1992). Los modelos de predicción de la producción son una opción para la administración de estas interrelaciones y para ello deben poder entregar las salidas cubriendo el rango completo de calidades de estación y regímenes selvícolas y así facilitar alcanzar la producción requerida (Goulding, 1994).

Los modelos forestales representan la experiencia promedio de cómo los árboles crecen y compiten y por ende de cómo las estructuras de los bosques se van modificando. Son una simplificación de algún aspecto de la realidad y en especial un modelo de crecimiento del rodal es una abstracción de la dinámica natural de un bosque y puede abarcar procesos como crecimiento, producción, mortalidad y otros cambios en la estructura del mismo. El nivel de detalle de estos modelos varía enormemente (von Gadow & Hui, 1999).

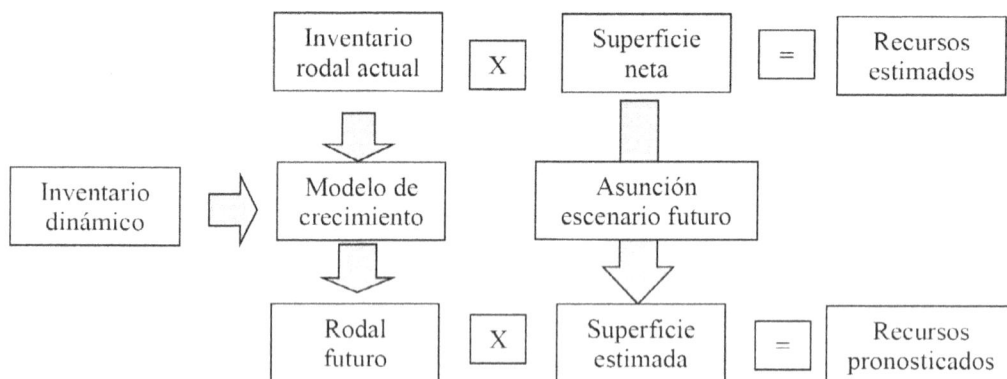

Figura 1. El rol de los modelos de crecimiento y producción asociados a datos complementarios es proveer de información para el manejo forestal (Vanclay, 1994)

La llave para el manejo forestal exitoso es un conocimiento apropiado de los procesos de crecimiento y uno de los objetivos principales de la modelización es poder comparar alternativas selviculturales. En este sentido los profesionales forestales deben ser capaces de poder anticipar las consecuencias de un particular régimen selvícola (Vanclay, 1994; von Gadow & Hui, 1999), por lo tanto, el modelado matemático del crecimiento constituye en la actualidad un requisito indispensable/indiscutido para un adecuado manejo forestal (García, 2013).

La técnica más apropiada de modelización está condicionada por la calidad y cantidad de los datos disponibles y por el nivel de resolución requerido (región, paisaje, rodal, árbol); con el aumento del nivel de la resolución de la predicción, los modelos requieren mayor información y detalle. En la modelización hay un compromiso entre el costo y la precisión (von Gadow & Hui, 1999), los modelos innecesariamente complicados resultan a menudo en mayores costos computacionales y en una pérdida de la precisión de las estimaciones (García, 1994).

Los modelos de producción forestal reflejan con variantes las distintas filosofías de modelización y niveles de complejidad matemática. Los modelos de crecimiento y producción a nivel de rodal podrían agruparse según la población meta para la cual las predicciones se aplican (Clutter et al., 1992) de la siguiente forma (Tabla 1):

1. Bosques naturales	2. Plantaciones
1.1. Irregulares	2.1. Raleadas
1.2. Regulares	2.2. No raleados

Tabla 1. Agrupamiento de los modelos de crecimiento y producción a nivel de rodal (Clutter et al., 1992)

Pero también estos modelos pueden ser categorizados a través de una aproximación de la forma de presentación (escrita o computacional) y la estructura de los datos de salida (a nivel de rodal o de árbol), según (Figura 2):

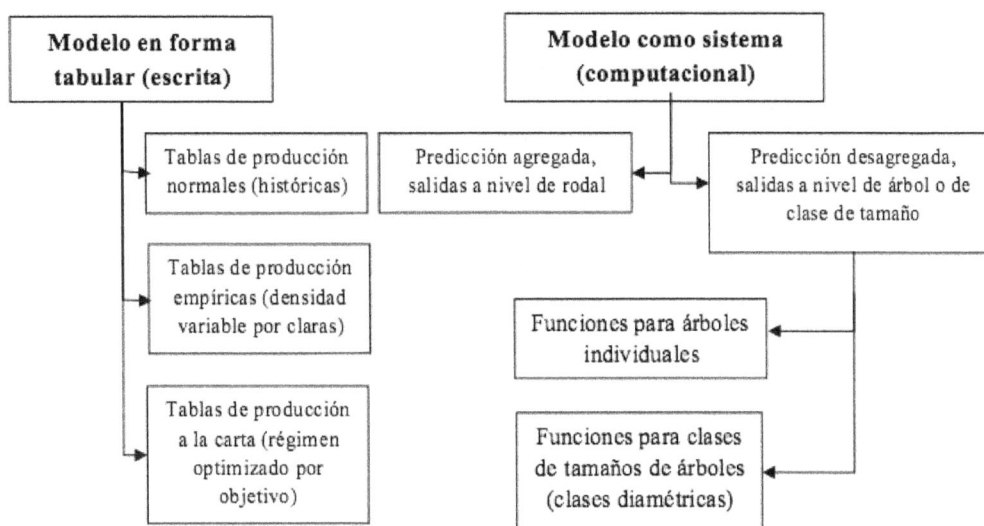

Figura 2. Categorización de los modelos según forma de presentación y estructura (Clutter et al., 1992)

Los modelos de crecimiento a nivel de rodal producen información agregada acerca del desarrollo del mismo, bajo determinadas condiciones ambientales y contemplando las modificaciones periódicas de sus atributos por las cortas y otros tipos de disturbios.

Las corrientes del modelado del crecimiento forestal han tenido diferentes enfoques, pero en las últimas décadas el concepto de espacio de estados y transiciones de la teoría general de los sistemas se ha transformado en una importante herramienta para definir la estructura de algunos modelos de simulación forestal (Vanclay, 1994; García, 1994; Chauchard, 2001; Andenmatten & Letourneau, 2003; Nord-Larsen & Johannsen, 2007). En este concepto, el sistema es concebido como un conjunto de elementos o variables del rodal que se interrelacionan entre sí, y cuyas magnitudes expresan a cada instante los estados del sistema. El cambio entre un estado y otro del mismo estará conducido por funciones de transición. En este caso los estados están definidos por los distintos valores que adoptan las variables del mismo, como la altura dominante, el área basal, el número de árboles, los índices de densidad de rodal, etc. Las funciones de transición son las que permiten proyectar estas variables de estado a cada instante, de manera que el modelado se centra en la tasa de cambio de cada estado. De esta manera los estados futuros del rodal puedan ser predichos a partir del estado actual y no dependen de las condiciones o estados pasados (García, 1994). Un sistema así concebido entonces puede ser descripto simplemente por un conjunto de funciones de transición que permitan la proyección del estado del rodal en cada momento, cuya descripción es completada con un conjunto de funciones de salidas adicionales.

Las ideas del espacio de estados no es nueva en otras áreas de la ciencia, pero debido al desconocimiento y la fuerte tradición de algunos esquemas de modelización ha provocado que la adopción para la modelización forestal sea lenta (Burkhart & Tomé, 2012; García, 2013).

Según García (1994, 2013) puede plantearse un modelo de simulación forestal dinámico que prediga el cambio periódico, anual o infinitesimal, para cada variable de estado, como puede ser la altura dominante actuando como conductora y el área basal como variable vinculada en un espacio bidimensional; pero el modelo puede ser mejorado con la adición de una tercera variable de estado, como el número de pies, describiendo ahora el estado en un espacio tridimensional. El principio de parsimonia sugeriría no usar más variables de estado que las necesarias. Dadas estas tres variables, con adecuadas funciones de salida, se pueden estimar otras importantes variables de estado, como volúmenes de variados productos y parámetros de distribuciones diamétricas. En ausencia de disturbios como las claras, las trayectorias de las variables en el espacio de estados son establecidas por aplicación iterativa de las funciones de transición. Frente a la aplicación de claras o entresacas se establece un cambio instantáneo en el estado del rodal, que es el que se proyecta mediante las funciones de transición por el mismo proceso iterativo.

2. Espacio de estados y funciones de transición a través de vincular índices de densidad

En forma amplia, se puede definir densidad del rodal como una medida cuantitativa de la cantidad de biomasa arbórea existente por unidad de superficie. Las medidas de densidad usualmente empleadas son el número de árboles y el área basal por una unidad de superficie (Clutter et al., 1992; Mason, 2005). Sin embargo estas medidas absolutas por sí solas no son tan efectivas para expresar la ocupación del sitio si no se conoce alguna otra variable relacionada con el tamaño del rodal, que complemente a aquellas o bien se vincule en forma directa o indirecta.

En términos prácticos, esta combinación adquiere la forma de índices de densidad del rodal (*ID*), los cuales vinculan de alguna manera dos variables, una relacionada con el tamaño medio del mismo y otra con la densidad absoluta, para entregar un valor relativo del estado de la densidad. Estos índices permiten expresar el grado de competencia de los árboles del rodal en un momento dado. Además de emplear variables de sencilla medición, los índices de densidad tienen la particularidad de ser relativamente independientes de la calidad de estación (Prodan, Peters, Cox & Real, 1997; Zeide, 2005), que constituye la expresión de la potencialidad productiva de una especie en un sitio dado.

Para la planificación y gestión selvícola es necesario disponer de mediciones confiables de la densidad del rodal que permitan controlar la competencia entre los árboles y así garantizar y eventualmente incrementar la producción del mismo. Si no se tiene la capacidad de medir la densidad, no es posible controlar el régimen selvícola y por lo tanto lograr optimizar el objetivo productivo buscado (Zeide, 2005).

Cuando se analiza la evolución de los diversos ID, casi todos ellos tienden a un valor máximo en donde se estabilizan, fenómeno sustentado en el principio biológico del autoaclareo de los rodales regulares bajo condiciones de alta competencia intra-específica (Reineke, 1933; Yoda, Kira, Ogawa & Osumi, 1963). Dicho principio se apoya en expresar la competencia de las masas a través de la densidad relativa y sostiene que cuando un rodal ha alcanzado el valor máximo de carga se autorregula mediante el proceso de mortalidad natural, manteniendo el rodal en valores de densidad relativa máxima. En esta frontera del crecimiento biológico puede esperarse que la mortalidad natural ocurra a una tasa relativamente constante, como por ejemplo la pendiente de la relación de Reineke. En cambio, si el análisis se realiza sobre la evolución del ID respecto de alguna variable relacionada con el tiempo, como la altura, la mortalidad natural se expresa cuando el índice alcanza una meseta o estabilización en dicha evolución (Figura 3).

Sin embargo, es importante saber que un ID por sí solo no puede describir adecuadamente la estructura del rodal, aunque permita inferir el nivel de competencia. La asunción de que el grado de ocupación del sitio es una función del tamaño del árbol y la densidad tiene sus limitaciones. Dos rodales con las mismas características de los fustes pueden diferir en el grado de ocupación, por ejemplo, si sólo uno de ellos ha sido recientemente clareado y/o podado (García, 1990).

Con el fin de modelizar el crecimiento y la producción de plantaciones de *Pseudotsuga menziesii* en Argentina, Andenmatten et al. (1997) comenzaron un estudio en el que se analiza el comportamiento de dos índices de densidad, la Densidad Relativa (DR) (Curtis, 1982), y el Factor de Espaciamiento Relativo (*FE*), Hart-Becking o Wilson (Day, 1985; Prodan et al., 1997), con el fin de vincularlos funcionalmente (Func. 1 y 2, respectivamente). Para favorecer la comparación y vinculación se invirtió el Factor de Espaciamiento, según la equivalencia (2) y con ello se logró que la evolución del índice se transforme en creciente, situación que simplifica la comparación con la Densidad Relativa. Al hacer ello se obtiene un nuevo índice, derivado de aquel, que se lo denomina con un sentido lógico como Factor de Altura (FH), para diferenciarlos. Para analizar las evoluciones de ambos índices emplearon las salidas del simulador TASS (Mitchell & Cameron, 1985), con la misma especie, utilizando la altura dominante para expresar el paso del tiempo. Encontraron que ambos índices alcanzan valores máximos, que se estabilizan, a una misma altura dominante o tamaño del rodal, e interpretaron que los mismos estarían indicando la mortalidad inminente por competencia. El hecho que esto ocurra a una misma altura dominante, señala la coherencia con el fenómeno de mortalidad y la posibilidad de vinculación entre ambos índices (Figura 3).

$$DR = \frac{G}{Dg^{0,5}}$$ (1)

Dónde:

DR: Índice de Densidad Relativa.

G: Área basal del rodal [m²/ha].

Dg: Diámetro promedio cuadrático [cm].

$$FE = \frac{e}{H_o} \Rightarrow FH = \frac{1}{FE} = \frac{H_o}{e} = \frac{H_o \cdot \sqrt{N}}{100}$$ (2)

Dónde:

FE: Índice de Espaciamiento relativo.

e: Espaciamiento medio de los árboles [m²].

Ho: Altura dominante del rodal [m].

FH: Índice Factor de Altura dominante.

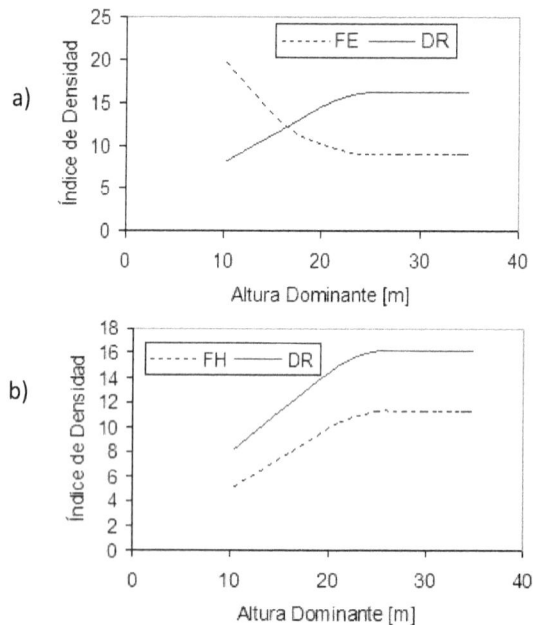

Figura 3. (a) Evoluciones de la Densidad Relativa (DR) y el Factor de Espaciamiento (FE) y (b), de la Densidad Relativa y el Factor de Altura (FH). Al invertir el FE, transformándose en otro índice, denominado Factor de Altura (FH), se logra que el índice sea creciente con el desarrollo del rodal y facilite la comparación con DR (Andenmatten et al., 1997). La línea vertical indica la altura a la cual los índices alcanzan el máximo.

Para estudiar la evolución de los índices de densidad de masas regulares en el tiempo, se ha reemplazado la edad por la altura dominante, ya que ésta constituye una de las variables de estado que además de involucrar implícitamente el paso del tiempo, indica la capacidad de crecimiento del rodal. Además, en el sistema planteado la altura dominante para una estación determinado, está funcionalmente relacionada con la edad, pudiendo reemplazarse entonces una por otra (García, 1994).

Con estos estudios se postuló que para cada especie cuando los índices mencionados alcanzan los máximos, existe una relación directa y constante entre ambos (Figura 3b) que se la denominó F y queda expresada de la siguiente manera:

$$\frac{DR}{FH} = F \Rightarrow DR = F.FH \tag{3}$$

A partir de esta interpretación, surgió la hipótesis que sugiere que la misma relación estable (F en Figura 4) entre los índices, cuando se alcanzan los máximos biológicos en el rodal, puede aplicarse a la etapas previas de desarrollo del mismo, como un un **factor de proporcionalidad** que se mantiene a lo largo de la vida del rodal (F_0 en Figura 4).

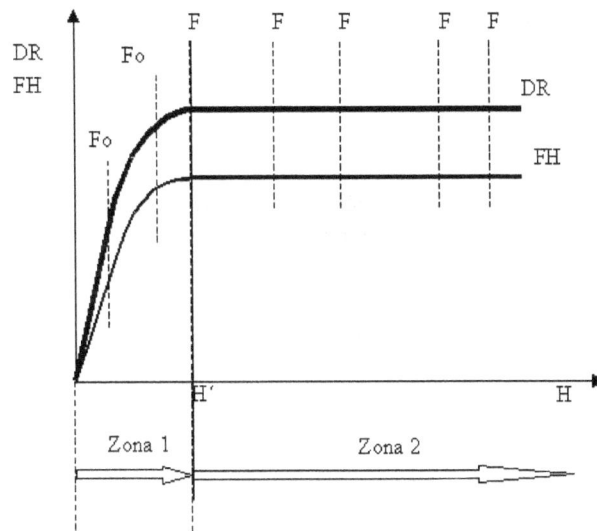

Figura 4. Hipótesis de evoluciones de la DR y el FE a lo largo de la vida del rodal. La Zona 1 expresa un crecimiento de los valores de los índices, mientras que la Zona 2 la de la maximización de los índices y la fase de autoaclareo. El postulado establece la igualdad entre Fo y F y que los máximos se alcanzan en el mismo momento. Alcanzados los máximos, el rodal se mantendrá en un estado de equilibrio dinámico, regulado por competencia intra-específica (Andenmatten, 1999)

Esta vinculación permite formular un modelo de estado basado en que, si resulta sencillo predecir la evolución del Factor de Altura (*FH*) con una adecuada función de crecimiento en altura, debiera ser simple predecir la evolución de la Densidad Relativa (*DR*), a partir de establecer una relación funcional entre ambos. En este caso la función de altura dominante actúa como directriz o conductora del modelo, mientras que la variable número de pies no variará en cortos períodos de tiempo y puede ser controlada mediante las claras inducidas por el silvicultor. Habitualmente las proyecciones con los modelos se hacen para intervalos cortos no mayores a 10 años, suficientes para controlar los efectos de corto plazo. Esto permite aplicar el supuesto de que no existirá mortalidad y por lo tanto se evita la necesidad de ajustar una función para estimar el número de individuos sobrevivientes (Andenmatten, 1999). A pesar de ello no se pueda ignorar el proceso de mortalidad y debería poder predecirse su impacto en la densidad para la modelización de la selvicultura de rodales sin claras o con bajos pesos de las mismas.

Por lo tanto para un período de tiempo dado y bajo la hipótesis de proporcionalidad directa entre ambos índices de densidad, una relación de transición se puede escribir a partir de la ecuación (3), de la siguiente forma:

$$F = \frac{DR_{máximo}}{F_{máximo}} = \frac{DR_i}{FH_i} \qquad (4)$$

Dónde:

F: Factor de proporcionalidad.

Entonces para cualquier momento se puede expresar (4) también como:

$$\frac{DR_2}{DR_1} = \frac{FH_2}{FH_1} \qquad (5)$$

La igualdad (5) ya es una función de transición, sin embargo a partir de (3) es posible expresar la función de transición por diferencia matemática de la misma en dos momentos dados del rodal, de la siguiente manera:

$$DR_2 = DR_1 + F(FH_2 - FH_1) \qquad (6)$$

2.1. Determinación del parámetro de transición F

Un aspecto al que los autores han prestado especial atención, es al valor del factor de proporcionalidad *F* para un mismo rodal; a través de las sucesivas mediciones en el tiempo, el valor de *F* tiende a estabilizarse (Figura 3b), lo que les indujo a plantear la precedente función de transición (6), donde el término *F x (FH₂ – FH₁)* constituye el producto que expresa el crecimiento de la DR₁ en el período de proyección considerado. Para que la función de transición (6) pueda aplicarse en cualquier momento de la vida del rodal implica que la proporcionalidad que vincula los *ID* debe mantenerse a lo largo del desarrollo de un rodal regular.

Andenmatten (1999) trabajando con plantaciones de *Pseudotsuga menziesii* y posteriormente Andenmatten & Letourneau (2003) con plantaciones de *Pinus ponderosa* de la región Patagonia Andina de Argentina, establecieron una forma para determinar los valores máximos de ambos índices para las especies y con ello definir la constante de proporcionalidad entre los índices.

Establecen estos máximos a partir de sumarle dos desvíos estándar al promedio obtenido con la muestra disponible de cada índice de densidad. Los resultados mostraron que las distribuciones de frecuencias de ambos índices son normales. Los valores máximos para la región estudiada resultaron para *P. ponderosa* en una *DR* de 21,5 y para el *FH* de 10,4, por lo tanto el valor del parámetro F, obtenido por el cociente entre ambos, fue de 2,06. Por otro lado, para *P. menziesii*, los valores máximos de los índices fueron de 18,0 y 13,6, respectivamente, resultando en un valor de *F* de 1,32.

Para probar esto, los autores realizaron pruebas con la especie *Pseudotsuga menziesii* proyectando la función de transición con el parámetro ajustado para la misma, para cortos y variables períodos de tiempo con 31 parcelas permanentes de rodales que variaron en edades y estructuras, obteniendo en 29 de ellas errores inferiores al 10%. También realizaron una validación con las salidas del simulador TASS para la misma especie, publicadas por Mitchell y Cameron (1985), bajo una gran variedad de situaciones, con y sin aplicación de claras y largos de períodos de tiempo, obteniendo errores del orden del 6-7%. Las pruebas realizadas no rechazaron la hipótesis de proporcionalidad, con lo cual se pudo avanzar en la propuesta de modelamiento de la producción vinculando los índices de densidad y utilizando un factor de proporcionalidad F propio de la especie y zona de crecimiento.

Posteriormente se aplicaron los mismos conceptos para masas de *Pinus radiata* en el País Vasco de España, logrando buenos resultados para el modelado del crecimiento y la producción (Chauchard, 2001). A diferencia de las experiencias en Argentina, el parámetro *F* se estableció ajustando una función lineal entre los pares de datos *FH – DR* de un conjunto de parcelas temporales de varios inventarios. Se encontró que con una precisión del 75% la dispersión entre ambas variables se podía explicar con la función de la recta (7) (Chauchard, 2001; Chauchard & Andenmatten, 2009).

$$DR = -0,69429 + 1,31848 \cdot FH \tag{7}$$

Operando matemáticamente la ecuación (7) en dos momentos de tiempo consecutivos se obtiene la misma ecuación (6). Sin embargo, posteriormente se estudian los cambios de ambos índices en períodos sucesivos en 34 parcelas permanentes de *Pinus radiata* para períodos de 5 a 6 años en rodales de distintas edades y densidades. En estas condiciones, el parámetro *F* presentó un valor promedio de 1,6275, con un error relativo en la proyección del área basal de aproximadamente el 7% (Chauchard, 2001). De esta manera, la tasa de cambio de la ecuación (6) quedó expresada como *1,6275 (FH$_2$ – FH$_1$)*, que fue la que finalmente se empleó para el desarrollo el modelo de crecimiento y producción.

2.2. Determinación del área basal de rodal

A través de proyectar la *DR* con la función directriz (*Ho*) y el control del número de pies (*N*), es posible entonces determinar el área basal (*G*) en dos momentos distintos del crecimiento del rodal. Efectivamente es posible despejar *G* de la función (1); Andenmatten (1999) resolvió matemáticamente el despeje, sin tener que conocer el diámetro medio del rodal (*Dg*) y con ello evitar el desarrollo de funciones para su estimación. Resolvió la simplificación de la siguiente manera (Chauchard, 2001):

Partiendo de un determinado *DR* y *N*, se tiene, operando matemáticamente con *G*, la siguiente igualdad:

$$DR = \frac{G}{Dg^{0,5}} = \frac{G^{0,75} x G^{0,25}}{D_g^{0,5}} = \frac{G^{0,75} x \left[N.0,7854 x \left(\frac{D_g}{100} \right)^2 \right]^{0,25}}{D_g^{0,5}} =$$

De esta manera se puede introducir Dg en el numerador:

$$DR = \frac{G^{0,75} x (N.0,7854)^{0,25} x D_g^{0,5}}{D_g^{0,5} x 10} \tag{8}$$

Con ello en (8) ya se puede eliminar Dg^{0,5} y entonces despejar G, quedando:

$$G = \left[\frac{10 \cdot DR}{(0,7854 \cdot N)^{0,25}} \right]^{1,333} \tag{9}$$

En este esquema, ya se está en condiciones de describir el estado del rodal a través de la altura dominante, el área basal y el número de pies, controlado por la aplicación de claras y/o una función de mortalidad, según el caso.

Recientemente, Letourneau, Roccia, Andematten, Oliva, Casado y Del Val (2013) aplicaron la ecuación (9) para estimar la precisión de las proyecciones de corto plazo del área basal de plantaciones de *Pinus ponderosa* creciendo en un amplio rango de calidades de estación y densidades, sin la aplicación de claras recientes. Se empleó la función que vincula los índices de densidad (función 6), ajustada para la especie y encontraron que los errores de las estimaciones se distribuían normalmente con una media de cero y un desvío estándar de ±3%.

Empleando las series de crecimiento de *Pinus radiata* provenientes de un diseño de tratamientos de clareos tempranos e intensos para regímenes directos en Nueva Zelanda (White & Woollons, 1990), se ajustó la función (6) con el fin de analizar la flexibilidad para expresar los patrones de crecimiento de cada tratamiento. Los ensayos se siguieron entre los 7 y 24 años, con mediciones periódicas. Se establecieron las evoluciones de los índices de densidad para cada ensayo y se ajustó un valor promedio del parámetro *F* para todos los ensayos. La precisión se midió en área basal, empleando la altura dominante real de cada tratamiento como variable directriz de la proyección. El parámetro F resultó en un valor de 1,28217 y los errores para todos los ensayos fueron menores al 10%, excepto para los últimos períodos de los regímenes de 600 y 700 pies/ha que alcanzaron el 12% de error (Tabla 2). Los resultados han mostrado la gran flexibilidad de una función de transición de estructura lineal simple para expresar los patrones de crecimientos de los diferentes ensayos (Figura 5), señalando además la robustez para actuar como motor de un modelo de crecimiento.

Edad (años)	Número de pies/ha a los 7 años					
	700	600	500	400	300	200
7	Parámetros de partida igualados (área basal)					
12	-4%	-4%	-5%	-5%	-1%	-5%
15	-5%	-3%	-4%	-3%	-1%	-4%
18	0%	-1%	-3%	-3%	-2%	-7%
22	6%	10%	3%	2%	0%	0%
24	12%	12%	5%	4%	1%	2%

Tabla 2. Errores porcentuales de proyectar áreas basales iniciales (a los 7 años) en ensayos de clareos intensos en plantaciones de Pinus radiata en Nueva Zelanda (White & Woollons, 1990). Se empleó la función de transición (6) con el parámetro F ajustado para todos los ensayos y empleando las alturas dominantes reales como directriz e integrante de unos de los índices de densidad.

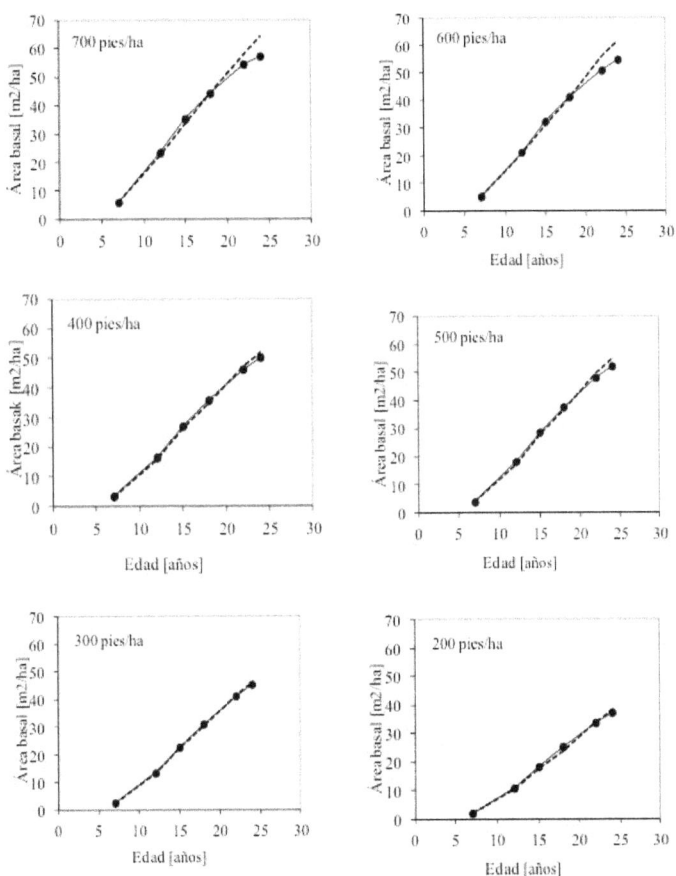

Figura 5. Proyección del área basal inicial a los 7 años con la función de transición (6) de seis ensayos de claras intensas para P. radiata en Nueva Zelanda (White & Woollons, 1990). El parámetro F es el promedio ajustado para todos los ensayos. La línea de trazo representa la evolución del área basal real de los tratamientos.

2.3. Incorporación del volumen en el modelado del espacio de los estados

El esquema general para desarrollar un modelo que permita proyectar la estructura del rodal se basa en emplear una función de crecimiento en altura dominante, como función directriz, y sobre ella se apoya una función corazón del modelo, como la función de transición (6), que estima las variables de estado del rodal a cada momento. Con los parámetros de las principales variables del rodal establecidos en cualquier momento, otras variables de estado importantes como los volúmenes totales y maderables, se pueden estimar con adecuadas funciones de salida, tanto a nivel de árbol individual como a nivel de rodal.

Sin embargo, es posible modelar el volumen del rodal con la utilización de los *ID* y un vínculo entre ellos, a partir del empleo de una función de salida propuesta por Mitchell y Cameron (1985). Estos autores proponen una función para estimar el volumen del rodal incorporando el índice Densidad Relativa, de la siguiente forma:

$$V = a \, H_o^{\,b} \, DR^{\,c}$$

(10)

Donde:

V: Volumen del rodal [m³/ha].
Ho: Altura dominante [m].
DR: Índice de Densidad Relativa.
a, b, c: Parámetros particulares.

La función (10) contiene las tres variables de estado, altura dominante y área basal del lado derecho, ésta como parte integrante de *DR* y el volumen total por unidad de superficie, como salida del lado izquierdo. Además, esta ecuación (10) al incorporar el índice Densidad Relativa facilita el acople directo con la función de transición (6), con lo que se logra dos efectos importantes, por un lado incorporar la variable de estado número de pies y por el otro poder proyectar el volumen del rodal entre dos momentos, de la siguiente manera:

$$V_1 = a \times H_{o1}^{\,b} \times DR_1^{\,c}$$

(11)

$$V_2 = a \times H_{o2}^{\,b} \times DR_2^{\,c} = V_2 = a \times H_{o2}^{\,b} \times (DR_1 + F \times (FH_2 - FH_1))^{\,c}$$

(12)

La función (12) permite estimar el volumen del rodal al final de cualquier período por proyección del estado inicial del mismo, para ellos se requiere una función directriz de crecimiento en altura dominante y para períodos de proyección en el cual hay control del número de pies/ha. En este caso el volumen total integra directamente las funciones de transición, en vez de integrar una función de salida que se aplique sobre los estados del rodal proyectados previamente por otras funciones de transición. La función de transición en volumen también se podría re-escribir, haciendo el cociente entre V_2/V_1 y sus equivalencias del lado derecho y despejar V_2.

En estas condiciones ya es posible representar el volumen en las trayectorias o transiciones de los estados del rodal en un espacio tridimensional.

Andenmatten & Letourneau (2003) diseñaron un modelo basado en la función (12), para simular la producción de masas de *Pinus ponderosa* en Patagonia, Argentina. Emplearon 87 parcelas para establecer el espacio tridimensional de estados y luego evaluaron los errores de proyección, empleando la función de transición (12), utilizando 15 parcelas permanentes, para períodos de 2 a 8 años. Del análisis obtuvieron un error promedio absoluto en la estimación del volumen final del rodal del 3%, con un sesgo del +3%, mientras que el error máximo obtenido ocurrió en una parcela con una subestimación del − 7%.

Posteriormente se aplicó la función (12) para modelar el espacio de estados empleando la altura dominante y la DR para plantaciones de *Pinus elliottii* en la provincia de Córdoba, Argentina. En la Figura 6 se ejemplifica, a partir de datos de 96 parcelas, el espacio tridimensional de estados empleando dichas variables y la superficie de respuesta ajustada.

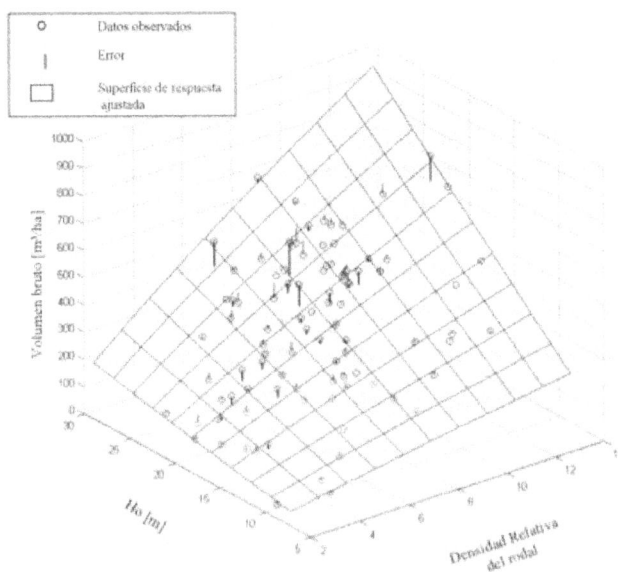

Figura 6. Modelado del espacio tridimensional de los estados con base en la función (12) para P. elliottii en la provincia de Córdoba, Argentina. Sobre la superficie de respuesta ajustada se muestran los desvíos en cada punto de la muestra (Andenmatten, Letourneau y De Agostini. INTA- Proyecto de investigación: "Funciones e Índices de densidad para el manejo de Pinus elliottii y P. taeda en el Valle de Calamuchita, Córdoba", Argentina. Datos no publicados).

3. Reflexiones finales

El desafío es desarrollar modelos que sean suficientemente realistas y al mismo tiempo matemáticamente tratables. Considerando que con una ecuación de la recta entre dos índices de densidad se logra involucrar las principales variables de estado del rodal y expresar la transición en un período dado de las mismas, se considera que la propuesta presentada se aproxima a la meta de simplicidad y robustez expresada para la modelización.

La función (6) posee varias peculiaridades buscadas en la modelización, entre las cuales están las propiedades que deben tener las funciones de transición (García, 1994; Chauchard, 2001):

- **Simplicidad**: a través de la ecuación de la recta se logra proyectar las principales variables de estado del rodal: área basal (G), diámetro promedio (Dg), altura dominante (H_o) y número de árboles (N). A la vez la variable N aparece como factor común en ambos miembros y se la cita como la variable vínculo entre ambos índices.

- **Consistencia**: si el tiempo transcurrido es nulo, el estado inicial y final son idénticos.

- **Composición**: el resultado de proyectar el estado inicial en t_0 hacia un momento posterior t_1 y luego este nuevo estado proyectarlo hasta t_2, es el mismo que si la proyección se realiza directamente desde t_0 a t_2.

- **Causalidad**: en un período cualquiera un cambio en el estado puede ser causado por actuaciones ocurridas dentro de dicho período y no por eventos ocurridos fuera de él.

- **Productividad**: hay consistencia con la teoría de la producción final común, que postula que bajo un amplio rango de densidades iniciales, los rodales sin intervenciones arribarán a las mismas densidades finales. La función permite arribar al mismo valor asintótico para diferentes densidades iniciales (Figura 7).

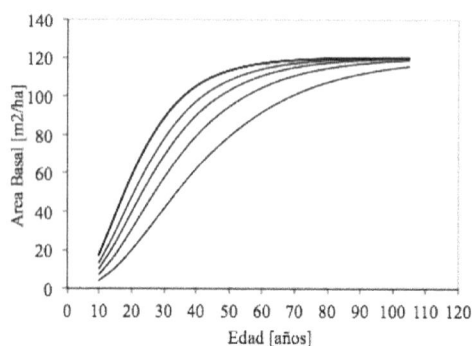

Figura 7. Proyección de cinco densidades iniciales diferentes en área basal [m²/ha], empleando la función de transición (6) desarrollada para Pinus radiata como hipótesis, para un largo período de tiempo y sin aplicación de claras (Chauchard, 2001).

Finalmente, el desafío actual consiste en definir las fronteras de la selvicultura para la utilización de un único valor del parámetro de proporcionalidad F entre los índices de densidad. Ello implica profundizar la investigación sobre el impacto de las claras severas sobre el parámetro, que significa evaluar el impacto mismo sobre las evoluciones de los índices o el estado del rodal y que determinará en definitiva, la calidad de la predicciones finales sobre la producción de un régimen selvícola.

Referencias

Andenmatten, E., Letourneau, F., & Ortega, A. (1997). Vínculo entre Densidad Relativa y Factor de Espaciamiento y su Relación con la Altura Dominante. *Actas Simposio IUFRO.* Valdivia, Chile.

Andenmatten, E. (1999). *Proyección de Tablas de Rodal para Pino Oregón en la Región Andino Patagónica de la Provincias de Chubut y Río Negro, Argentina.* Tesis de Magister en Ciencias. Inédito. Valdivia, Chile.

Andenmatten E., & Letourneau, F. (2003). Predicción y proyección del rendimiento de pino ponderosa en las provincias de Chubut y Río Negro, Argentina. *Rev. Quebracho,* 10, 14-25.

Burkhart, H., & Tomé, M. (2012). *Modeling Forest Trees and Stands.* Springer. http://dx.doi.org/10.1007/978-90-481-3170-9

Chauchard, L. (2001). *Crecimiento y producción de repoblaciones de Pinus radiata D. Don en el Territorio Histórico de Gipuzkoa, País Vasco.* Pub. País Vasco, Vitoria, España. Tesis Doctorales N| 40, 173 p.

Chauchard, L., & Andenmatten, E. (2009). Vínculos entre Índices de Densidad: una aproximación para la modelización en rodales de *Pinus radiata. Acta XIII Cong. Ftal Mundial. Resumen. Buenos Aires, Argentina.*

Clutter, J., Forston, J., Pineaar, L., Brister, G., & Bailey, R. (1992). *Timber Management: A Quantitative Approach.* Ed. Krieger Pub. Com. (reditado), 333 p.

Curtis, R. (1982). A simple index of stand density for Douglas –fir. *For. Sc. 27(1),* 92-94.

Day, R. (1985). Crop Plans in Silviculture. Lakehead Univ. Sch. *For. Rep.* W.S.I. 2975 (F-4) ODC 624. Ontario, Canadá.

García, O. (1990). Growth of thinned and pruned stands. Proceedings of a IUFRO Symp. Min. of For. N.Z. *Bulletin, 1451,* 84-97.

García, O. (1994). The State -Space approach in Growth Modelling. *Can. Jour. For. Res. 24,* 1984-1903. http://dx.doi.org/10.1139/x94-244

García, O. (2013). Forest Stands as Dinamical Systems: An Introduction. *Modern App. Sc. 7(5),* 32-38. Chile. http://dx.doi.org/10.5539/mas.v7n5p32

Goulding, C.J. (1994). Development of growht models for Pinus radiata in New Zealand – experience with management and process models. *Forest Ecology and Management*, 69, 331-343. http://dx.doi.org/10.1016/0378-1127(94)90239-9

Letourneau, F., Roccia, A., Andematten, E., Oliva, E., Casado, J., & Del Val, J. (2013). Simulación del crecimiento en plantaciones de *Pinus ponderosa* (Dougl.) Lawx, de la empresa CORFONE S.A. mediante el simulador Piltriquitron de INTA. *Actas 4° Cong. Ftal. Arg. y Latinoamericano*, Iguazú, Argentina. 7p.

Mason, E.G. (2000). *A brief review of the impact of stand density on variables affecting radiata pine stand value.* Disponible internet.

Mitchell, K., & Cameron, I. (1985). Managed Stand Yield Tables for Coastal Douglas-fir: Initial Density and Precommercial Thinning. *B.C. Min. Of For. Res. Branch.* Victoria. 69 p.

Nord-Larsen, T., & Johannsen, V. (2007). A state-space approach to stand growth modelling of European beech. *Ann. For. Sci.,* 64, 365–374. http://dx.doi.org/10.1051/forest:2007013

Prodan, M., Peters, R., Cox,F., & Real, P. (1997). *Mensura Forestal.* IICA. 512 p.

Reineke, L. (1933). Perfecting a Stand density index fro even-aged forests. *J. Agric. Res., 46,* 627-638.

Vanclay, J. (1994). *Modelling Forest Growth and Yield-Application to Mixed Tropical Forests.* CAB International. 312 p.

von Gadow, K, & Hui, G. (1999). Modelling forest Development. Kluwer Ac. *Pub. For. Sc.,* 57. 213 p. Londres.

White, A.G.D., & Woollons, R.C. (1990). Modelling stand growth of radiata pine thinned varying densities. *Can. Jour. For. Res.,* 20, 1069-1076. http://dx.doi.org/10.1139/x90-142

Yoda, K., Kira, T., Ogawa, H., & Osumi. K. (1963). Self-Thinning in overcrowded pure stand under cultivated and natural conditions. *Jour. Biol.,* 14, 107-129.

Zeide, B. (2005). How to measure stand density. *Trees, 19,* 1-14. http://dx.doi.org/10.1007/s00468-004-0343-x

OmniaScience

Capítulo 6

Modelos integrales de proyección como instrumentos para la gestión medioambiental forestal

Roberto Molowny Horas, Josep Maria Espelta

CREAF, 08193 Cerdanyola del Vallès, España
roberto@creaf.uab.es, josep.espelta@uab.cat

Doi: http://dx.doi.org/10.3926/oms.178

Referenciar este capítulo

Molowny Horas, R., & Espelta, J.M. (2013). Modelos integrales de proyección como instrumentos para la gestión medioambiental forestal. En J.A. Blanco (Ed.). *Aplicaciones de modelos ecológicos a la gestión de recursos naturales*. (pp. 125-140). Barcelona: OmniaScience.

1. Introducción

El objetivo último de la gestión forestal es asegurar la persistencia de las masas forestales, garantizando de forma continua y sostenible los servicios ecosistémicos que proveen (ej. biodiversidad, secuestro de carbono, regulación del ciclo hídrico) y el aprovechamiento de bienes (ej. leñas, madera). Para ello el selvicultor deberá aplicar sus conocimientos teóricos y prácticos sobre composición, calidad, sanidad aprovechamiento y regeneración del bosque. Sin embargo, si hay algo que caracteriza a la gestión forestal es que esta se desarrolla en un contexto de enorme complejidad debido, entre otras causas, a la concurrencia e interacción de numerosas variables biofísicas (ej. topografía, suelo, clima) sobre la dinámica de la masa, la ocurrencia más o menos estocástica de perturbaciones (ej. incendios) que pueden alterar el planeamiento inicial y la longevidad y lento crecimiento del arbolado, en comparación con otros organismos, que hace que las proyecciones de resultados de los tratamientos aplicados sea a decenas de años vista. Además la particularidad de obtener resultados a largo, o muy largo plazo, se convierte en un nuevo elemento de complejidad pues la prioridad social de determinados bienes o servicios puede haber cambiado totalmente como ha ocurrido claramente a lo largo del siglo XX (ej. abandono del carboneo vs. irrupción del turismo rural).

En este complicado escenario en el que múltiples objetivos están en juego al mismo tiempo, y en el que los procesos que determinan la dinámica del rodal son muy complejos y pueden interaccionar entre ellos, puede ser de extraordinaria utilidad la aplicación de herramientas matemáticas con las que simular escenarios y proyectar en el futuro a corto o medio plazo soluciones de gestión para poder valorar sus consecuencias.

Un modelo matemático forestal de crecimiento no es sino una visión simplificada de los diferentes fenómenos que pueden determinar la dinámica temporal de los árboles de un rodal. En general, esa dinámica estará determinada por una serie de procesos condicionados por variables locales medioambientales y climáticas, así como por la interacción entre árboles y otras plantas.

El primer paso en la elaboración de un modelo matemático forestal consiste en determinar si las relaciones y dependencias de esos procesos se pueden describir, con el nivel de complejidad que permita la capacidad de procesamiento disponible y la calidad y cantidad de los datos a nuestra disposición, mediante un cierto formalismo matemático que permita su cuantificación precisa y exacta. El siguiente paso incluye la integración de todos esos procesos y su puesta a punto en un algoritmo capaz de reproducir con suficiente precisión y exactitud la dinámica observada del rodal. Finalmente, el tercer y último paso consiste en utilizar el modelo para generar escenarios futuros posibles de ese rodal bajo condiciones medioambientales diferentes y buscar respuestas a nuestras preguntas de gestión.

2. Tipos de modelos forestales de crecimiento

Han sido varios los autores que han propuesto una sistematización de los diferentes tipos de modelos de crecimiento de uso más común en la investigación y la gestión forestal. Un buen resumen de los diferentes esfuerzos clasificatorios de diversos autores lo podemos encontrar en el trabajo de Porté y Bartelink (2002). Estos autores proponen, a su vez, una categorización relativamente sencilla que podemos ver en la Figura 1. Los modelos de árbol y los de rodal se distinguen por la elección de la unidad mínima de estudio; en el primer caso, es el árbol individual el sujeto de la modelización, mientras que en segundo caso es el rodal de bosque. El siguiente nivel de categorización se basa en la dependencia espacial (o no) de las características de los árboles o los rodales. En los modelos dependientes de la distancia los árboles o los rodales tienen una localización espacial conocida y las distancias entre los elementos del modelo, por consiguiente, se pueden determinar con precisión y se utilizan en el cálculo de la competencia (ej. luz o nutrientes). Cuando el modelo es independiente de la distancia todo lo que podemos usar es alguna medida de distancia promedio, o ninguna en absoluto. En el caso de los modelos de rodal independientes de la distancia, que centrarán nuestro interés en este trabajo, la descripción de los árboles constitutivos del rodal se puede hacer de manera promedio (pe. número total de pies, diámetro promedio) o mediante funciones de distribución (pe. número de pies por clase diametral). Los modelos matriciales, también llamados de clases diamétricas, son un ejemplo clásico de modelos de distribuciones discretas, basados a su vez en los modelos demográficos de matrices de Leslie.

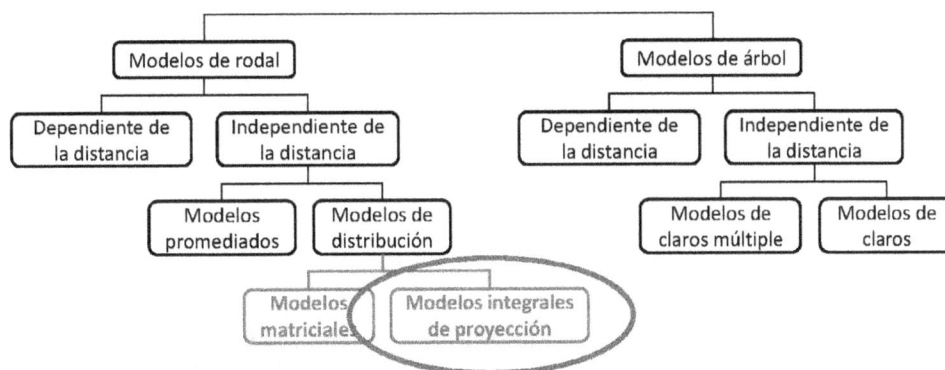

Figura 1. Clasificación modificada de los modelos forestales de crecimiento según Porté y Bartelink (2002). En color negro se muestra la clasificación original de esos autores, mientras que en color rojo se incluye la modificación propuesta en este capítulo. Se ha resaltado en azul la metodología integral de proyección, objetivo de este capítulo

A partir del año 2000 hace su aparición una nueva metodología en el grupo de los modelos de distribución aplicados a la ecología y la ciencia forestal (véase Easterling, Ellner & Dixon, 2000). Se trata de una innovadora formulación matemática de los modelos de distribución, denominada "modelos integrales de proyección" o MIP, para la que no se necesita una división previa de los árboles en clases discretas, solucionando así el principal problema y artificio de los modelos matriciales. En la Figura 1 hemos propuesto una modificación de la clasificación original de Porté y Bartelink (2002) para incluir esta nueva técnica, pudiendo distinguir así entre modelos matriciales o de clases diamétricas y modelos integrales de proyección. En los MIP la variable descriptora del rodal, por ejemplo altura o diámetro, es continua y como tal es tratada, al contrario de los modelos matriciales, los cuales necesitan dividir la población de estudio en clases de tamaños o de estadios de desarrollo (Figura 2). Aparte de esta diferencia crucial entre estos dos tipos de modelos, existen sin embargo semejanzas entre las dos metodologías matriciales e integrales de proyección que facilitan la comprensión de esta última y su aplicación. En un apéndice a este capítulo el lector interesado podrá encontrar una explicación más detallada de ambas aproximaciones.

Modelo matricial: $n(t + \Delta) = K * n(t)$

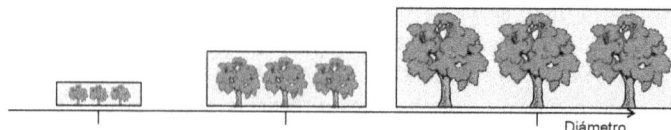

Modelo integral de proyección: $n(y, t + \Delta) = \int_{\Omega} K(y, x) \cdot n(x, t) \cdot \mathrm{d}x$

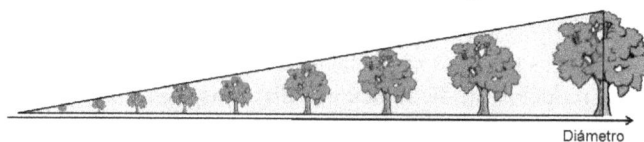

Figura 2. Ilustración gráfica de las metodologías matriciales e integrales de proyección

Al tratarse de un campo de la ciencia en constante evolución, resulta prácticamente imposible dar cuenta de los avances más significativos en el campo de la modelización matemática en general, y de la aplicada a la gestión medioambiental forestal en particular, en tan pocas páginas. De entre todos los diferentes tipos de modelos hemos elegido concentrar nuestros esfuerzos en la descripción de la metodología integral de proyección, que tiene como característica principal que elimina gran parte de los inconvenientes de los bien conocidos y ampliamente utilizados modelos matriciales. Estos últimos se conocen y utilizan desde hace bastantes años en el campo de la modelización forestal, mientras que los MIP son una metodología reciente y relativamente poco utilizada, además de marcadamente más compleja. Sin embargo, su paulatina introducción en el campo de la modelización ecológica y forestal, además de las importantes ventajas que aportan, los convertirá muy pronto en una herramienta indispensable para el gestor.

3. ¿Modelos matriciales o modelos integrales de proyección?

Por su interés histórico y práctico, así como por sus numerosas aplicaciones, los modelos matriciales de dinámica de población resultan de gran utilidad práctica para el gestor forestal. Los modelos matriciales nos permiten, mediante una metodología bien establecida y una notación compacta, estudiar la dinámica temporal de poblaciones estructuradas. Por población estructurada entendemos aquel conjunto de individuos cuyo ciclo vital se distribuye en estadios de desarrollo diferenciados, como por ejemplo el crecimiento en muchos insectos.

Los modelos matriciales forestales son una extensión de las matrices de Leslie en las que los árboles son agrupados en estadios discretos de crecimiento, como la edad o, más comúnmente, la clase diametral (Usher, 1969). En este último caso, la sub-población de árboles que comparten la misma clase diametral tienen, en el modelo, exactamente las mismas características de mortalidad, crecimiento y reproducción.

La decisión sobre qué tamaño de intervalo diametral elegir debe adoptarla el gestor o investigador a la vista de los datos que posee y de los objetivos del estudio. En primer lugar, la elección de un intervalo de clase diametral muy pequeño tiene la ventaja de ser menos restrictivo a la hora de agrupar árboles muy distintos en una misma clase. Sin embargo, sus principales desventajas son, por una parte, que la matriz resultante tiene un tamaño muy grande y, por otra, que los árboles de una clase pueden experimentar transiciones (entendidas como crecimientos) a clases de tamaño mayores que la inmediatamente superior. Todo ello conduce a la aparición de un gran número de elementos en la matriz del modelo cuyo valor deberemos calcular a partir de nuestros datos, lo que no siempre es posible realizar con la precisión y exactitud requerida ya que cada elemento matricial debe calcularse por separado. En segundo lugar, la opción de un intervalo de clase diametral muy amplio reduce drásticamente el número de elementos a calcular, lo cual es una ventaja a considerar si la cantidad de datos a nuestra disposición no es muy abundante. No obstante, la desventaja de optar por una clase muy amplia es, como se ha mencionado anteriormente, que implícitamente suponemos que individuos de tamaño muy diferentes se comportan exactamente de la misma manera, lo que limitará la capacidad predictiva del modelo.

Los modelos matriciales, por consiguiente, pueden no ser la mejor herramienta con la que estudiar la evolución de un rodal, parcela o bosque. No obstante, su uso es muy amplio debido a que a) son relativamente fáciles de implementar, b) la caracterización de los árboles de un rodal en clases diametrales está muy extendida en el ámbito forestal, y c) los resultados que proporciona son, en general, satisfactorios para niveles de exactitud y precisión intermedios.

La metodología MIP, por el contrario, permite la implementación de algoritmos de simulación incluso cuando los datos disponibles son exiguos al no dividir la población en clases discretas. Por ello, es posible estudiar las variaciones en tamaño y en procesos vitales con más detalle. Además, es posible combinar ambas metodologías en un mismo modelo tal que, por ejemplo, un modelo matricial describa la dinámica de los primeros estadios de la planta mientras que un MIP determine la de la etapa adulta.

4. Programas disponibles para el cálculo de modelos integrales de proyección

Mientras que la metodología de los modelos matriciales se basa en gran parte en el álgebra de matrices, que es relativamente fácil de entender, para la elaboración de un MIP se requieren ciertos conocimientos de estadística y análisis matemático. Los MIP se describen a partir de una ecuación integral que, en general, no es resoluble analíticamente salvo en los casos más básicos. Para resolverla, por tanto, se necesita aplicar una estrategia de integración numérica (véase apéndice). Sin embargo, no es absolutamente necesario que el gestor o investigador implemente por sí mismo un algoritmo de MIP, ya que es posible encontrar programas diseñados y escritos específicamente para facilitar la tarea de calcular un modelo a partir de un conjunto de datos. Por ejemplo, aunque en la realización del caso de estudio que presentamos en las secciones siguientes hemos utilizado algoritmos propios, el lector interesado puede examinar el paquete de programas IPMpack (Metcalf, McMahon, Salguero-Gómez & Jongejans, 2013), realizado con el lenguaje gratuito de programación GNU R (R Core Team, 2012). También están disponibles los algoritmos en R y MATLAB preparados por Easterling et al. (2000) y disponibles como información suplementaria en su trabajo, así como los algoritmos de Ellner y Rees (2006), con los que podemos seguir las explicaciones dadas en los textos correspondientes por estos autores.

5. Introducción teórica y ejemplo de las funciones de un modelo integral de proyección

Aunque la metodología matemática en la que se basan los MIP está bien explicada en algunas de las referencias anteriores, la mayoría de las cuales han sido tomadas de la literatura en inglés, existen pocos trabajos dedicados a explicar con detalle y en español las técnicas de análisis mediante las cuales podemos construir un MIP. Es por ello que hemos incluido en este capítulo un breve apéndice de ampliación teórica para el lector interesado en los aspectos más matemáticos de los MIP.

5.1. Caso de estudio: dinámica de zonas de regeneración post-incendio de *P. halepensis*

El objetivo principal del caso de estudio presentado en este capítulo es el de ilustrar y demostrar cómo podemos construir, en un caso particular, un MIP a partir de un conjunto de datos de campo, complementados con datos de Inventarios. Aunque se mostrarán resultados del modelo y se discutirán sus implicaciones, no es intención de estos autores el ir más allá del aspecto didáctico del estudio. Las ecuaciones utilizadas en el modelo están definidas en el apéndice del capítulo.

Como conjunto de datos hemos utilizado datos de parcelas de *Pinus halepensis* (pino carrasco) afectadas por incendios. Estos datos pertenecen al Programa de Restauración y Gestión Forestal de la Provincia de Barcelona, llevado a cabo por la Oficina Técnica Municipal de Prevención de Incendios Forestales de la Diputación de Barcelona. Dentro de este programa de seguimiento se han realizado tareas de seguimiento y monitorización de los aclareos de masas de pino carrasco con diferentes edades de regeneración con el objetivo de mejorar la dinámica de crecimiento de estas masas y aumentar su resiliencia frente a nuevos incendios (para una descripción de las metodologías aplicadas, véase Verkaik & Espelta, 2005). En cada parcela se realizó el seguimiento desde 2003 hasta 2011 de una muestra de 20 árboles elegidos aleatoriamente. En el caso de estudio que presentamos aquí hemos modelado la proyección a 100 años de 2 de esas parcelas, pertenecientes al incendio del año 1982: una sometida a actuación de aclareo en el año 2003 y otra parcela de control en la que no hubo ninguna acción después del incendio. Las características generales de estas parcelas están indicadas en la Tabla 1.

Año del incendio	1982
Especie dominante	*P. halepensis*
Localización del incendio	Anoia (Cataluña)
Diámetro normal (a 1,3 m de altura) máximo posible asumido (cm)	146
Año de ejecución del aclareo	2003
Año inicial de la simulación	2008
Núm. de pies en parcela de aclareo en 2003 antes del aclareo	≈15000
Núm. de pies en parcela de aclareo en 2003 después del aclareo	1369
Núm. de pies en parcela de control en 2003	15534
Área basimétrica estimada en parcela de aclareo en 2003 (m^2 ha^{-1})	6,41
Área basimétrica estimada en parcela de control en 2003 (m^2 ha^{-1})	64,09

Tabla 1. Características generales de los datos utilizados en el modelo

En la Figura 3 se muestra la distribución de clases diamétricas (calculada a partir de los resultados continuos del modelo) de la parcela de aclareo y la de control después de 100 años. Los diámetros de los árboles monitorizados se midieron a 25 cm de altura. La distribución diamétrica de partida de cada parcela correspondió a la correspondiente al año 2008, que se obtuvo a partir de los datos de seguimiento. Se observa cómo en la parcela de aclareo, en comparación con la parcela de control, el número de pies de gran tamaño es mucho mayor después de 100 años, lo que era esperable dada la diferencia en el ritmo de crecimiento diamétrico observado. También es interesante observar cómo el número de árboles en la clase diamétrica más pequeña (que va de 0 a 5 cm) es ligeramente mayor en la parcela de aclareo, lo que indica un reclutamiento más vigoroso.

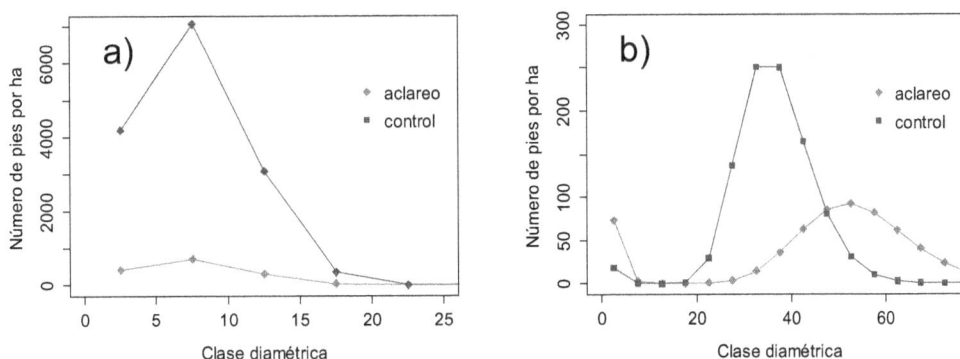

Figura 3. Distribución modelada del número de pies por clase diamétrica a) inicial, y b) después de 100 años, calculada a partir de la distribución continua de pies resultante. Los diámetros corresponden a los medidos a 25 cm de altura

La evolución temporal del área basimétrica para las dos parcelas se muestra en la Figura 4. Los valores calculados para la parcela de control son mayores durante los primeros 20 años, pero a partir de ese momento la parcela de aclareo supera a la de control. Los valores máximos del área basimétrica, después de 100 años, son de 68 y 63 m^2 per hectárea para la parcela de aclareo y la de control, respectivamente. Estos valores, aunque altos, son razonables para un bosque que se ha dejado evolucionar durante un periodo de 100 años sin actuaciones de gestión y sin incendios. La tendencia de las dos curvas es a aumentar, aunque la tasa de aumento (la pendiente de la curva) es menor en la parcela de aclareo que en el de la de control. Por ello, es posible que en los dos casos el área basimétrica pueda alcanzar valores ligeramente más altos en un periodo más largo de tiempo. Valores incluso mayores de área basimétrica (del orden de 120 m^2 por hectárea; L. Comas, comunicación personal) han sido medidos en inventarios de bosques singulares en el norte de Cataluña, lo cual apunta a la verosimilitud de la proyección realizada por el modelo. Sin embargo, como en todo análisis, debemos ser precavidos al interpretar los resultados, ya que las aproximaciones y suposiciones realizadas a la hora de determinar las funciones pueden dejar de ser válidas a medio o largo plazo.

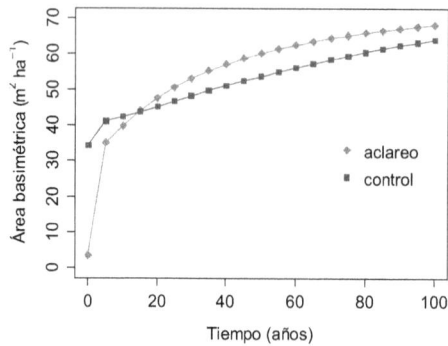

Figura 4. Evolución temporal del área basimétrica en la parcela control y en la de aclareo.
El área basimétrica se ha medido a partir del diámetro normal (utilizando para ello las
ecuaciones mencionadas en el texto para transformar ambas medidas de diámetro)

El esfuerzo reproductivo (número de piñas, en este caso) es un parámetro clave en la dinámica futura de la regeneración natural de los rodales y en su persistencia. En la Figura 5 podemos observar cómo el número total de piñas por hectárea en la parcela de aclareo supera al de la parcela de control después de 10 años. Este comportamiento es un reflejo de la interacción entre la producción de piñas por árbol y la tasa de crecimiento diamétrico en la parcela de aclareo y de control.

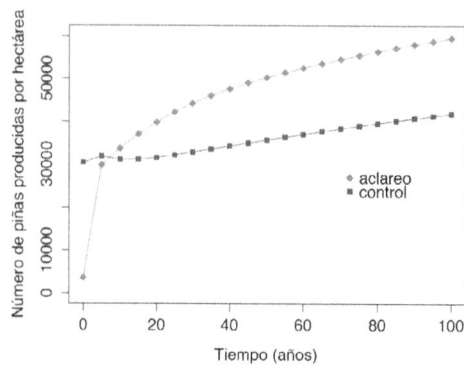

Figura 5. Evolución temporal del número total de piñas producidas por hectárea en la
parcela de aclareo y la de control

6. Conclusiones

El conocimiento del valor ecológico y económico, en el momento actual y en un futuro a corto y medio plazo, de los bosques españoles constituye una de las mayores preocupaciones de los técnicos gestores encargados de velar por la buena salud de nuestro patrimonio forestal. El trabajo del gestor medioambiental puede beneficiarse enormemente del uso de herramientas matemáticas de modelización, muchas de ellas disponibles de manera gratuita en bases de datos o repositorios de programas y algoritmos. Las nuevas metodologías integrales de proyección, presentadas en este capítulo, permiten estudiar la dinámica los procesos de supervivencia, crecimiento y reclutamiento en un rodal de bosque a partir de un número relativamente reducido de datos de campo, lo que convierte esta técnica de modelización en más adecuada que las metodologías matriciales. Hemos demostrado cómo, a partir de un conjunto de datos de crecimiento obtenidos *in situ* en parcelas afectadas por grandes incendios forestales, completados con datos de los Inventarios Forestales Nacionales disponibles públicamente, podemos intentar describir la dinámica a medio plazo de esas parcelas.

Las actividades de aclareo llevada a cabo en 2003 tuvieron, como efecto más visible, el incremento de la tasa de crecimiento diamétrico de los árboles que siguieron en pie. Para poder valorar los efectos más sutiles de aquellas acciones utilizamos un modelo numérico. El resultado de la proyección de la dinámica de los rodales de bosque elegidos es un crecimiento y regeneración más vigorosos, cuya mayor producción de piñas puede dar lugar a una regeneración abundante en caso de sufrir nuevos incendios y por tanto contribuir a asegurar la persistencia de la masa. Indirectamente, una mayor producción de piñas también favorecerá la diversidad animal de las especies de aves y pequeños mamíferos que se alimenten directamente de los piñones de pino carrasco.

Referencias

Broncano, M.J. (2002). *Patrones observados y factores que determinan la variabilidad espacio-temporal de la regeneración del pino carrasco* (Pinus halepensis Mill.) *después de un incendio.* Tesis doctoral, Universitat Autònoma de Barcelona.

Caswell, H. (2001). *Matrix population models: Construction, analysis and interpretation.* 2nd Edition. Sunderland, Massachusetts: Sinauer Associates.

Easterling, M.R., Ellner, S.P., & Dixon, P.M. (2000). Size-specific sensitivity: applying a new structured population model. *Ecology, 8(3),* 694-708.
http://dx.doi.org/10.1890/0012-9658(2000)081[0694:SSSAAN]2.0.CO;2

Ellner, S.P., & Rees, M. (2006). Integral projection models for species with complex demography. *The American Naturalist, 167(3),* 410-428. http://dx.doi.org/10.1086/499438

Habrouk, A. (2002). *Regeneración natural y restauración de la zona afectada por el gran incendio del Bages y Berguedà de 1994.* Tesis doctoral, Universitat Autònoma de Barcelona.

Metcalf, C.J.E., McMahon, S.M., Salguero-Gómez, R., & Jongejans, E. (2013). IPMpack: an R package for Integral Projection Models. *Methods in Ecology and Evolution, 4,* 195-200. http://dx.doi.org/10.1111/2041-210x.12001

Piñol, J., & Martínez-Vilalta, J. (2006). *Ecología con números.* Bellaterra, Barcelona: Lynx Edicions.

Porté, A., & Bartelink, H.H. (2002). Modelling mixed forest growth: a review of models for forest management. *Ecological Modelling, 150,* 141-188. http://dx.doi.org/10.1016/S0304-3800(01)00476-8

R Core Team (2012). *R: A language and environment for statistical computing.* R Foundation for Statistical Computing, Vienna, Austria. ISBN 3-900051-07-0, URL http://www.R-project.org/

Usher, M.B. (1969). A matrix model for forest management. *Biometrics, 25(2),* 309-315. http://dx.doi.org/10.2307/2528791

Verkaik, I., & Espelta, J.M. (2005). Efecto del aclareo sobre las características reproductivas de *Pinus halepensis Mill*. En masas con diferente edad de regeneración post-incendio. *Actas del IV Congreso Forestal Español, 337,* 342.

Apéndice

Como se ha señalado anteriormente en este capítulo, podemos pensar en los MIP como una extensión de los modelos matriciales, que a su vez están basados en la teoría de matrices de Leslie, para el caso en que la variable que describe la población no es discreta (pe. edad en meses o años de un mamífero, estadio de formación de un insecto) sino continua (pe. diámetro de un arbusto o de un árbol, altura). Los MIP proporcionan unas herramientas matemáticas poderosas con las que entender la dinámica a corto y medio plazo de una población. Sin embargo, la metodología de los MIP no es tan sencilla como la de los modelos matriciales.

A.1. Modelos matriciales

Los modelos matriciales basados en las matrices de Leslie se pueden formular de una manera extremadamente compacta. Supongamos que deseamos simular la dinámica de la población de un determinado ser vivo, cuyos individuos atraviesan una serie de estadios o etapas (pe. pupa, larva) desde su nacimiento hasta su etapa adulta. Definamos n_t como un conjunto de números reales (matemáticamente, un vector o matriz de una columna), con tantos elementos como etapas de desarrollo, que describe el número de individuos de la población en cada uno de esos estadios, en un momento temporal t. En un intervalo de tiempo delta determinado la población habrá experimentado una serie de cambios debido a la incorporación de nuevos individuos (reproducción), la muerte de otros (mortalidad) y el paso de un estadio a otro (crecimiento) por parte de los supervivientes. La estructura de la población en el tiempo $t+\Delta$, consecuentemente, estará definida por un nuevo conjunto $n_{t+\Delta}$ cuyo cálculo se describe de la siguiente manera:

$$n_{t+\Delta} = M * n_t \qquad (1)$$

Ecuación 1. Ecuación de un modelo matricial

Los procesos de reproducción, mortalidad o supervivencia y crecimiento están todos incluidos en los elementos de la matriz. Dependiendo de su tamaño, no siempre es posible calcular con la precisión deseada los diferentes elementos de la matriz del modelo, ya que se necesitarían una gran cantidad de datos.

Como texto introductorio a los modelos demográficos con matrices de Leslie recomendamos el libro de Piñol y Martínez-Vilalta (2006). En inglés podemos encontrar el texto clásico, aunque bastante matemático, de Caswell (2001).

A.2. Formulación de un modelo integral de proyección

Frecuentemente la población de estudio no depende de estadios o etapas de desarrollo, ya que no se puede describir adecuadamente con una variable discreta. El ejemplo más obvio es el del crecimiento de un árbol, que podemos representar en general (excluyendo la edad, de difícil estima) mediante variables como el diámetro normal, altura o volumen, todas continuas. Denotemos una vez más $n_t(x)$ como el número de individuos de la población en un tiempo t. Ahora, sin embargo, $n_t(x)$ ya no es un conjunto discreto de individuos según unas clases de tamaño, sino que se trata de una distribución que describe el número de individuos en función de la variable continua x.

La formulación compacta de los modelos matriciales deja paso, ahora, a la siguiente ecuación para los MIP:

$$n_{t+\Delta}(y) = \int K(x,y) \cdot n_t(x) \cdot dx$$ (2)

Ecuación 2. Ecuación de un modelo integral de proyección

Es interesante observar que, como antes con los modelos matriciales, la estructura de la población en el tiempo *t+Δ* se obtiene simplemente aplicando una cierta función u operador *K(x,y)* sobre la población en el tiempo inicial *t*. La diferencia ahora es que, debido a estar trabajando con una población continua en la variable *x*, que a partir de ahora identificaremos como el tamaño, necesitamos realizar una integral (que, matemáticamente hablando, es también una suma). Al no ser posible, en general, encontrar una solución analítica para la integral anterior, debemos reformularla de manera que sea posible una solución numérica, lo que implica la utilización de una cuadratura para la integral. Por ejemplo, utilizando la regla del punto medio obtendremos:

$$n_{t+\Delta}(y_j) = h \cdot \sum_{i=1}^{N} K(x_i, y_j) \cdot n_t(x_i)$$ (3)

Ecuación 3. MIP formulado mediante la cuadratura del punto medio

donde *h* es el intervalo de tamaño entre puntos consecutivos. La fórmula anterior guarda una enorme similitud con la de un modelo matricial de la sección anterior. Easterling et al. (2000) proponen el cálculo de la función *K(x,y)* como sigue:

$$K(x,y) = s(x) \times c(x,y) + r(x,y)$$ (4)

Ecuación 4. Integrando de la ecuación 2

Esta notación guarda muchas similaridades con la utilizada comúnmente en los modelos matriciales. La función *s(x)* se identifica como la probabilidad de supervivencia de los individuos de tamaño *x* entre *t* y *t+Δ*. La función *c(x,y)* en la ecuación anterior es, matemáticamente hablando, una función de densidad de probabilidad que, en el contexto del MIP, establece la proporción de la población de tamaño *x* que pasa, entre *t* y *t+Δ*, a tener un tamaño *y*. Es decir, *c(x,y)* establece básicamente el crecimiento de la población. Finalmente, la función *r(x,y)* determina la regeneración del rodal, proporcionando la distribución de nuevos pies en *t+Δ* en función de estado de la población en *t*.

A.3. Determinación de las funciones del MIP para el caso de estudio

A.3.1. Función de supervivencia *s(x)*

No fue posible extraer una relación entre el tamaño del árbol o el área basal de la parcela y la mortalidad de *P. halepensis* a partir de los datos de seguimiento, debido a su escasez. Por ello, y sólo en este caso, utilizamos las bases de datos de los Inventarios Forestales Nacionales IFN2 y IFN3. Debido a que los Inventarios no registran el seguimiento de ningún árbol individual por debajo de un diámetro normal de 7,5 cm, es probable que la mortalidad de los pies de tamaño reducido no esté bien determinada, lo que representa una limitación a tener en cuenta del modelo. Se descartaron todas las parcelas con señales evidentes de gestión y se realizó una regresión generalizada binomial con una función de enlace logit, tal que la supervivencia se pudo definir en función del diámetro normal *DN* del árbol y del área basal de la parcela como sigue:

$$s(DN)=\cfrac{1}{1+e^{-\left(s_1+s_2\sqrt{DN}+s_3\cdot\sqrt{AB'}+s_4\cdot\frac{AB'}{\sqrt{DN}}\right)}}$$

(5)

Ecuación 5. Función de supervivencia s(x) de la ecuación 4

El área basimétrica *AB'* se midió en los Inventarios también a partir del diámetro normal, por lo que tuvimos que derivar una relación entre el diámetro basal utilizado en este estudio y el diámetro normal del individuo. La escasez de datos experimentales disponibles, proporcionados por investigadores del CREAF, nos obligó a utilizar medidas de *P. halepensis* y *P. sylvestris*. El resultado fue una regresión que nos ayudó a determinar el diámetro normal *DN* a partir del diámetro basal *x*:

$$DN=0,799\cdot x+0,510$$

(6)

Ecuación 6. Determinación del diámetro normal a partir del diámetro basal medido a 25 cm de altura

De esta manera pudimos estimar la función *s(x)* que usamos en el modelo (Figura A1). Dado que el intervalo de tiempo entre dos Inventarios Forestales Nacionales es, en promedio, de 10 años, mientras que el intervalo temporal del modelo es de 5 años, la función de supervivencia utilizada en la modelización, *s'(x)*, se calculó como la aproximación $s'(x)\cong\sqrt{s(x)}$ (válida si suponemos, idealmente, que la probabilidad de supervivencia es una función exponencial del tiempo).

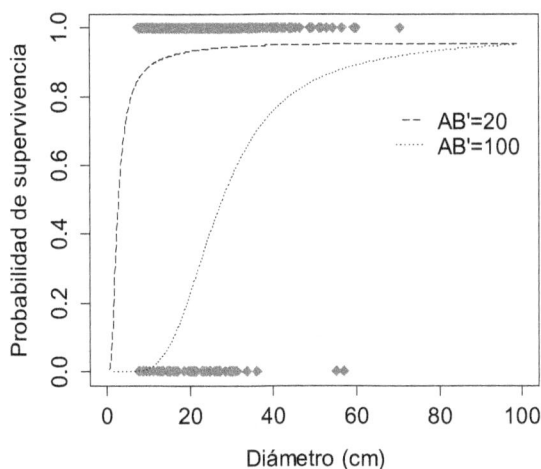

Figura A1. Ajuste de la supervivencia de pies de P. halepensis en 10 años a una función logística del diámetro normal y el área basimétrica (en m^2 por hectárea)

A.3.2. Función de crecimiento diamétrico *g(x,y)*

El seguimiento de las parcelas con y sin aclareo demuestra claramente cómo la reducción del número de pies en un bosque joven con muy alta densidad favorece el crecimiento de los individuos que quedan en pie. La Figura A2 ilustra la diferencia mencionada entre el crecimiento entre 2003 y 2008 de la parcela control y la de aclareo en el caso del seguimiento del incendio de 1982, que hemos escogido para nuestro caso de estudio. Tomando unos valores promedio del área basimétrica en 2003 para estas parcelas, obtenido a partir de los datos de densidad de pies, hemos podido ajustar una función de Gompertz independiente de la edad mediante una regresión no lineal:

$$D_{t+\Delta}=D_{max}\cdot\left(\frac{D_t}{D_{max}}\right)^{e^{g_1+g_2/AB}}$$

(7)

Ecuación 7. Función de crecimiento diamétrico independiente del tiempo

El parámetro D_{max} se refiere al diámetro máximo a 25 cm de altura que puede alcanzar un individuo de pino carrasco. A partir de medidas de inventarios el diámetro normal máximo se estimo en 146 cm. Con una regresión equivalente a la de la ecuación 6 se determinó D_{max} = 173 cm (a 25 cm de altura) a partir del diámetro normal máximo. Igualmente, las variables diámetro D_t, $D_{t+\Delta}$ y área basimétrica AB se refieren al diámetro obtenido en las parcelas de seguimiento. La función de densidad de probabilidad *g(x,y)* se puede expresar de la siguiente manera:

$$g\left(x,y\right)=\frac{1}{\sigma\sqrt{2\pi}}e^{\frac{-\left(y-D_{max}\left(\frac{x}{D_{max}}\right)^{e^{g_1+g_2/AB}}\right)^2}{2\sigma^2}}$$

(8)

Ecuación 8. Función de densidad de probabilidad de crecimiento diamétrico

La varianza σ^2 de los datos se calculó con una regresión entre los residuos cuadrados de la regresión y el tamaño. Para evitar valores negativos del diámetro (debido a que *g(x,y)* toma valores entre -∞ y +∞), la expresión para g(x,y) se debe truncar a cero y normalizar.

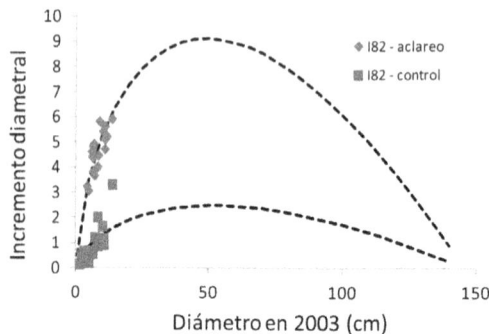

Figura A2. Ajuste del crecimiento en diámetro entre2003 y 2008 de 20 árboles en las parcelas de aclareo y control del incendio de 1982. Las curvas ajustadas a cada conjunto de datos se muestran como una curva discontinua. Para ilustrar mejor la bondad del ajuste se ha dibujado Dt+Δ - Dt versus Dt .

A.3.3. Funciones de reclutamiento

La cantidad de piñas en cada árbol individual se calculó, a partir de los datos de las parcelas del incendio de 1986, como una función proporcional al diámetro al cuadrado (véase Figura A3). La proporción de piñas que se abren cada año se obtuvo también a partir de los datos observados en las parcelas de 1986. El número medio de piñones por piña, 60, se calculó a partir del trabajo de Habrouk (2002). La proporción de piñones no depredados, germinados, establecidos y supervivientes (en forma de plántula) hasta los 5 años se estimó del trabajo de Broncano (2002). Para calcular la distribución de tamaños de los juveniles de 5 años se ajustó a una distribución gamma a los datos de 2006 de las parcelas del incendio de 1986 y luego se corrigió el parámetro de escala de la distribución ajustada para poder pasar de un intervalo de tiempo de 20 años a otro de 5 (véase Figura A4).

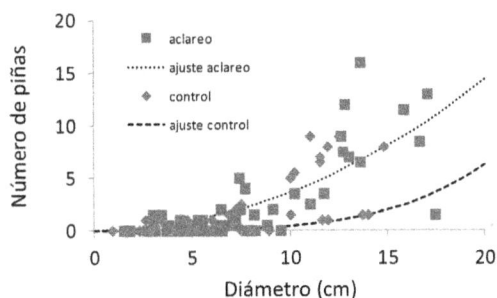

Figura A3. Ajuste del número de piñas por individuo en función de su diámetro al cuadrado

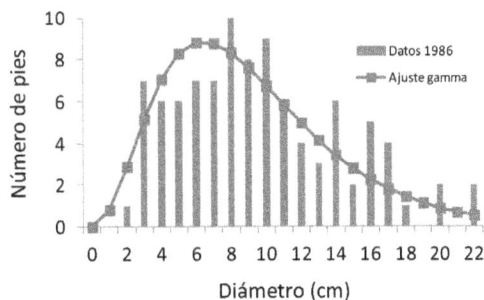

Figura A4. Distribución de tamaños de nuevos pies en el periodo 1986-2006 y ajuste a una función gamma

A.3.4. Un comentario sobre la integración numérica en los MIP

Como se ha mencionado anteriormente, la resolución analítica de la integral de un MIP no es, en general, posible, por lo que nos vemos obligado a resolverla numéricamente. En este trabajo implementamos el algoritmo del punto medio, que en diversas pruebas dio resultados muy similares a los de una cuadratura trapezoidal. Desde nuestra experiencia con algoritmos de integración numérica en general, y con su aplicación a los modelos MIP en particular, podemos concluir que la mayoría de las técnicas de integración numérica dan resultados muy similares cuando las funciones a integrar son suficientemente suaves. Cuando esto no es así, o sospechamos que en algún paso pudieran surgir distribuciones que oscilaran rápidamente, se deben probar varias técnicas y experimentar con subintervalos de integración cada vez más pequeños.

OmniaScience

Capítulo 7

Aplicación de modelos ecológicos en la gestión de los recursos forestales en Cuba

Eduardo González Izquierdo[1], Juan A. Blanco[2], Pius Haynes[3], Héctor Barrero Medel[1], Daniel A. Álvarez Lazo[1], Fidel Cándano Acosta[4], Andrade Fernando Egas[5], Ignacio Estévez Valdés[6], Ayessa Loukounoze[1], Madelén C. Garófalo Novo[1], Joaquín Alaejos Gutiérrez[7], Ganni M. Guera Ouorou[1], Inés González Cruz[1] Rinaldo, L. Caraciolo Ferreira[8]

[1]Universidad de Pinar del Río, Cuba; [2]Universidad Pública de Navarra, España; [3]Oficial forestal del Departamento Forestal de Santa Lucía; [4]Universidad Federal de Mato Grosso, Brasil; [5]Universidad de Maputo, Mozambique; [6]Facultad de Medicina, Pinar del Río, Cuba; [7]Universidad de Huelva, España; [8]Universidade Federal Rural de Pernambuco, Brasil.

eduardo@af.upr.edu.cu

Doi: http://dx.doi.org/10.3926/oms.103

Referenciar este capítulo

González Izquierdo, E., Blanco, J.A., Haynes, P., Barrero Medel, H., Álvarez Lazo, D.A., Cándano Acosta, F., Fernando Egas. A., Estévez Valdés, I., Loukounoze, A., Garófalo Novo. M.C., Alaejos Gutiérrez, J., Guera Ouorou, G.M., González Cruz, I., & Caraciolo Ferreira, R.L. (2013). Aplicación de modelos ecológicos en la gestión de los recursos forestales en Cuba. En J.A. Blanco (Ed.). *Aplicaciones de modelos ecológicos a la gestión de recursos naturales*. (pp. 141-180). Barcelona: OmniaScience.

E. González Izquierdo, J.A. Blanco, P. Haynes, H. Barrero Medel, D.A. Álvarez Lazo, F. Cándano Acosta, A. Fernando Egas, I. Estévez Valdés,
A. Loukounoze, M.C. Garófalo Novo, J. Alaejos Gutiérrez, G.M. Guera, Ouorou, I. González Cruz, R.L. Caraciolo Ferreira

1. Introducción

La sostenibilidad de una práctica forestal se define como la propiedad que permite cubrir las necesidades del presente sin comprometer las posibilidades de siguientes generaciones (Sverdrup & Svensson, 2002). Por ello, para poder llevar a cabo una gestión forestal sostenible, es necesario utilizar herramientas sencillas de diagnóstico que permitan al gestor forestal tomar decisiones en función de la evolución prevista a largo plazo de las reservas de nutrientes en el ecosistema. Para realizar este diagnóstico, una de las herramientas más útiles son los modelos ecológicos, siendo los más adecuados aquellos que con la estructura más simple son capaces de alcanzar los requerimientos de resolución y exactitud deseados (Battaglia & Sands, 1998). Los modelos utilizados hasta ahora necesitan adecuarse a las condiciones particulares de cada bosque, ya que algunos procesos ecológicos son afectados por la Silvicultura de forma diferente a la registrada en las zonas en las que los modelos han sido desarrollados (Blanco, Zavala, Imbert & Castillo, 2005). Al respecto el ilustre ecólogo español Margalef (1995) ha señalado que aceptamos como buena la tendencia humana a buscar y descubrir regularidades en la aparente confusión de las observaciones y colocar luego las regularidades identificadas, que hay que formular necesariamente de manera abstracta, dentro de un sistema intelectual de relaciones, al que damos valor explicativo y predictivo. Más adelante, muy acertadamente, dice que la Ecología no puede limitarse a una simple descripción o a tratar pequeños problemas técnicos triviales, excusándose siempre en que la complicación inabarcable de la Naturaleza requeriría estudios que nunca acabarían para enfocar adecuadamente cualquier problema práctico importante, sino que ha de tener como meta exponer de manera simplificada y comprender, hasta donde sea posible, el funcionamiento de la Naturaleza.

El desafío actual en el manejo forestal es la planificación a varias escalas geográficas de suministros sostenibles de madera y otros valores forestales, a la vez que se preserva la integridad del ecosistema forestal. Este paradigma de la silvicultura moderna propone un cambio en las estrategias de manejo tradicionales, pasando de un manejo enfocado en árboles o rodales individuales a un manejo del paisaje como conjunto. Por lo tanto, el verdadero manejo ecosistémico (o silvicultura ecológica, diseñada para utilizar los recursos forestales sólo en la medida en que la composición, función y estructura de los ecosistemas forestales no estén amenazadas), tiende a operar a escalas espaciales y temporales mucho mas grandes que las prácticas silvícolas tradicionales, aunque algunos tipos de prácticas ecosistémicas se han aconsejado a nivel de rodal (Korzukhin, Ter-Mikaelian & Wagner, 1996). Como ha sido descrito por este mismo autor, el manejo forestal ecosistémico requiere: (1) determinar las opciones de manejo para un amplio rango de escalas espaciales; (2) predecir los efectos a largo plazo de las acciones de manejo; (3) entender los efectos del manejo sobre la diversidad biológica; (4) predecir la influencia de los componentes específicos (p.e., legados biológicos, comunidades del sotobosque) sobre el sistema mayor; (5) proyectar la dinámica poblacional de un amplio rango de especies; (6) comparar perturbaciones naturales frente a perturbaciones de origen humano y (7) determinar la influencia climática global sobre bosques específicos. Sin embargo, todas estas demandas están caracterizadas por una complejidad extraordinaria, una disponibilidad limitada de hipótesis mecanicistas y una escasez de datos con los que evaluar estas hipótesis (Galindo-Leal & Bunnell, 1995). Además, la gran complejidad inherente en los estudios realizados a nivel de ecosistema, en los que multitud de componentes bióticos y abióticos se entrelazan, se multiplica a la hora de estudiar ecosistemas forestales, ya que los períodos de estudio son necesariamente mucho más largos que en otras ciencias biológicas, como la agricultura. Por este motivo, el uso de modelos ecosistémicos puede ser una herramienta muy buena para sustituir complicados y costosos diseños experimentales, y para guiar la investigación de una forma más efectiva. Claros ejemplos de esta utilidad de los modelos como sintetizadores de información ya existente son los trabajos realizados por Bi, Blanco, Seely, Kimmins, Ding y Welham (2007) para analizar las causas del descenso de la productividad en plantaciones de abetos en China, o por Blanco (2007), quien estudió la importancia de la simulación de interacciones alelopáticas en ecosistemas con fuerte presencia de sotobosques de ericáceas.

Las perturbaciones naturales (plagas de insectos, fuegos, vientos huracanados) o artificiales (fuegos, manejo forestal) operan simultáneamente en más de una escala temporal o espacial, generando un complejo mosaico de paisajes forestales que a su vez influyen en la regeneración de los bosques (Wei, Kimmins & Zhou, 2003). Debido a esto, la única forma de evaluar los impactos a largo plazo sobre grandes áreas con diferentes regímenes de perturbaciones a nivel de paisaje es por medio de simulaciones (Shugart, 1998). La modelización de procesos ecológicos a nivel de paisaje se alimenta de los datos recogidos en silvicultura, biología, geografía y teledetección. Los avances en la capacidad de los equipos informáticos, la reducción de los costes de estos equipos y del software utilizado en las aplicaciones SIG y teledetección proporcionan los fundamentos para el tipo de simulación espacial que se presentan en este capítulo, pero a su vez los modelos espaciales deben estar basados en la simulación de los procesos ecológicos del bosque.

El uso de un modelo en la gestión forestal depende de varios factores. En primer lugar, el modelo debe ser adecuado para los objetivos escogidos. Si se pretende explorar el comportamiento de un rodal a largo plazo, el uso de modelos basados en procesos fisiológicos diseñados para simular variaciones en plantas individuales no es muy adecuado. En segundo lugar, debe ser posible revisar y entender las reglas y principios en los cuales el modelo está basado, a la vez que debe poder probarse el modelo para las condiciones de uso particulares de cada rodal (Wallman, Sverdrup, Svensson & Alveteg, 2002). Esto implica que la mayoría de los modelos actuales, desarrollados para latitudes altas de América o de Europa, necesitan una comprobación rigurosa en condiciones mediterráneas, subtropicales o tropicales, ya que no suelen contemplar las particularidades de los ecosistemas más meridionales, como una respuesta diferente de la descomposición a las claras (Blanco, Imbert, Ozcáriz & Castillo, 2003), o la mayor importancia de la biomasa subterránea en bosques perennes de hoja ancha respecto a los de coníferas. En tercer lugar, debe tenerse en cuenta la escala, tanto espacial como temporal, ya que los modelos difícilmente se integran en escalas diferentes a las empleadas en su desarrollo (Agren, McMurtrie, Parton, Pastor & Shugart, 1991). Por último no debe olvidarse que los mejores modelos no son los más complejos, si no que los que con un adecuado nivel de acercamiento a la realidad necesitan un esfuerzo asumible para determinar sus parámetros y proporcionan resultados adecuados a la actividad de gestión que se va a llevar a cabo en el bosque.

En este capítulo se resumen los modelos tradicionales usados, con preferencia las tablas de crecimiento y producción, así como los modelos a nivel ecosistémico, pero además resultan interesantes las aplicaciones del uso de la madera, de su aserrado y del aprovechamiento forestal con bajo impacto. En general se describe el Modelo FORFECAST y en particular sus aplicaciones en Cuba. Se valora el uso de de las herramientas tradicionales y las condiciones en las que son adecuadas. Finalmente se resume la aplicación hecha con FORECAST, considerándolo muy efectivo sobre todo para el estudio de problemas más complejos.

2. Tipos de modelos forestales

2.1. Tablas de crecimiento e índices de sitio (modelos empíricos)

Durante casi dos siglos, las curvas de volumen-edad, curvas de altura-edad, y tablas de volumen han sido la base con la cual los gestores han predicho los rendimientos futuros de los bosques. Estos datos históricos son válidos para una combinación particular de especies y condiciones bióticas y abióticas involucradas en el crecimiento de los árboles. Sin embargo, si ocurren cambios en los regímenes de manejo, en la fertilidad del suelo, o en los impactos humanos en la atmósfera (por ejemplo, el cambio climático o la alteración por polución de la química atmosférica), se alterarán significativamente las condiciones futuras del crecimiento de los bosques. Por tanto, las predicciones de los modelos tradicionales de crecimiento y producción probablemente no serán exactas (Kimmins, 1988, 1990; Korzukhin et al., 1996). Estas tablas de crecimiento y producción son modelos basados empíricamente en datos reales observados en el campo: son modelos estadísticos que utilizan una amplia base de datos para interpolar posibles producciones futuras utilizando datos de rodales similares. Sin embargo, no simulan ningún tipo de proceso biológico y por lo tanto no están diseñados para proyectar los efectos del manejo sobre la producción de madera y de una amplia variedad de otros productos y valores no relaciones con la madera. Por estas razones, estos modelos no proveen una base adecuada para comparar los impactos de diferentes estrategias de manejo del bosque en múltiples recursos, ni son convenientes para análisis a nivel de rodal de varias medidas o indicadores de sostenibilidad. Sin embargo, en condiciones estables en las que se sabe que los determinantes del crecimiento y desarrollo del bosque en el futuro no van a diferir en gran medida de las condiciones presentes, estos modelos tienen la gran ventaja de utilizar datos reales que han sido observados en el bosque. Además, requieren muy poco trabajo para su calibración y uso, a parte de datos básicos que definen las características básicas del rodal. En estas condiciones, el uso de tablas de crecimiento y producción podría ser el más conveniente. Estos modelos pueden ser muy útiles, ya que son fáciles de comprender y utilizan pocos datos, permitiendo explorar las tendencias futuras que seguirá el bosque al estar sometido a diferentes tipos de manejo.

2.2. Simuladores de crecimiento: modelos mecanicistas e híbridos

Debido a la inflexibilidad de las tablas de crecimiento y producción tradicionales, mucho interés y esfuerzo investigador se ha enfocado recientemente hacia modelos más mecanicistas. Estos modelos simulan procesos biológicos y consisten en las relaciones matemáticas empíricamente derivadas entre una serie de variables independientes y el crecimiento del rodal. Ejemplos de tales modelos desarrollados para bosques y otros ecosistemas pueden encontrarse en las siguientes referencias: Sollins, Brown y Swartzman (1979), Running (1984), Barclay y Hall (1986), Parton, Schimel, Cole y Ojima (1987), Bossel y Schafer (1989), Dixon, Meldahl, Ruark y Warren (1990) o Vanclay y Skovsgaard (1997). Aunque los modelos de procesos tienen gran valor heurístico, la mayoría de ellos no son modelos a nivel de ecosistema y raramente se usan en aplicaciones prácticas en silvicultura. Esto se debe principalmente a que no se sabe suficiente sobre los procesos del ecosistema y sus interacciones para combinarlos en un modelo con el propósito de hacer las predicciones exactas del crecimiento del bosque (Mohren & Burkhart, 1994). Un detallado modelo de simulación de procesos sería el acercamiento ideal para simular el crecimiento y rendimiento del bosque, siempre que hubiera un conocimiento más completo de todos los procesos ecológicos implicados en el crecimiento y desarrollo del rodal. Sin embargo, el gran problema de estos modelos es que entre más detallados son (mayor "realismo biológico" incorporado en la estructura del modelo), mayor número y complejidad de datos son necesarios para calibrarlos, con lo que el coste en tiempo, dinero y personal dedicado a esta actividad normalmente los hace inviables como herramientas de análisis al servicio de los gestores forestales. Estos modelos más realistas proceden de formulaciones teóricas que tratan de describir el ecosistema con el máximo detalle posible. Sin embargo, estos modelos suelen omitir uno o más procesos claves para centrarse en otros, por lo que su utilidad está limitada en cuanto a las cuestiones de manejo forestal que pueden responder (Kimmins, 2004).

Para evaluar los impactos de distintos escenarios de manejo alternativo a nivel de rodal sobre la productividad a largo plazo, los gestores de recursos forestales necesitan modelos forestales basados en la ecología, ya que para simular los procesos que afectan a una población de árboles, es necesario utilizar los conocimientos disponibles sobre como otros elementos del ecosistema (bióticos y abióticos) afectan a esa población. Por este motivo se ha desarrollado un tercer tipo de simuladores del crecimiento y desarrollo de los bosques, intentando combinar los puntos fuertes de los otros dos enfoques y así compensar sus debilidades individuales. Estos modelos híbridos utilizan las predicciones de rendimiento (con variables como la producción de biomasa) basándose en datos históricos y las modifican simulando la variación temporal en la competición por recursos naturales, como espacio, luz, nutrientes o agua. En el caso concreto de los modelos forestales, la disponibilidad de nutrientes es el factor más importante de la simulación de procesos porque es a menudo el factor que mayormente limita el crecimiento del bosque. Además, es el factor que está más sujeto a cambios producidos por las actividades forestales. Sin embargo, la competición por luz o nutrientes también puede ser un componente central de la simulación del desarrollo del rodal. En los últimos años se han desarrollado muchos modelos que simulan los procesos ecológicos de un bosque, y su uso se está revelando de gran importancia para desarrollar una gestión forestal que busque la sostenibilidad del sistema de explotación. Estas herramientas permiten que sistemas complejos y no lineales sean investigados y los datos conseguidos puedan ser interpretados con más facilidad (Wallman et al., 2002).

Aunque los modelos híbridos se sitúan en un nivel más bajo de realismo que los modelos de procesos puros, estos modelos proporcionan flexibilidad ante los cambios, y evitan la complejidad de los modelos basados únicamente en procesos fisiológicos (Kimmins, 2004). Algunos de los ejemplos de modelos más desarrollados en esta "categoría híbrida" que son convenientes para la valoración de los impactos a largo plazo de las actividades forestales sobre la productividad de los rodales incluyen LINGAGES (Pastor y Post, 1985), FORECAST (Kimmins, Mailly & Seely, 1999) o CENTURY (Parton et al., 1987). En el caso de FORECAST, este modelo simula el manejo ecosistémico del bosque, combinando el uso de modelos tradicionales de crecimiento y producción con modelos de procesos para proporcionar un método de proyectar el rendimiento de biomasa de bosque futuro así como una variedad de otras variables del ecosistema y valores sociales bajo un amplio rango de condiciones de manejo. Este modelo ha sido utilizado con éxito para simular la acumulación de carbono en bosques boreales (Seely, Welham & Kimmins, 2002), o para establecer el uso de la materia orgánica del suelo como un criterio de la sostenibilidad relativa de las diferentes alternativas de manejo (Morris, Kimmins & Duckert, 1997). Este modelo también se ha utilizado para analizar las ventajas e inconvenientes de dos alternativas de plantación (Welham, Seely & Kimmins, 2002) y para estudiar los efectos de la competencia entre árboles y sotobosque por nutrientes limitantes (Welham, Seely, Van Rees & Kimmins, 2007). Este modelo ha sido validado frente a datos independientes (Bi et al., 2007, Blanco, Welham, Kimmins & Seebacher, 2007) y se ha integrado en un proceso jerárquico de toma de decisiones para evaluar a nivel regional estrategias de manejo forestal que integren aspectos sociales, económicos y biológicos (Seely, Nelson, Wells, Meter, Meitner, Anderson et al., 2004). Por su parte, CENTURY es un modelo mecanicista basado en datos empíricos y procesos fisiológicos, siendo posiblemente el más complejo de los desarrollados hasta ahora, ya que pretende simular gran cantidad de procesos e interacciones. Para emplear este modelo es necesario determinar gran cantidad de parámetros iniciales, muchos de los cuales no están disponibles o no se miden de forma rutinaria en los trabajos de investigación forestal. Esto obliga a utilizar muchas asunciones y datos bibliográficos o calculados mediante otros modelos (Landsberg, 2003), lo cual añade incertidumbre al resultado final. Si se compara con otros modelos, el proceso de descomposición en CENTURY podría considerarse una simplificación de la teoría de Agren y Bosatta (1996), ya que en vez de considerar la hojarasca como un continuo de materia con diferentes grados de calidad, considera cuatro compartimentos, desde la hojarasca recién caída hasta la materia orgánica estable. Con un nivel de complejidad similar se encuentran los modelos FORSANA (Grote, Suckow & Bellmann, 1998), CenW (Kirschbaum, 1999) y EFIMOD 2 (Komarov, Chertov, Zudin, Nadporozhskaya, Mikhailov, Bykhovets et al., 2003), entre otros. Todos estos modelos han sido utilizados con éxito para simular la evolución del ciclo de nutrientes cuando el bosque se somete a diferentes acciones silvícolas, y parecen ajustarse a los datos observados en las condiciones para las que han sido desarrollados.

3. Modelación del crecimiento y rendimiento forestal en Cuba

Prodan, Peters, Cox y Real (1997) describen la secuencia de la modelación del crecimiento y rendimiento forestal partiendo de la elaboración de las primeras tablas de rendimiento con ajuste gráfico conocidas realizadas por Paulsen en el siglo XVIII su secuencia (de menor a mayor complejidad) es la siguiente:

- • Tablas de rendimiento normales
- • Tablas de rendimiento empíricas
- • Tablas de rendimiento de densidad variable
- • Modelos de rodal agregados
- • Modelos de rodal con proyección de la tabla de rodal
- • Modelos de árbol individual independientes de la distancia
- • Modelos de árbol individual dependientes de la distancia

Estos modelos han sido diseñados partiendo de características comunes de las masas boscosas como ser hetáneos (de igual edad), independientemente que sean plantaciones o provenientes de un regeneración natural homogénea, para bosque naturales multietáneos han sido pocos los intentos de modelación que se han realizados y particularmente en los trópicos han sido fallidos debido a las características de las variables dasométricas a modelar, las cuales son influidas fuertemente por las irregularidades del clima como factor ambiental y como factor antrópico la explotación desmedida de las especies de maderas preciosas de las clases diamétricas superiores.

Para el caso de Cuba país tropical, el primer trabajo conocido sobre modelación del crecimiento fue realizado por Löschau (1974) citado por Barrero (2010), en plantaciones de *Pinus caribaea* Morelet var. *caribaea* Barret y Golfari del cual resulta una tabla de rendimiento normal. La primera tabla de producción con carácter oficial fue publicada por De Nacimiento (1979) en la revista Baracoa para la especie *Pinus tropicalis* Morelet, fecha que se considera como el inicio del desarrollo de la modelación del crecimiento en Cuba. La capacitación brindada por el campo socialista y el establecimiento de la red de estaciones experimentales donde fueron instaladas las unidades de muestreo permanente, impulsó en esta etapa, esta área de la Epidometría. A continuación De Nacimiento, González, Benítez, Abreu y Pérez (1983) publicaron las primeras tablas preliminares de rendimiento para *Pinus caribaea* var. *caribaea* en la provincia de Pinar del Río utilizando el patrimonio de plantaciones de la especie de 3 localidades, Consolación del Sur, Guane y Pinar del Río.

En esta etapa fueron múltiples los investigadores que incursaron en esta área, dentro de los que se destacan: García (1983) con la contribución para el establecimiento de tablas de rendimiento preliminares de *Pinus caribaea* Morelet var. *caribaea* Barret y Golfari en la provincia de Pinar del Río, el trabajo realizado por Gra y colaboradores a finales de la década de los 80 quienes establecieron una tabla a nivel nacional teniendo como localidades de estudio a Pinar del Río, Matanzas, Villa Clara y Topes de Collantes (Gra, Lockow, Vidal, Rodríguez, Echeverría & Figueroa, 1990); los trabajos de Báez (1988) con la *Casuarina equisetifolia* Forst, en suelos cenagosos de la provincia de La Habana. Posteriormente en la década de los años 90 se encuentran los realizados en *Eucalyptus* sp., por Peñalver (1991); y Padilla (1999) para plantaciones de *Pinus tropicalis* Morelet, así como Ares (1999) para bosques naturales de la misma especie y los tres en la provincia de Pinar del Río. Al inicio de la década del 2000 las tablas dasométricas para plantaciones de *Talipariti elatum* Frixell (Sw.), elaboradas por Zaldívar (2000), así como García (2004) igualmente para *Pinus caribaea* también en esta provincia (Figura 1).

Como es sabido existieron algunas dificultades económicas a finales del siglo XX, pero aún así se continuaron haciendo trabajos por parte de la Universidad de Pinar del Río, entre los que se encuentran: las tablas realizadas en la Empresa Forestal Integral Macurije por García, Aldana y Zaldívar (2004); las tablas para *Tectona grandis* para plantaciones de la Empresa Forestal Integral Bayamo-Manzanillo por Fidalgo y García (2005).

Trabajos recientes en Cuba tratan de suplir el comportamiento estático de las tablas obtenidas, actualmente con el desarrollo de la informática en la práctica productiva se han complejizados estos modelos integrándose con otras herramientas, para el caso de la especie *Pinus caribaea* var. *caribaea* se ha construido por Barrero (2010) un modelo integral de crecimiento de la masa, perfil de fuste, grosor de corteza y densidad de la madera en cooperación con el Instituto de

Investigaciones de Francia con sede en Nancy; en forma de un sistema que se nombra OPTIPINO, esta integración con esta propiedad física de la madera permite fijar los objetivos de producción en términos de manejo, posibilitando la eficiencia de ciertas propiedades de acuerdo a las necesidades industriales, y a la disminución dentro de ciertos límites de la heterogeneidad de la materia prima. Sin la ayuda de estos instrumentos es difícil desarrollar planes de manejo forestal, bajo criterios de sustentabilidad (Valdéz, 2000). Otro trabajo realizado recientemente ha sido en *Pinus cubensis* Griseb por Bravo (2010), donde se obtiene un modelo de crecimiento del diámetro medio a partir del método Bootstrap.

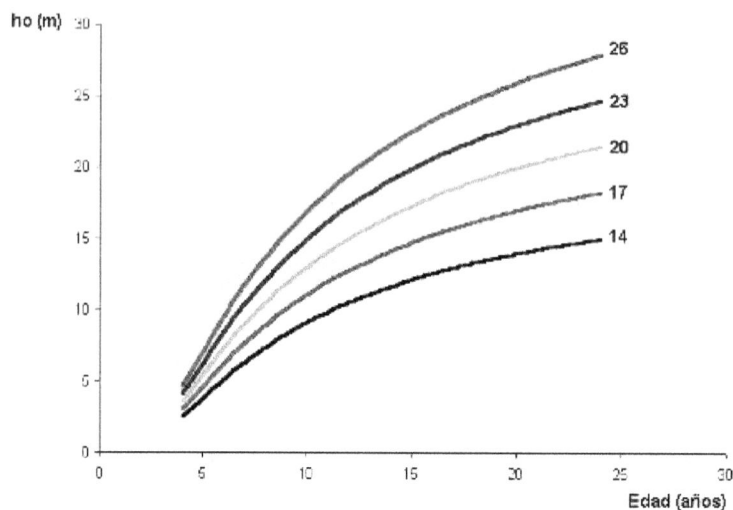

Figura 1. Las clases de calidad de sitio para Pinus caribaea Morelet var. caribaea para la provincia de Pinar del Río, según García (2004)

Dos de las dificultades de índole objetivo que han limitado en Cuba el desarrollo de esta área de la Epidometría Forestal han sido la carencia de recursos y la inexistencia de una red de parcelas permanentes. Por último, también se ha comenzado a trabajar en la calibración del modelos ecológico híbrido FORECAST (que combina datos empíricos y simulación de mecanismos ecofisiológicos) en plantaciones de *Pinus caribaea*, como se explica con más detalle en las

En este contexto, la motivación de los investigadores de la rama hacia este tema, se ha restringido a las tablas de producción de especies forestales con mayor participación en los planes nacionales, de forma tal que múltiples aspectos de esta área del conocimiento, aplicados a las condiciones de Cuba, han sido poco tratados como es el caso de la modelación a nivel del árbol individual y de bosques naturales, aún cuando el 63% de la superficie cubierta de bosques pertenece a esta clasificación. Todo lo cual denota lenta evolución de las herramientas que provee esta ciencia a la práctica productiva.

A manera de resumen, en Cuba se puede decir que esta área de la ciencia de la dasonomía ha transitado por diferentes etapas en su desarrollo, los cuales han estado acorde a la situación económica existente en el país, aportando desde el punto de vista teórico – metodológico múltiples modelos. La existencia de una red de parcelas permanentes ayudaría al logro de un estadio superior en el desarrollo de esta ciencia.

3.1. Modelización de la Calidad de Sitio

La primera fase de un estudio de crecimiento y rendimiento es la elaboración de un sistema para la clasificación de la productividad de los sitios forestales los cuales constituyen el conjunto de factores edáficos y bióticos que determinan la permanencia y la productividad de la biomasa de determinada comunidad forestal, sea esta natural o creada por el hombre (Álvarez y Varona, 2006).

En Cuba las primeras referencias de las curvas de índice de sitio encontradas en la literatura son realizadas por Thomasius (1974) para la clasificación de sitios en los pinares de Cajálbana; los realizados por Aldana (1983) y Báez y Gra (1988) para los bosques de Cuba en base a la humedad y fertilidad de los suelos.

En la actualidad en Cuba solo existe una clasificación del sitio como norma para las cuatro especies de pinos existentes definida por el Instituto Nacional de Desarrollo Forestal (INDAF) desde 1997, en función de la altura media y la edad. Este trabajo presenta el inconveniente de abarcar una gran variedad de sitios muy diferentes a lo largo y ancho del país, además de no haber considerado que estas especies tienen diferentes hábitos de vida, así como, distintos crecimientos y desarrollos a una misma edad. Por lo que esos resultados no se ajustan a la realidad en determinados lugares (García, 2004).

García (1983) clasificó cinco calidades de sitio para *Pinus caribaea* Morelet var. *caribaea* para la provincia de Pinar del Río (Figura 1), por su parte Gra et al. (1990) definen para las localidades de Pinar del Río, Matanzas, Villa Clara y Topes de Collantes nueve calidades de sitio, siendo el indicador del índice de sitio la altura dominante por los valores 10, 13, 16, 18, 22, 25, 28, 31 y 34 m; Padilla (1999) determinó para las plantaciones de *Pinus tropicalis* Morelet nueve calidades de sitios, también utilizó como el indicador del índice de sitio la altura dominante por los valores 9, 10, 12, 14, 16, 18, 20, 22 y 24 m (Figura 2).

Mientras que para otras especies también localmente Báez (1988) definió tres clases de sitio para la *Casuarina equisetifoli*a Forst, para las zonas costeras del sur de la provincia La Habana; Peñalver (1991) diferencia las plantaciones de *Eucalyptus* sp. en seis calidades de sitios siendo el indicador del índice de sitio la altura dominante por los valores 15, 18, 21, 24, 27 y 30 m; Zaldívar (2000) obtuvo cinco índices de sitio para *Talipariti elatum* y empleó como indicador del índice de sitio la altura dominante por los valores: 13, 16, 19, 21 y 24 m (Figura 3).

Más recientemente Barrero (2010) ha propuesto un haz de curvas con los índices de sitio para la altura dominante (Ho) de *Pinus caribaea* var. *caribaea* y concluye que el sistema de curvas de índices de sitio permitió diferenciar las plantaciones en seis calidades, fijados estos para los valores 13, 16, 19, 22, 25 y 28 metros a la edad de 30 años, determinadas por el valor de la altura dominante que a su vez, fue la variable utilizada para la obtención de los modelos de crecimiento del diámetro del árbol medio ($\bar{d}_{1,30}$), de la altura del árbol medio ($\bar{h}$), el área basal por hectárea (G/ha) y el volumen por hectárea (V/ha). Estas curvas pueden verse en la Figura 4.

E. González Izquierdo, J.A. Blanco, P. Haynes, H. Barrero Medel, D.A. Álvarez Lazo, F. Cándano Acosta, A. Fernando Egas, I. Estévez Valdés, A. Loukounoze, M.C. Garófalo Novo, J. Alaejos Gutiérrez, G.M. Guera, Ouorou, I. González Cruz, R.L. Caraciolo Ferreira

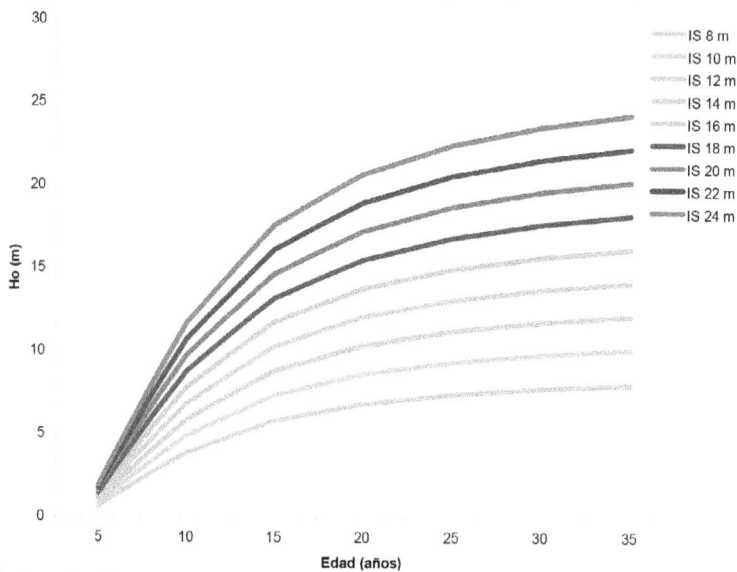

Figura 2. Índices de sitio para Pinus tropicalis para la provincia de Pinar del Río, según Padilla (1999)

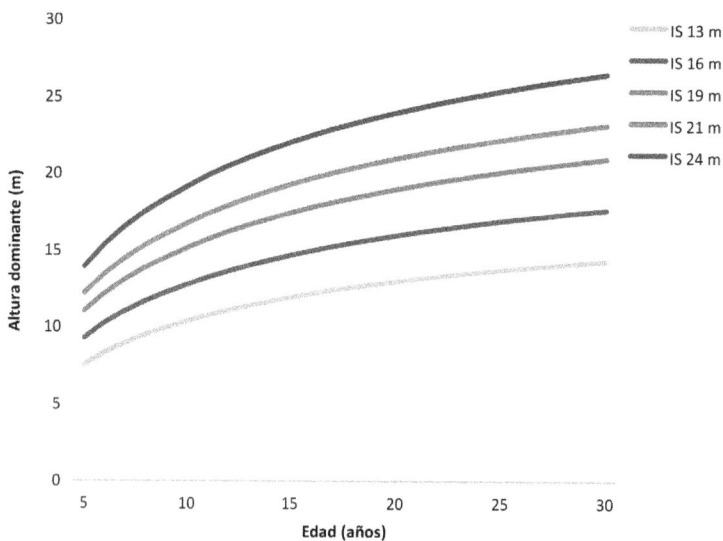

Figura 3. Índices de sitio para Talipariti elatum para la provincia de Pinar del Río, según Zaldívar (2000)

Se considera que el método indirecto ha sido principalmente el empleado en las condiciones de Cuba, teniendo como indicadores de calidad de sitio la altura media y la altura dominante (Ho).

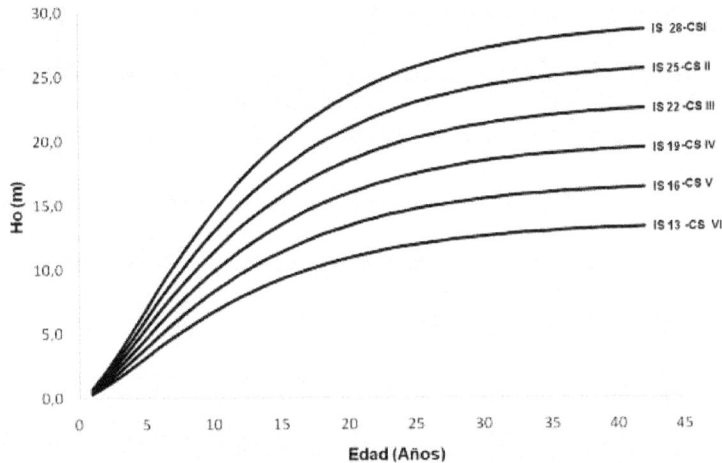

Figura 4. Índice de calidad de sitio para Pinus caribaea Morelet var. caribaea, según Barrero (2010)

Los índices edáficos y climáticos se encuentran en función de equipos e instrumentos costosos con los que los investigadores no cuentan actualmente, sería importante una evaluación de los mismos para llegar a conclusiones acerca de cuál es el más efectivo.

3.2. Modelización de las operaciones forestales de impacto reducido en la gestión forestal en Cuba

La aplicación de las Técnicas de Impacto Reducido en la gestión forestal en Cuba está implícita dentro del modelo de gestión de los bosques a nivel mundial, solo que es necesario considerar la estructura, composición y dinámica que los bosques tienen en el área de referencia. Es de conocimiento general que el área geográfica del Caribe está sometida a la influencia de fenómenos naturales de gran impacto como los huracanes y además los países del área tienen restricciones en cuanto a la disponibilidad de tierra y recursos para el desarrollo de sus economías.

Ante esta situación, es importante retomar las experiencias de otros países y regiones pero adaptar los modelos de desarrollo en el sector forestal para conducir los bosques de forma sostenida, o sea que puedan suministrar de forma continua productos y servicios para la sociedad y de esta forma evitar la deforestación.

Se puede resumir que el modelo de manejo de los bosques de la región se caracterizó durante varias décadas por la destrucción de la estructura arbórea concentrada en árboles de alto valor comercial, denominado de descremado de los bosques naturales, con tasas de corte superior a los incrementos, un nivel de impactos elevados sobre la vegetación remanente como árboles semilleros y árboles de futuras cosechas, impactos sobre el suelo, compactación y destrucción de la capa vegetal e impactos sobre la salud de los trabajadores por tecnologías inapropiadas, información bien documentada por la literatura, dentro las que se destaca FAO (2004).

Los países de la región están contribuyendo con el aumento de la cobertura forestal, dentro de los que se destaca Cuba, según informe FAO (2012). Sin embargo, es necesario generalizar la aplicación de las técnicas de impacto reducido en el aprovechamiento de los bosques. Si bien, estas técnicas no son suficientes para garantizar una gestión sostenida de los bosques, sin la aplicación de ellas es imposible lograr tal objetivo.

¿Pero qué son las Técnicas de Extracción de Impacto Reducido o el Aprovechamiento de Bajo Impacto? Considerando la opinión de varios autores, dentro los que se destaca la publicación de la OIMT (2001): *"La Extracción de Impacto Reducido, consiste en la implantación de las operaciones de aprovechamiento forestal planificadas de forma intensiva y cuidadosamente controladas a fin de reducir a un mínimo el impacto sobre el ecosistema forestal, obtener el máximo de beneficio y a un costo aceptable"*.

Estas técnicas de extracción o aprovechamiento de bajo impacto, han sido aplicadas tanto para bosques donde se utiliza los sistemas silviculturales mono-cíclicos, o sea donde se corta de una sola vez el volumen total de madera existente, como para bosques donde se aplican los sistemas policíclicos, que solo se cortan los árboles maduros a partir de un diámetro preestablecidos y se mantiene el bosque en pie. En estos sistemas el aprovechamiento es más complejo por el cuidado que hay que tener con la vegetación que permanece después del aprovechamiento, donde se encuentran también los árboles de futuras cosechas que son de interés estratégicos. Además si el bosque tiene varias especies comerciales, como es el caso de la formación de bosques naturales de la península de Guanahacabibes en el extremo occidental de Cuba, en el centro de la Isla, en el Escambray o en la parte oriental, en Baracoa, el aprovechamiento será más complejo que en otras formaciones que tienen pocas especies como los pinares o los bosques de manglares.

Para que este concepto sea de total entendimiento, es necesario destacar las cuestiones básicas que deben ser aplicadas en el manejo de los bosques para respetar los mecanismos que mantienen el equilibrio de los diferentes ecosistemas encontrados en Cuba.

3.2.1. Planificación estratégica y operativa del aprovechamiento forestal

Cualquier formación forestal ocupa un área que a su vez se divide en superficie cubierta de árboles donde se puede ejecutar el aprovechamiento, muchas veces denominada de superficie efectiva y otra parte dentro del área que ocupa el bosque que no es apta para aprovechar, como es el caso de áreas con cursos de agua y la vegetación protectora, el área de los caminos y otras infraestructuras necesarias, así como zonas de difícil acceso como pantanos, denominadas zonas no efectiva de aprovechamiento (Figura 5).

Para realizar el aprovechamiento, hay que delimitar bien la superficie de cada área y de ahí se deriva la superficie efectiva, está a su vez debe ser subdividida en unidades de producción anual (POA) ya sea por la superficie o por el volumen. Esa división anual debe responder a la rotación prevista para el aprovechamiento, a los incrementos anuales y la estructura y composición inicial del bosque, de forma que sea posible aprovechar una unidad de producción todos los años, con un flujo continuo de productos forestales.

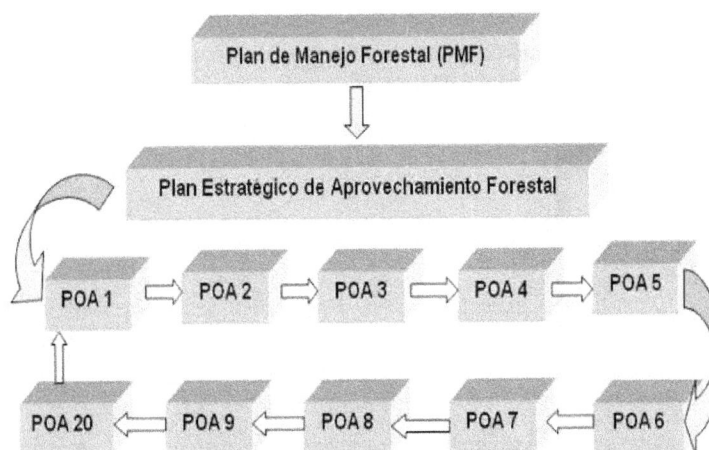

Figura 5. Organización del plan de aprovechamiento de una empresa

Las empresas forestales tienen un plan de manejo que es diversificado, planes de producción para establecer nuevas plantaciones, planes de manejo para tratamientos silviculturales, pueden ser podas o desrame de árboles o raleos, entre otros, también contiene el plan de aprovechamiento estratégico o a largo plazo y los planes anuales, representados en la figura anterior.

Es evidente que si la administración de la empresa aprovecha cada unidad de producción anual, en este caso 20 POA, ya para el año 21, recomenzaría por el primer POA, así se logra mantener un flujo de producción constante. Si el incremento por unidad de superficie fuera de 1m³/ha-año en el caso de los bosques naturales, entonces cada 20 años podrán extraerse 20 m³/ha. La superficie de cada POA determina el volumen total de aprovechamiento. Si cada POA tiene 1000 ha, entonces se puede aprovechar 20 mil m³/año.

Aunque parece tan evidente, hoy la tendencia en la región de los trópicos no es seguir esa regla, sino aprovechar toda la superficie efectiva de bosques en pocos años y después trasladarse para otras áreas e incluso para otros países para seguir con la misma práctica. De esta forma van quedando atrás áreas degradadas, abandonadas que no tendrán tratamientos silviculturales para el próximo ciclo de corte, aun cuando se aplica con mayor rigor el control de los órganos ambientales.

Este concepto no es muy difundido, porque también no se recoge en la legislación de muchos países, en el caso de Cuba se ha trabajado para que el modelo sea concebido basado en la sostenibilidad del aprovechamiento y no en la mayor ganancia de las empresas forestales a corto plazo.

3.2.2. Evaluación de las áreas para la planificación del aprovechamiento

Este es otro aspecto relevante en la aplicación de las técnicas de extracción de impacto reducido. Cuando se hace referencia a la evaluación de áreas, se incluye, tanto las informaciones propias del inventario que determina cantidad y calidad de la madera, a través de muestreos cuando es una plantación, ya para los bosques naturales se exige un inventario 100% de los árboles comerciales, así como la localización e identificación de estos. Es claro, que la evaluación del área también incluye información sobre el relieve del terreno, la localización de los cursos de agua y otras características del terreno (Figura 6).

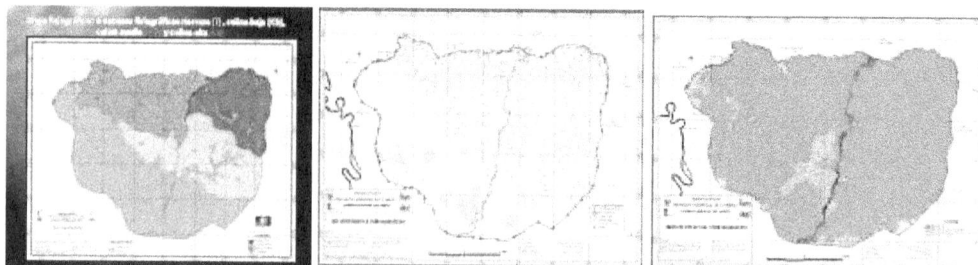

Figura 6. Mapa de relieve del área de aprovechamiento, hidrografía y uso de la tierra

Muchas veces dentro de áreas de aprovechamiento se encuentran tierras dedicadas a cultivos agrícolas. Además de esta información, se confecciona un mapa con escala 1:2000 preferentemente con la localización de los árboles comerciales (Figura 7). El área de aprovechamiento es delimitada por fajas cada 50 o 100 m de distancia y facilita el trabajo de inventario. Son establecidas cuatro categorías de árboles dentro del área de manejo. Árboles de corte, árboles semilleros, árboles remanentes o potenciales para la próxima cosecha y árboles prohibidos de corte.

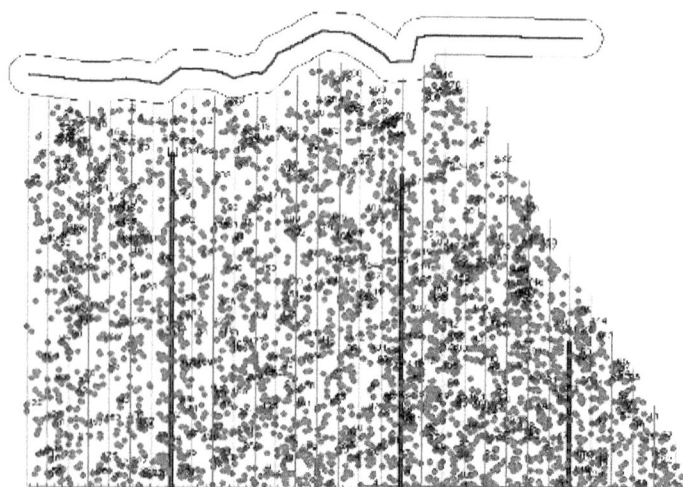

Figura 7. Mapa de localización de los árboles por categoría

Con estas capas de información se continúa la planificación intensa de las operaciones de cosecha que tiene implícita la definición de extracción de impacto reducido. También, el procesamiento de la información del inventario es utilizado para determinar la cantidad y calidad de madera, dimensiones de los árboles, especies principales a aprovechar, en fin se determina el potencial comercial del área de aprovechamiento.

3.2.3. Planificación y construcción de la infra-estructura de caminos y patios

Antes de tomar la decisión sobre la proyección de la red de caminos y patios, debe calcularse la densidad óptima o la densidad que minimiza los costos de caminos y el costo del arrastre de madera, consultar Cándano, Pinto y Martínez (2012). Después de conocer esta información se calcula la cantidad total de caminos y patios necesarios en toda el área de aprovechamiento (ver en el Apéndice Técnico un ejemplo de cálculo de la distancia media de arrastre).

La evaluación detallada de los sistemas de aprovechamiento de madera ha mostrado que las operaciones arrastre, transporte y construcción de camino tienen generalmente la mayor influencia en el costo total del sistema (Amaral, Veríssimo & Barreto, 1998). También las operaciones de arrastre de madera y construcción de caminos tienen gran repercusión en los daños provocados a los ecosistemas forestales durante el aprovechamiento (Killmann, Bull, Schwab & Pulkki, 2002; Winkler, 1997).

El cálculo del tamaño del equipo de trabajo apropiado para cada máquina, el punto de equilibrio en una operación, la determinación de la densidad óptima de caminos y patios de carga y la calidad de la capa de rodamiento de los caminos en base a obtener un costo mínimo, han sido estudiados por varios autores pero de forma separada (Dykstra & Heinrich, 1997; Winkler, 1997).

Después de conocer esta información se calcula la cantidad total de caminos y patios necesarios en toda el área de aprovechamiento. Como se tiene una visión total del área, se sobreponen las capas de información obtenidas en la evaluación de áreas y se realiza la proyección por las rutas más apropiadas, evitando gastos de recursos, tiempo de trabajo de las máquinas, se minimiza el movimiento de tierra y se logra reducir el costo total. Un camino mal construido se puede concertar, pero un camino proyectado por la ruta errada no se puede concertar.

La planificación de la red de caminos hay que hacerla de forma holística sobre toda el aérea de aprovechamiento, lo que no necesariamente tiene que ser construida de una sola vez, más bien se va construyendo en la medida que sea necesaria. Ya para la construcción es importante considerar el siguiente procedimiento:

- Localizar en el terreno la ruta seleccionada del análisis de las capas de información y

  hacer un reconocimiento completo de la ruta o eje de proyección del camino, haciendo ajustes necesarios sin alejarse considerablemente del eje proyectado. Aprovechar para marcar el área de patios (Figura 8).

- Eliminar la capa de vegetación en el eje de proyección del camino con la pala frontal del

  tractor sin producir cortes en el suelo para no mezclar tierra y vegetación. Después se recomienda usar una motosierra para que corte la vegetación de mayores dimensiones y facilitar el acomodamiento de esta en las orillas del camino.

Figura 8. Diferentes situaciones encontradas en el eje del camino

- Realizar la excavación y terraplén de acuerdo con el proyecto. También preparar los lugares donde será necesario obras de fábrica (puentes y alcantarillas).

- Perfilar el camino según la categoría. Conformación de la superficie del camino y obras de drenaje. Compactación de la capa de rodamiento.

3.2.4. Planificación y ejecución de la tala dirigida de árboles y el arrastre

Las operaciones de corte y arrastre de madera pueden producir gran impacto dentro del bosque, sobre todo en cortas selectivas, que pueden ser minimizados con una intensa planificación y control.

Procedimiento a seguir para el corte dirigido de árboles:

- Localizar en el mapa del inventario los árboles de corte y tener sus coordenadas para facilitar la localización en el área de aprovechamiento.

- Limpieza del tronco del árbol para facilitar el corte, verificar rutas de escape y presencia de huecos en el tronco.

- Determinar la dirección de caída del árbol, considerando inclinación natural, presencia de árboles semilleros, remanentes o prohibido de corte y la dirección del arrastre.

- Realizar corte de boca para dirigir la caída de los árboles y el corte de caída apropiado para evitar accidentes y pérdidas de madera.

- Enumerar los árboles y/o las trozas para evitar pérdidas en el arrastre.

Para la extracción de madera, es necesario planificar y construir las vías de arrastre.

Estas vías se clasifican en dos categorías: Las vías de arrastre principales y las vías de arrastre secundarias (Figura 9).

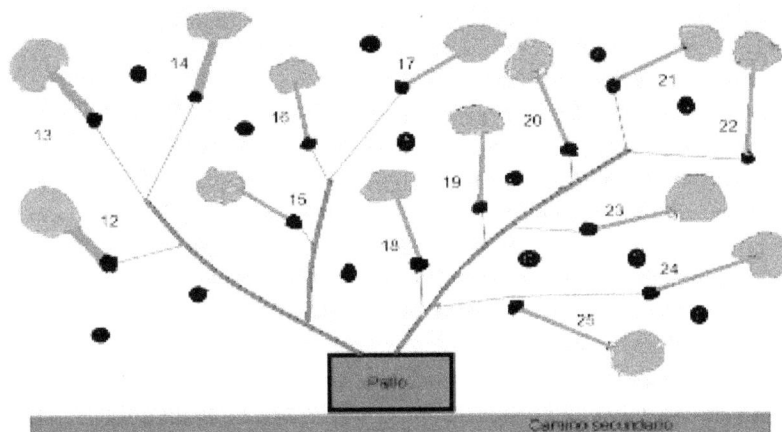

Figura 9. Vías de arrastre primarias y secundarias

Las vías primarias conectan los patios con el área central de localización de los árboles. Las vías secundarias conectan las vías primarias y con el tronco de los árboles talados.

- Para la planificación de las vías de arrastre, es necesario consultar el mapa del inventario y localizar el punto seleccionado para construir el patio.

- A partir del fondo del patio, recorrer el área de aprovechamiento y verificar la existencia de los árboles talados y la dirección real de caída de estos.

- Después de encontrar el último árbol talado en el fondo del área, comenzar a señalizar con cintas biodegradables la ruta de menos resistencia en cuanto a vegetación para la vía primaria hasta llegar al patio. Se deben construir solo las vías primarias necesarias que abarquen todo los árboles talados. A partir de estas vías se trazan las vías secundarias también señalizando para evitar pérdidas de madera. Debe considerar la presencia de árboles remanentes, semilleros y prohibido de corte.

- Con la pala frontal del *skidder* (tractor arrastrador de madera) comienza la construcción de las vías primarias a partir del fondo del patio siguiendo la ruta señalizada hasta localizar el último árbol talado. La vegetación es eliminada en la dirección en que se mueve el tractor. A veces es recomendable una motosierra para cortar algún árbol caído en el eje de la vía.

- Se arrastra el último árbol y se continúa de atrás para adelante sin dejar árboles talados hasta concluir la extracción de toda la madera. Después otra vía de arrastre se construye y continúa el proceso.

- Los árboles son trazados en trozas en los patios según las características del transporte y las exigencias del mercado. Se calcula el volumen por trozas o árbol, se clasifica, enumera cada troza para rastrear la madera y también se pueden realizar otras operaciones antes del transporte.

3.2.5. Capacitación de gerentes, supervisores, operadores y ayudantes de máquinas y personal de apoyo

La capacitación de los funcionarios y colaboradores, término usado para incluir a operadores, ayudantes de máquinas y personal de apoyo relacionado con el aprovechamiento del bosque es fundamental. Los gerentes y supervisores tienen que conocer en detalles todas las leyes, decretos, normas y requisitos técnicos para realizar un proceso de aprovechamiento que se encuadre en la definición de las técnicas de extracción de impacto reducido. Son ellos los encargados de planificar las operaciones a gran escala y determinar las necesidades de capacitación de cada equipo de trabajo, los medios de protección y seguridad personal que tendrán que usar de forma obligatoria todos los funcionarios y colaboradores, dominar las técnicas para ejecutar las diferentes operaciones y tener absoluto conocimiento de cada máquina o herramienta que se utiliza. También es competencia de gerentes y supervisores las condiciones de alimentación, sitios de descanso, medicamentos para primeros auxilios, comunicaciones y de distracción para todos.

En el caso de los funcionarios y colaboradores, también tienen sus obligaciones, como seguir al pie de la letra el uso de medios de protección, dominar las técnicas, procedimientos y las máquinas o herramientas de la operación que realizan. Así como mantener la disciplina propia de un centro de trabajo, no ingerir bebidas alcohólicas, respetar los horarios de descanso, entre otras.

Los cursos de capacitación para operadores y ayudantes de máquinas son desarrollados por operaciones:

- Grupo que realiza la evaluación de área.

- Grupo de construcción de caminos y patios.

- Grupo de corte y arrastre de madera.

Otros cursos son realizados para gerentes y supervisores, con visión holística del proceso. En los cursos específicos para cada grupo de trabajo se destaca la importancia de cada operación para el buen resultado del proceso de aprovechamiento.

4.1. Modelos para incrementar la utilización de la biomasa en los ecosistemas de pinares con bajo impacto ambiental

Los resultados presentes tienen como objetivo exponer a los lectores diferentes métodos y procedimientos desarrollados en la Universidad de Pinar del Río, Cuba; que han permitido incrementar la eficiencia y calidad de la cadena productiva que conforma el aprovechamiento forestal en el Occidente de Cuba.

Optimización de la extracción y transporte de madera en la Empresa Forestal Integral Macurije. Pinar del Río

Numerosas tecnologías actualmente disponibles ofrecen la sustancial promesa de mejorar los retornos económicos asociados con las operaciones de extracción y transporte. Muchas de ellas están basadas sobre varias aplicaciones de la modelización matemática. Por lo que para satisfacer la problemática antes expuesta tenemos como objetivo minimizar los costos de extracción y transporte de la madera, actividades más costosas del proceso de aprovechamiento forestal en las empresas forestales. Para satisfacer el objetivo antes expuesto, se utilizaron modelos de toma de decisión teórico administrativa y una herramienta matemática, la Programación Lineal, los cuales permitieron en un primer momento, determinar la mejor alternativa (Modelo de Programación Lineal) para dar solución al problema de elevados costos de extracción y transporte de la madera, y en un segundo momento proponer el modelo de Programación Lineal que permita minimizar dichos costos. La resolución del modelo de programación lineal obtenido por el software WinQsb posibilitó en la presente investigación: cuantificar hasta qué nivel se puede minimizar los costos, determinar las rutas o los caminos a utilizar por los medios de extracción y transporte, determinar la cantidad de madera a transportar en cada una de esas rutas, la utilización óptima de los recursos mediante un análisis económico de la solución óptima y post-óptima en caso de ocurrencia de cambios y fluctuaciones que se pueden presentar en las disponibilidades y demandas de recursos, costo unitario por unidad, cambio en los coeficientes tecnológicos, así como cambios de rutas.

Incremento de la producción de madera aserrada a partir de la modelación matemática del corte de apertura de las trozas en la sierra principal de los aserraderos

Al interrelacionar los factores calidad, diámetro y longitud de las trozas con el troceo y los diagramas de corte mediante la aplicación de procedimientos matemáticos se puede elevar la efectividad del proceso de conversión primaria a partir de la búsqueda de una expresión que garantice el volumen máximo de madera aserrada cuya sección sea de base rectangular a obtenerse de una troza identificada como un cono truncado; por lo que la solución del problema se obtiene a partir de la aplicación de métodos y procedimientos de la geometría descriptiva, según Álvarez, Egas, Chávez, Estévez & García (2003), Álvarez, Egas, Estévez, Guevara & González (2007) y Álvarez, Estévez, Domínguez, García, Alaejos & Rodríguez (2010).

Es muy importante la determinación del efecto de las características del árbol sobre los valores de madera aserrada, con la finalidad de proveer información para la selección de los modelos. El análisis de la componente principal (PCA), conduce a determinar qué característica del árbol tiene el mayor impacto sobre el rendimiento en valor de la madera aserrada.

Con el empleo del análisis factorial, utilizándose como método descriptivo de extracción, el análisis por componentes principales; se seleccionaron 2 factores con autovalores mayores que 1, los cuales explican el 87,42% de la varianza total. Es evidente que el $D_{1,30}$ es la variable más importante que afecta el rendimiento en valor de la madera aserrada (Rendimiento en valor de madera aserrada) entre todas las características del árbol (Figura 10). Coincidiendo con Álvarez y Egas (2002), Álvarez et al. (2003), así como Álvarez et al. (2010), al establecer que en la medida que aumente el diámetro los rendimientos son mayores.

La construcción de modelos matemáticos teniendo en consideración la transformación logarítmica de los datos relacionados con el diámetro a 1,30 m de altura, la conicidad y la altura del fuste de los árboles se ha caracterizado por presentar aceptables coeficientes de determinación, así como bajos errores promedios de estimación.

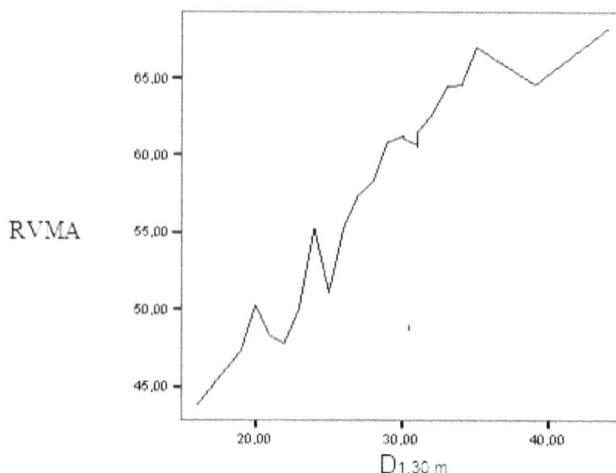

Figura 10. Influencia del diámetro sobre el rendimiento de madera aserrada

Modelación de las deformaciones de la madera de Pinus caribaea

En Cuba, específicamente en sus aserraderos la madera de **Pinus caribaea** Morelet var. **caribaea** Barrett y Golfari, ha sido trabajada y procesada verde, ello ha posibilitado la carente emisión de criterios en la evaluación de las deformaciones que experimenta la madera aserrada a medida que disminuye su humedad.

Por ello se realiza un estudio detallado del comportamiento de las propiedades mecánicas, físicas y morfológicas de la madera de *Pinus caribaea* Morelet var. *caribaea* Barrett y Golfari, en las regiones A, B, C, en el sentido médula-corteza respectivamente, bajo las mismas condiciones, arroja datos importantes para predecir las posibles deformaciones que experimenta la madera, además en qué zona del bolo las deformaciones son mayores (Peña, González & Álvarez, 2010). Se propone una metodología que optimiza el corte de apertura para el cumplimiento de los objetivos y la solución del problema. Aspectos que son coincidentes con los resultados obtenidos por González, Acosta y Álvarez (2008).

El tratamiento de las deformaciones de la madera durante el proceso de secado es definido históricamente desde el punto de vista de la teoría de los medios continuos, sin embargo en nuestro trabajo, considerando a la madera como un medio discreto, se interrelacionan elementos de las leyes dinámicas de Newton en un sistema de partículas y esquemas propios de los métodos de los elementos finitos, que solucionan numéricamente las ecuaciones derivadas de la teoría de los medios continuos.

Evaluación de los modelos a partir del análisis de elasticidad de las variables

A partir del análisis de elasticidad de las variables que conforman los modelos para predecir los rendimientos de madera aserrada de los árboles en pié se ha demostrado que el $d_{1,30\ m}$ es el factor de mayor significación e influencia sobre el volumen de madera aserrada producida, así como de los valores de la misma. Por otra parte podemos inferir que la altura le sigue al d$_{1.30\,m}$ en nivel de significación o influencia sobre la variable dependiente. Los valores de la elasticidad del d$_{1.30\,m}$ de los árboles y la altura son positivos indicando que el rendimiento en valor de la madera aserrada aumenta con el d$_{1.30\,m}$ y la altura.

Por otra parte la conicidad tiene un efecto negativo sobre el valor de la madera aserrada.; lo cual significa que el rendimiento en valor de la madera aserrada decrece cuando aumenta la conicidad.; coincidiendo con Egas (1998) y Álvarez et al. (2010). El valor relativo de la madera aserrada tiene un incremento en función del d$_{1.30\,m}$.

Ejemplo de aplicación de un modelo ecológico híbrido (FORECAST) en Cuba

El modelo FORECAST se ha utilizado en las condiciones cubanas para simular plantaciones de *Pinus caribaea* var. *caribaea* situadas en distintas calidades de sitio de la provincia de Pinar del Río (Occidente de Cuba). La vegetación está constituida por *Pinus caribaea* var. *caribaea* (Pino macho), *Pinus tropicalis* (Pino hembra), *Quercus virginiana* (encino), *Byrsonima spicata* (peralejo), *Curatella americana* (vacabuey) y *Sorghastrum stipoides* (pajón macho). Las lluvias oscilan entre 1350 mm y 1700 mm al año con temperaturas medias anuales que varían entre 24-27°C (Herrero, Renda, González-Abreu, Gra, De Nacimiento, González et al., 1985). Los suelos se clasifican según el Instituto de Suelos (1980) como ferralíticos cuarcíticos amarillos lixiviados y muy erosionados, sobre estratos de pizarras y material esquistoso. La calibración del modelo se llevó a cabo con datos empíricos registrados en trabajos realizados en la zona de Alturas de Pizarras, en la provincia de Pinar del Río (González, 1999; Herrero, 2001 y García, 2004). La producción de biomasa se calibró con datos de Vidal, Benítez, Rodríguez, Carlos y Gra (2004) y Khadka (2005). La calibración de los procesos del suelo se realizó siguiendo las descripciones de Herrero (2001) y Smith, Gholz y Oliveira (1998). Datos de descomposición de la hojarasca se obtuvieron de González (2007).

Blanco, González y Haynes (2008) señalan que las predicciones de FORECAST para las plantaciones cubanas muestran que el modelo se comportó de una manera bastante razonable. En la evaluación del modelo realizada para las condiciones cubanas por Blanco et al. (2010), puede verse como el modelo captura la principal tendencia de crecimiento tanto en altura como en diámetro, aunque no de forma tan clara en el caso del volumen comercial. Sin embargo, debe destacarse que los propios valores de campo tienen una elevada dispersión, pero a pesar de todo, las predicciones de FORECAST se encuentran en la mayoría de los casos cercanos al valor medio de las observaciones y dentro del rango de los datos de campo.

Haynes (2006) al aplicar el modelo FORECAST en las condiciones de Cuba, señalaba que la evolución de la hojarasca en el suelo forestal, tiene un descenso inicial debido a la descomposición de los restos de la anterior rotación y un pequeño pico tras los raleos, que dejan residuos de corta en el suelo. Por el contrario, la masa de humus en el suelo del bosque desciende a lo largo de toda la rotación. Esto induce a pensar que si este plan de manejo se repite indefinidamente, la materia orgánica de este lugar se reduciría hasta llegar a unos niveles que provocasen la reducción de la producción y la calidad del sitio, por lo que la sostenibilidad a largo plazo podría estar en peligro (Figura 11).

El propio Haynes (2006) señala que también puede apreciarse cómo el N mineralizado desde la hojarasca se reduce siguiendo la masa de hojarasca (Figura 12). Un hecho notable es la gran diferencia entre el N disponible en el suelo y el N absorbido por los árboles, lo que claramente indica que el N no es el principal limitante de estas plantaciones, confirmando las observaciones de Herrero (2001). Por último, también puede apreciarse el importante lavado del N que sigue a las fertilizaciones, dado que el N disponible supera con mucho el N que necesitan los árboles (N absorbido) lo que se refiere al experimento factorial de planes alternativos de manejo.

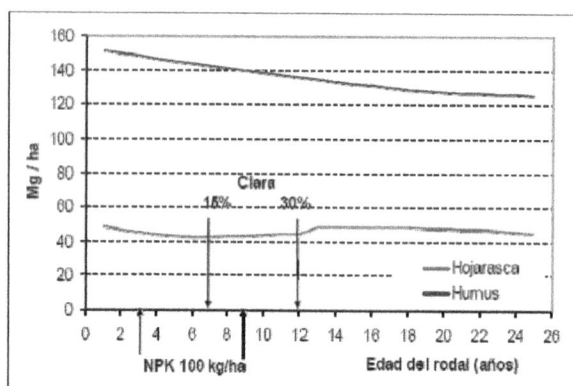

Figura 11. Evolución de la materia orgánica del suelo con el modelo FORECAST, según Haynes (2006)

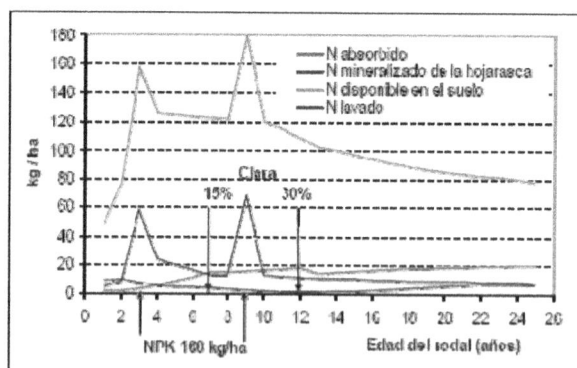

Figura 12. Evolución del ciclo del Nitrógeno con el modelo FORECAST, según Haynes (2006)

Posteriormente Blanco y González (2010) realizaron un análisis de la influencia del tipo de manejo forestal en el tiempo necesario tras el cese de las actividades humanas para que el ecosistema forestal de *Pinus caribaea* en el occidente cubano regrese a las condiciones previas a su puesta en explotación, utilizando para ello el modelo ecosistémico FORECAST.

Basados en las recomendaciones de manejo para *P. caribaea* en la zona (González, 1986 y González, 2008), los tipos de manejos simulados fueron:

1. *Producción de biomasa (BIO)*. El objetivo es producir el máximo de biomasa pero de la forma más rápida posible para que pueda ser cosechada con frecuencia para generar

una fuente de combustible estable. En este escenario se simuló una densidad inicial de 3.000 árboles ha^{-1}, aplicando 100 kg ha^{-1} de N como fertilizante en el año 5. Los árboles se cortan en el año 10, extrayendo toda la biomasa aérea (troncos, corteza, ramas y follaje). La mayoría de la biomasa aérea del sotobosque es también extraída, así como parte de la hojarasca.

2. *Producción de fibra (FIB)*. El objetivo en este escenario es maximizar la producción de órganos con alto contenido en celulosa (troncos y ramas), sin existir un tamaño mínimo del tronco. El turno comienza plantando 3.000 árboles ha^{-1} el primer año. En el año 15 se aplica un raleo por lo bajo, dejando 1000 árboles ha^{-1}, y se fertiliza con 100 kg ha^{-1} de N. Los árboles se talan en el año 25, extrayendo toda la copa. Ni el sotobosque ni la hojarasca son extraídos.

3. *Producción de madera (MAD)*. En este escenario se pretende producir el máximo número de árboles con un diámetro mínimo de 7,5 cm a 1,30 m de altura. Se plantan 3.000 árboles ha^{-1} el primer año. Un primer raleo por lo bajo se lleva a cabo el año 20 para dejar 800 árboles ha^{-1}. En el año 21 se fertiliza la plantación con 100 kg ha^{-1} de N. Un raleo comercial adicional se lleva a cabo en el año 35 para dejar 500 árboles ha^{-1}. El turno acaba en el año 50 con una tala final que sólo extrae los troncos.

Estos tipos de manejo se simularon durante 100 años en las calidades de sitio máximas y mínimas observadas en Pinar del Río: índice de sitio 21 y 25 m de altura dominante a los 50 años (sitio de peor y mejor calidad, respectivamente, aunque aquí solo se muestran para el sitio de alta calidad) de acuerdo con García (2004). La recuperación del ecosistema se simuló tras los escenarios anteriores, utilizando como punto de partida el final de cada escenario de manejo y simulando dos turnos de regeneración natural tras un huracán que provoca el reemplazo del rodal cada 100 años, para simular en total 200 años tras la finalización de la actividad humana. Además se creó un cuarto escenario control basado en la simulación del bosque natural dominante en el zona, compuesto por masas monoespecíficas de *Pinus caribea* generadas de forma natural, en el que no hay actividades humanas y cuya principal perturbación son los huracanes. El punto de partida de los tres escenarios de manejo es la corta de este bosque natural y su sustitución por los sistemas descritos anteriormente.

Como resultado de este manejo con la corrida del software FORECAST se observó que la biomasa aérea se mantuvo en niveles bajos en el escenario BIO, disminuyendo tras cada corta (Figura 13). En el escenario MAD pueden apreciarse dos pequeños picos que corresponden al momento anterior a los raleos comerciales. Pautas muy similares pueden observarse en volumen (Figura 13).

El volumen total acumulado que se extrae del bosque tras 100 años de simulación, el escenario más productivo es FIB, y el menos productivo es BIO. En MAD el ecosistema pierde alrededor de un 30% de materia orgánica del suelo, mientras que en BIO se reduce la materia orgánica del suelo en más de un 50%. Por el contrario, el impacto del escenario FIB en la materia orgánica del suelo depende de la calidad del sitio, con reducciones ligeramente mayores que en BIO en el sitio de mejor calidad pero mucho menores en el sitio de peor calidad (Figura 13). La disponibilidad de N tiene varios picos en todos los escenarios pero en general muestra pautas descendientes para los escenarios BIO y FIB y se mantiene estable con MAD (Figura 13). Por último, el carbono total, que comprende la biomasa de los árboles, del sotobosque y de la materia orgánica del suelo, se reduce en los tres escenarios.

Bajo el concepto de una recuperación del bosque tras el manejo según Blanco y González (2010), los autores llegan al siguiente análisis: Mientras que en la Figura 13 se presentan las simulaciones en los sistemas forestales que han sufrido gestión, en la Figura 14 se presenta su recuperación natural después del fin del aprovechamiento. El ecosistema alcanza valores de biomasa, volumen, carbono almacenado y N disponible similares al bosque natural justo desde el cese del manejo en MAD. Sin embargo, en el escenario FIB la recuperación es más lenta y se necesita al menos un ciclo de perturbación natural (100 años) para que la recuperación de la capacidad de producción de biomasa sea visible, aunque durante toda la simulación los valores fueron inferiores a los observados en el control. Tras BIO, la recuperación del bosque es incluso más lenta, con valores claramente más altos para todas las variables en el segundo ciclo de perturbación natural, pero después de 200 años aún están por debajo de los valores del bosque no intervenido (Figura 14).

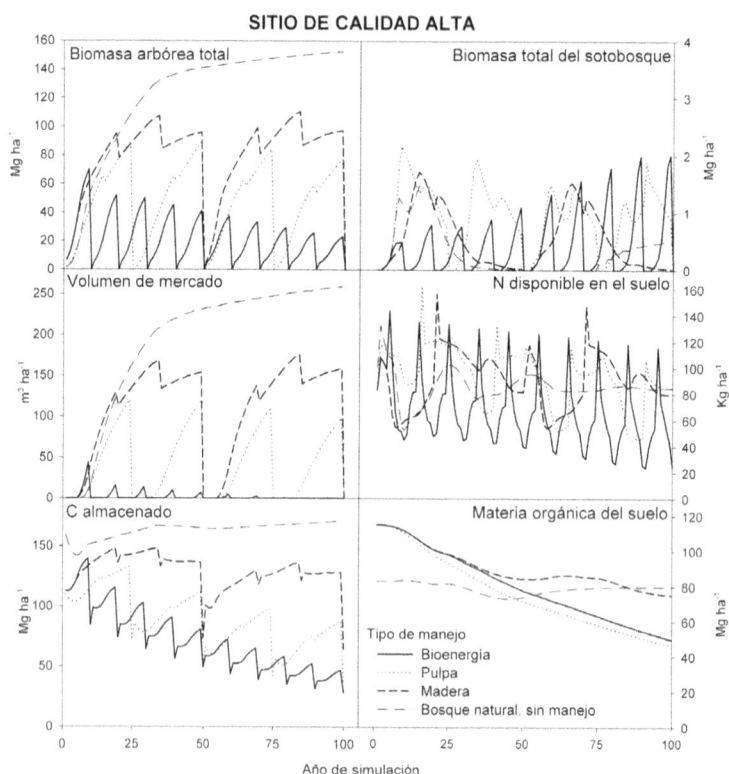

Figura 13. Evolución temporal simulada de varias variables a nivel de rodal de una plantación de Pinus caribaea en Pinar del Río (Cuba), situada en un sitio de alta calidad (índice de sitio 25 m a los 50 años), sometida a diferentes tipos de manejo (descritos en detalle en el texto), para un total de 100 años de simulación

SITIO DE CALIDAD ALTA

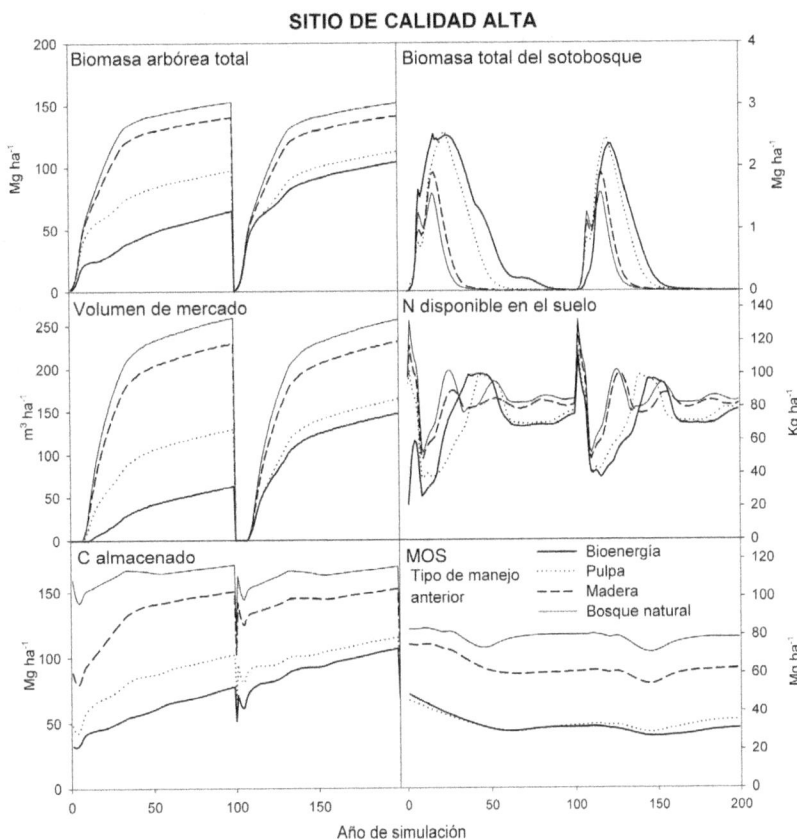

Figura 14. Evolución temporal simulada de un bosque natural de Pinus caribaea regenerado después de que tres estrategias de manejo diferente (descritas en el texto) hayan concluido, en un sitio de calidad alta (índice de sitio 25 m a los 50 años), para un total de 200 años de simulación. MOS: Materia orgánica del suelo

Esta mejora en las condiciones del bosque en el periodo de no intervención tras el cese del manejo se aprecia más claramente en el sitio de peor calidad, donde el bosque necesita dos ciclos tras BIO para que se aprecie una mejora de la productividad, aunque está aún por debajo de los valores del bosque natural. Las diferencias entre situaciones son más claras en la materia orgánica del suelo, ya que los valores de esta variable en el sitio de mejor calidad tras MAD son similares al bosque no manejado al inicio de la recuperación, pero aumentan con el tiempo. En los otros dos escenarios los valores se mantienen muy por debajo, incluso tras 200 años tras el cese del manejo (Figura 14).

Una discusión más detallada y profunda puede encontrarla el lector en Blanco y González (2010). La conclusión más importante de este trabajo es que una recuperación rápida del bosque tras las actividades de manejo es posible, pero para conseguirlo deberían estar presentes unos niveles adecuados de nutrientes, materia orgánica del suelo y otras estructuras ecológicas al final del periodo de manejo. De lo contrario, se podrían necesitar siglos antes de que las plantaciones de *P. caribaea* puedan alcanzar una condición similar a los bosques no manejados. Si se pretende la restauración de la fertilidad del suelo de forma rápida tras el fin del aprovechamiento, podría ser necesario el uso de aplicaciones masivas de nutrientes (Weetman, 1983). Si los legados de la actividad humana no se tratan adecuadamente a través de prácticas forestales que mantengan la resiliencia del ecosistema forestal, los objetivos de manejo a corto plazo podrían dañar por un periodo de tiempo muy largo el estado de los bosques y su capacidad para recuperarse de perturbaciones de origen antrópico. Este hecho claramente apoya la idea de la necesidad de concebir el manejo forestal como un proceso de administración de los recursos naturales en vez de una mera explotación de la productividad del ecosistema (Kimmins, 2008). Además, los indicadores de la condición del bosque no deben limitarse solamente a los árboles y el suelo, es necesario comprobar que el sotobosque y otros componentes del ecosistema también se recuperan y regresan a unas condiciones similares a las de los bosques no manejados. Los nutrientes del suelo, las reservas de carbono y los componentes del ciclo de nutrientes también pueden utilizarse como medidas de la recuperación de las funciones ecosistémicas (Reiners, Bouwman, Parson & Keller, 1994; Hughes, Kauffman & Cummings, 2002).

Ventajas e inconvenientes de modelos ecológicos complejos

Como ha podido apreciarse este modelo ha sido ampliamente utilizado en una gran variedad de aplicaciones de manejo forestal, como son: (1) el establecimiento de la materia orgánica del suelo como un indicador de la sostenibilidad relativa de diferentes alternativas de manejo del rodal; (2) la evaluación de la capacidad de fijación de carbono en diferentes ecosistemas incluyendo un país tropical como Cuba en ambos aspectos; (3) el análisis de la utilidad del sistema de cortas en dos fases en los bosques mixtos; (4) el estudio del impacto del fuego y las cortas en la productividad a largo plazo en pinares y (5) en la aplicación de un sistema de apoyo a la decisión que utiliza una jerarquía de modelos espaciales y no espaciales para la evaluación de diferentes estrategias de manejo forestal con múltiples objetivos.

Una consideración adecuada de la materia orgánica del suelo está directamente relacionada con las buenas prácticas de un manejo forestal sostenible. Dado que la materia orgánica del suelo es esencial para la regeneración y productividad de los ecosistemas forestales, el mantenimiento de un adecuado nivel de la misma debería ser un componente integral del manejo del suelo (Morris et al., 1997). El concepto de turno ecológico, definido como el tiempo requerido por un elemento del ecosistema para recuperarse tras una perturbación hasta un nivel cercano al original, proporciona un marco útil para analizar los efectos a largo plazo del manejo forestal sobre la productividad del suelo forestal (Kimmins, Welham, Seely & Van Rees, 2007). Resultados previos en plantaciones tropicales apoyan este argumento e indican que el descenso de productividad tras varios turnos es acumulativo y no lineal (Fox, 2000; Bi et al., 2007; Blanco y González, 2010). Sin embargo, nuestros resultados también muestran que la producción de madera es compatible con el mantenimiento del almacenamiento de C, comparada con otros tipos de manejo, si se usan prácticas silvícolas adecuadas. Estos resultados también muestran la utilidad de los modelos ecológicos de manejo forestal para analizar diferentes escenarios alternativos de manejo y sus efectos a largo plazo sobre el ecosistema forestal.

El uso de un modelo en la gestión forestal como FORECAST por ejemplo, depende de varios factores. En primer lugar, el modelo debe ser adecuado para los objetivos escogidos. Si se pretende explorar el comportamiento de un rodal a largo plazo, el uso de modelos basados en procesos fisiológicos diseñados para simular variaciones en plantas individuales no es muy adecuado. En segundo lugar, debe ser posible revisar y entender las reglas y principios en los cuales el modelo está basado, a la vez que debe poder probarse el modelo para las condiciones de uso particulares de cada rodal (Wallman et al,. 2002). Esto implica que la mayoría de los modelos actuales, desarrollados para latitudes altas de América o de Europa, necesitan una comprobación rigurosa en condiciones mediterráneas, subtropicales o tropicales, ya que no suelen contemplar las particularidades de los ecosistemas más meridionales, como una respuesta diferente de la descomposición a las claras (Blanco et al., 2003), o la mayor importancia de la biomasa subterránea en bosques perennes de hoja ancha respecto a los de coníferas. En tercer lugar, debe tenerse en cuenta la escala, tanto espacial como temporal, ya que los modelos difícilmente se integran en escalas diferentes a las empleadas en su desarrollo (Agren et al., 1991).

Uno de los principales inconvenientes en el uso del modelo FORECAST en Cuba ha sido la búsqueda de un grupo de parámetros para ajustar el modelo en las condiciones que ha sido concebido. Para resolver este problema se ha tenido que buscar muchas informaciones de otras investigaciones realizadas por diversos autores que le han dado a los resultados un cierto grado de incertidumbre, que con el monitoreo futuro de investigaciones de campo darán mayor precisión a los resultados ya obtenidos. Dado que los principales usuarios de los modelos mencionados hasta ahora y otras herramientas de modelización forestal son los gestores forestales, es importante que el flujo de información entre los científicos que desarrollan los modelos y los gestores forestales que los necesitan se mejore para construir modelos que se adapten mejor a sus objetivos. Los científicos necesitan proporcionar a los gestores no solamente predicciones cuantitativas, sino también información sobre la certeza de las predicciones de los modelos de manejo forestal (Blanco et al., 2007). Una predicción muy precisa pero a la vez muy incierta podría no ser mejor para el diseño de un plan de manejo forestal que una predicción mas vaga que sin embargo es más certera. Independientemente del método utilizado para predecir la evolución futura del bosque, el sistema debe ser monitoreado, o lo que es lo mismo, una colección de distintas variables deben ser tomadas de forma continua a lo largo del tiempo, para poder comprobar la certeza de las predicciones proporcionadas por los modelos y si es necesario, revisar la calibración de los mismos y producir nuevas predicciones que incluyan la nueva información obtenida. Predecir y monitorear son por lo tanto la clave para conseguir un manejo adaptativo, en el cual los planes de manejo se adaptan para responder a los resultados observados en el ecosistema y para incluir la nueva información conseguida. Ambas herramientas están inextricablemente unidas. Por lo tanto, la evaluación de la adecuación de las acciones implementadas necesariamente implica la medición del rendimiento del sistema manejado y la comparación de ese rendimiento con las predicciones realizadas por medio de los sistemas utilizados para la predicción del desarrollo futuro de los ecosistemas forestales. Por esta razón, uno de los principales objetivos en el futuro buscar distintas series de datos históricos en una gran variedad de ecosistemas forestales distintos sitios de Cuba, como lo han hecho los investigadores que han desarrollado el modelo FORECAST en la Columbia Británica en Canadá.

5. Conclusiones

1. Las tablas de crecimiento y producción en Cuba son modelos estadísticos que utilizan una amplia base de datos reales observados en el campo, los cuales hacen posible interpolaciones de producciones futuras utilizando datos de rodales similares de una forma estática. Estos no simulan ningún tipo de proceso biológico y por lo tanto no están diseñados para proyectar los efectos del manejo sobre la producción de madera y de una amplia variedad de otros productos y valores no relacionados con la madera. Por estas razones, estos modelos no proveen una base adecuada para comparar los impactos de diferentes estrategias de manejo del bosque en múltiples recursos, ni son convenientes para análisis a nivel de población de varias medidas o indicadores de sostenibilidad. Sin embargo, en condiciones estables en las que se sabe que los determinantes del crecimiento y desarrollo del bosque en el futuro no van a diferir en gran medida de las condiciones presentes, estos modelos tienen la gran ventaja de utilizar datos reales que han sido observados en el bosque. Además, requieren muy poco trabajo para su calibración y uso, a parte de datos básicos que definen las características básicas del árbol o del rodal. En estas condiciones, el uso de tablas de crecimiento y producción podría ser el más conveniente.

2. La extracción de bajo impacto como la implantación de las operaciones de aprovechamiento forestal planificadas de forma intensiva y cuidadosamente controladas a fin de reducir a un mínimo el impacto sobre el ecosistema forestal, obtener el máximo de beneficio y a un costo aceptable, viene siendo una tendencia en Cuba. Este concepto no es muy difundido, porque también no se recoge en la legislación de muchos países, en el caso de Cuba se ha trabajado para que el modelo sea concebido basado en la sostenibilidad del aprovechamiento y no en la mayor ganancia de las empresas forestales a corto plazo. Por otra parte al interrelacionar los factores calidad, diámetro y longitud de las trozas con el troceo y los diagramas de corte mediante la aplicación de procedimientos matemáticos se puede elevar la efectividad del proceso de conversión primaria a partir de la búsqueda de una expresión que garantice el volumen máximo de madera aserrada.

3. FORECAST es un modelo de manejo forestal no espacial a nivel de rodal, que utiliza un enfoque híbrido, en el cual datos silvícolas (crecimiento y producción), combinados con datos ecológicos (tasas de descomposición, concentración de nutrientes, eficiencia fotosintética, etc.) son empleados para estimar tasas de procesos ecosistémicos relacionados con la productividad y los requerimientos de recursos de las especies seleccionadas, permitiendo simular el crecimiento futuro del bosque bajo diferentes alternativas de manejo. Este modelo ha sido ampliamente utilizado en una gran variedad de aplicaciones de manejo forestal, tales como el uso de la materia orgánica del suelo como un indicador de la sostenibilidad, la evaluación de la capacidad de fijación de carbono en ecosistemas, el análisis de la utilidad del sistema de cortas, el análisis de los efectos de fertilización en pinares caribeños, el estudio del impacto del fuego y las cortas en la productividad a largo plazo en pinares, la proyección de la productividad del rodal, y el análisis de las posibles causas de la disminución de la

productividad en plantaciones. En todos los casos, el modelo se comportó de una forma más que adecuada produciendo predicciones suficientemente fiables, dentro de las limitaciones que siempre deben tenerse en cuenta al utilizar modelos ecológicos. En el capítulo se ha explorado la influencia del manejo en la recuperación ecológica de plantaciones de *Pinus caribaea* Morelet var. *caribaea* en el occidente cubano por medio de este modelo. Se simularon tres manejos diferentes: producción de biomasa, de fibra y de madera, difiriendo en la duración del turno y en la intensidad de la retirada de biomasa. En conclusión, nuestros resultados muestran cómo el legado del manejo forestal puede ser un factor clave en acelerar o retrasar la recuperación de los bosques, dependiendo de la intensidad de la explotación. Estos resultados también muestran la utilidad de los modelos ecológicos de manejo forestal para analizar diferentes escenarios alternativos de manejo y sus efectos a largo plazo sobre el ecosistema forestal.

Referencias

Agren, G.I., & Bosatta, E. (1996). *Theoretical Ecosystem Ecology. Understanding element cycles.* Cambridge: Cambridge University Press.

Agren, G.I., McMurtrie, R.E., Parton, W.J., Pastor, J., & Shugart, H.H. (1991). State-of-the-Art of models of production-decomposition linkages in conifer and grassland ecosystems. *Ecological Applications, 1,* 118-138. http://dx.doi.org/10.2307/1941806

Aldana, E. (1983). *Ein Beitrag zur Waldinventur in Kuba dargestellt an untersuchungen in der Kierfernwäldern in der oberförsterei Cajálbana.* Tesis (en opción al grado científico de Doctor en Ciencias Forestales), TU. Dresde. 222.

Álvarez, D., & Egas, A.F. (2002). Factores fundamentales para aumentar los rendimientos de madera aserrada en aserraderos con sierras de banda. *Revista Avances. CIGET, Pinar del Río, 4(2),* abril-junio. ISSN 1562-329.

Álvarez, D., Egas, A.F., Chávez, P., Estévez, I., & García, J.M. (2003). Análisis matemático para incrementar la eficiencia de los aserraderos. *Revista Chapingo. Serie Ciencias Forestales y del ambiente, 9(1),* 89-94.

Álvarez, D., Egas, A.F., Estévez, I., Guevara, M., & González, M. (2007). Valoración matemática para incrementar la eficiencia en los aserraderos. *Revista Avances, CIGET, Pinar del Río,* 9(1), 1-10.

Álvarez, D., Estévez, I., Domínguez, A., García, O., Alaejos, J., & Rodríguez, J.C. (2010). Improvement the lumber recovery factory with low environmental impact in Pinar del Río, Cuba. *The international Forestry Review, 12(5),* 303.

Álvarez, P., & Varona, J. (2006). *Silvicultura.* Tercera Edición. Ciudad de la Habana, Cuba: Editorial Félix Varela. 354.

Amaral, P., Veríssimo, A., & Barreto, P.E. (1998). *Floresta para sempre: um manual para a produção de madeira na Amazônia.* Belém: UFPA. 155.

Ares, E. (1999). Tablas *Dasométricas para bosques naturales de* Pinus tropicalis *Morelet para la EFI La Palma.* Tesis (en opción al grado científico de Doctor en Ciencias Forestales). Universidad de Pinar del Río, Cuba. 100.

Báez, R. (1988). *Estudio dasométrico de plantaciones de Casuarina equisetifolia Forst. En suelos cenagosos de la provincia de La Habana.* Tesis (en opción al grado científico de Doctor en Ciencias Agrícolas). ISAAC "Frutuoso Rodríguez" INCA. 125.

Báez, R., & Gra, H. (1988). Estudios dasométricos en *Casuarina equisetifolia.* I. Tablas de volumen. *Revista Forestal Baracoa, 18(2),* 41-52.

Barclay, H.J., & Hall T.H. (1986). *Shawn: A model of Douglas-fir Ecosystem Response to Nitrogen Fertilization and Thinning: A Preliminary Approach. Forestry Canada, Pacific Forestry Centre.* Victoria B.C., 30.

Barrero, H. (2010). *Modelo integral de crecimiento perfil del fuste, grosor de corteza y densidad de la madera para* Pinus caribaea *Morelet var.* caribaea *Barret y Golfari. Estudio de caso EFI Macurije.* Tesis (en opción al grado científico de Doctor en Ciencias Forestales), Universidad de Pinar del Río, Cuba. 101.

Battaglia, M., & Sands, P.J. (1998). Process – based forest productivity models and their application in forest management. *For. Ecol. Manage., 102,* 13-32. http://dx.doi.org/10.1016/S0378-1127(97)00112-6

Bi, J., Blanco, J.A., Seely, B., Kimmins, J.P., Ding, Y., & Welham, C. (2007). Yield decline in Chinese-fir plantations: A simulation investigation with implications for model complexity Canadian *Journal of Forest Research, 37,* 1615-1630. http://dx.doi.org/10.1139/X07-018

Blanco, J.A. (2007). The representation of allelopathy in ecosystem-level forest models. *Ecological Modelling, 209,* 65-77. http://dx.doi.org/10.1016/j.ecolmodel.2007.06.014

Blanco, J.A., & González, E. (2010). El legado del manejo forestal en bosques tropicales: análisis de su influencia a largo plazo por medio de modelos ecosistémicos. *Forest System 19(2),* 249-262.

Blanco, J.A., González, E., & Haynes, P. (2008). *Evaluación del modelo FORECAST en ecosistemas forestales de Norteamérica y el Caribe.* V SIMFOR, Pinar del Río, Cuba. ISBN 978-959-16-0655-6.

Blanco, J.A., Imbert, J.B., Ozcáriz, A., & Castillo, F.J. (2003). Decomposition and nutrient release from *Pinus sylvestris* L. leaf litter in stands with different thinning intensity (2000-2002). I.U.F.R.O. Meeting *"Silviculture and sustainable management in mountain forests in the western Pyrenees (Navarra, España)".* Pamplona, España. Septiembre, 15-19.

Blanco, J.A., Seely, B., Welham, C., Kimmins, J.P., & Seebacher, T.M. (2007). Testing the performance of a forest ecosystem model (FORECAST) against 29 years of field data in a *Pseudotsuga menziesii* plantation. *Can. J. For. Res. 37,* 1808-1820. http://dx.doi.org/10.1139/X07-041

Blanco, J.A., Zavala, M.A., Imbert, J.B., & Castillo, F.J. (2005). Sustainability of forest management practices: Evaluation through a simulation model of nutrient cycling. *For. Ecol. Manage. 213,* 209-228. http://dx.doi.org/10.1016/j.foreco.2005.03.042

Bravo, J.A. (2010). *Aplicación del método Bootstrap en la simulación en Parcelas Permanentes de Muestreo*. Tesis (en opción al grado científico de Doctor en Ciencias Forestales). Universidad de Pinar del Río, Cuba. 100.

Bossel, H., & Schafer, H. (1989). Generic simulation model of forest growth, carbon and nitrogen dynamics and application to tropical acacia and European spruce. *Ecological Modelling, 48,* 221-265. http://dx.doi.org/10.1016/0304-3800(89)90050-1

Cándano, F. (1998). *Propuesta para incrementar la eficiencia del sistema de aprovechamiento de madera en rodales de* Pinus caribaea *en la provincia de Pinar del Río-Cuba.* Tesis (en opción al grado científico de Doctor en Ciencias Forestales). Universidad de Pinar del Río. 141.

Cándano, F., Pinto, A.M., & Martínez, J.L. (2012). Optimización de costo del sistema de aprovechamiento de madera en bosques naturales de *Pinus caribaea*. Universidad de Lavras, *Revista Cerne, 18(1),* 33-40. http://dx.doi.org/10.1590/S0104-77602012000100005

De Nacimiento, J. (1979). Tabla de surtidos para *Pinus tropicallis. Revista Forestal Baracoa, 9(1-2),* 36.

De Nacimiento, J., González, O., Benítez, H., Abreu, E., & Pérez, J. (1983). Tabla preliminar de rendimiento para *Pinus caribaea*. Pinar del Río. *Revista Forestal Baracoa, 13,* 57-103.

Dixon, R.K., Meldahl, R.S., Ruark, G.A., & Warren, W.G. (1990). Process Modelling of Forest Growth Responses to Environmental Stress. *Timber Press, Portland, OR,* 422.

Dykstra, D.P., & Heinrich, R. (1996). Model Code of Forest Harvesting Practices. *Forestry Paper, 133. Food and Agriculture Organization of the United Nations. Rome.* 85.

Egas, A.F. (1998). *Consideraciones para incrementar la eficiencia de los aserraderos de la provincial de Pinar del Río.* Tesis (en opción al grado de Doctor en Ciencias Forestales). Universidad de Pinar del Río, Cuba. 100.

FAO. (2004). *Reduced Impact Logging in Tropical Forests. Literature Synthesis, Analysis and Prototype Statistical Framework.* 287.

FAO. (2012). *El Estado de los Bosques del Mundo.* 47.

Fidalgo, D., & García, I. (2005). Tablas de producción para plantaciones jóvenes de *Tectona grandis*, Guisa, Granma. *II Encuentro de Jóvenes Investigadores Forestales.* DEFORS.

Fox, T. (2000). Sustained productivity in intensively manager plantations. *For. Ecol. Manage., 138,* 187-202. http://dx.doi.org/10.1016/S0378-1127(00)00396-0

Galindo-Leal, C., & Bunnell, F.L. (1995). Ecosystem management: implications and opportunities of a new paradigm. *Forestry Chronicle, 71,* 601-606.

García, I. (1983). Investigaciones para la elaboración de una tabla de rendimiento preliminar para el *Pinus caribaea* var. *caribaea. II Foro Multisectorial de la ACC en Pinar del Río*.

García, I. (2004). *Bases para el control y planificación del* Pinus caribaea *Morelet var.* caribaea *Barret y Golfari en la provincia de Pinar del Río*. Tesis (en opción al título de Master en Ciencias Forestales). Universidad de Pinar del Río, Cuba. 49.

García, I., Aldana, E., & Zaldívar, A. (2004). Tablas de rendimiento y crecimiento para La EFI Macurije. *Memorias del III SIMFOR.* ISBN 959-16-0261-X. Cuba.

González, E. (1986). *Beitrag zur Durchforstung von* Pinus caribaea *var.* caribaea *in Kuba* (en alemán). Tesis (en opción al grado científico de Doctor en Ciencias Forestales). Universidad Técnica de Dresde, Alemania. 139.

González, E. (2008). Un modelo para ralear rodales de *Pinus caribaea* var. *caribaea* en Pinar del Río, Cuba. *Actas del 5º Simposio Internacional del Manejo Sostenible de los Recursos Forestales (SIMFOR).* Pinar del Río, Cuba. 22-26 abril. ISBN 978-959-16-0655-6.

González, M. (1999). *Determinación del número inicial por hectárea mas adecuado para el establecimiento de plantaciones de* Pinus caribaea *var.* caribaea. Tesis (en opción al título de Master en Ciencias Forestales). Universidad de Pinar del Río, Pinar del Río, Cuba. 53.

González, Y. (2007). *Evaluación del comportamiento de la hojarasca de* Pinus caribaea *var.* caribaea *en rodales de la Unidad Silvícola "Los Jazmines".* Trabajo de Diploma. Universidad de Pinar del Río, Cuba. 46.

González, I., Acosta, A., & Álvarez, D. (2008). Influencia de la posición radial sobre las deformaciones de la madera aserrada. *Revista Forestal Baracoa, 27(1),* 13-19.

Gra, H., Lockow, K., Vidal, A., Rodríguez, J., Echeverría, M., & Figueroa, C. (1990). *Tablas de Volumen y surtido y densidad del* Pinus caribaea *en plantaciones puras para Cuba.* Informe etapa 509-09.24.

Grote, R., Suckow, F., & Bellmann, K. (1998). Modelling of carbon-, nitrogen- and water balances in Scots pine stands. In: Hüttl R.F., Bellmann K. (Eds.), *Changes of atmospheric effects on forest ecosystems.* London: Kluwer Academia Publishers. 251-281.
http://dx.doi.org/10.1007/978-94-015-9022-8_14

Haynes, P. (2006). *Aplicación de FORECAST, un modelo ecosistémico híbrido, en rodales de* Pinus caribaea *var.* caribaea *en Pinar del Río (Cuba).* Trabajo de Diploma, Universidad de Pinar del Río, Cuba, 77 p.

Herrero, G. (2001). *Nutrición de plantaciones de* Pinus caribaea *var.* caribaea*: Respuesta a la fertilización y métodos de diagnóstico.* Tesis (en opción al título científico de Doctor en Ciencias Forestales). INCA. La Habana, Cuba. 126 p.

Herrero, J., Renda, A., González-Abreu, A., Gra, H., De Nacimiento, J., González, A. et al. (1985). Manejo del *Pinus caribaea* var. *caribaea* en las zonas de "Alturas de Pizarras", provincia de Pinar del Río. CIDA, Ciudad de la Habana. *Boletín de reseñas forestales, 3,* abril, 60.

Hughes, R.F., Kauffman, J.B., & Cummings, D.L. (2002). Dynamics of aboveground and soil carbon and nitrogen stocks and cycling of available nitrogen along a land-use gradient in Rondônia, Brazil. *Ecosystems, 5,* 244-259. http://dx.doi.org/10.1007/s10021-001-0069-1

Instituto de Suelos. (1980). *Génesis y clasificación de los Suelos de Cuba.* ACC. La Habana. 315.

Khadka, M. (2005). *Aboveground biomass of* Pinus caribaea. MSc. dissertation BOKU University, Vienna. 45.

Killmann, W., Bull, G.Q., Schwab, O., & Pulkki, R.E. (2002). *Reduced impact logging: does it cost or does it pay?: applying reduced impact logging to advance sustainable Forest management.* Bangkok: Asia-Pacific Forestry Commission. 107-124.

Kimmins, J.P. (1988). Community organization: methods of study and prediction of the productivity and yield of forest ecosystems. *Canadian Journal of Botany, 66,* 2654-2672. http://dx.doi.org/10.1139/b88-361

Kimmins, J.P. (1990). Modelling the sustainability of forest production and yield for a changing and uncertain future. *Forestry Chronicle, 66,* 271-280.

Kimmins, J.P. (2004). *Forest Ecology. A foundation for sustainable management and environmental ethics in forestry.* 3rd Edition. New Jersey: Prentice Hall. 380.

Kimmins, J.P. (2008). From science to stewardship: Harnessing forest ecology in the service of society. *For. Ecol. Manage., 256,* 1625-1635. http://dx.doi.org/10.1016/j.foreco.2008.02.057

Kimmins, J.P., Mailly, D., & Seely, B. (1999). Modelling forest ecosystem net primary production: the hybrid simulation approach used in FORECAST. *Ecol. Model, 122,* 195-224. http://dx.doi.org/10.1016/S0304-3800(99)00138-6

Kimmins, J.P., Welham, C., Seely, B., & Van Rees, K. (2007). Biophysical sustainability, process-based monitoring and forest ecosystem management decision support systems. *For. Chron., 83,* 502-514.

Kirschbaum, M.U.F. (1999). CenW, a forest growth model with linked carbon, energy, nutrient and water cycles. *Ecological Modelling, 118,* 17-59.
http://dx.doi.org/10.1016/S0304-3800(99)00020-4

Komarov, A., Chertov, O., Zudin, S., Nadporozhskaya, M., Mikhailov, A., Bykhovets, S., Zudina, E., & Zoubkova, E. (2003). EFIMOD 2 - a model of growth and cycling of elements in boreal forest ecosystems. *Ecological Modelling, 10,* 373-392.
http://dx.doi.org/10.1016/S0304-3800(03)00240-0

Korzukhin, M.D., Ter-Mikaelian, M.T., & Wagner, R.G. (1996). Process versus empirical models: which approach for forest ecosystem management? *Canadian Journal of Forest Research, 26,* 879-887. http://dx.doi.org/10.1139/x26-096

Landsberg, J. (2003). Modelling forest ecosystems: state of the art, challenges, and future directions. *Canadian Journal of Forest Research, 33,* 385-397.
http://dx.doi.org/10.1139/x02-129

Margalef, R. (1995). *Ecología.* Barcelona, España: Ediciones Omega, S. A. 951.

Mohren, G.M.J., & Burkhart, H.E. (1994). Contrasts between biologically-based process models and management-oriented growth and yield models. *Forest Ecology and Management, 69,* 1-5.
http://dx.doi.org/10.1016/0378-1127(94)90215-1

Morris, D.M., Kimmins, J.P., & Duckert, D.R. (1997). The use of soil organic matter as a criterion of the relative sustainability of forest management alternatives: a modelling approach using FORECAST. *Forest Ecology and Management, 94,* 61-78.
http://dx.doi.org/10.1016/S0378-1127(96)03984-9

Organización Internacional de Maderas Tropicales (OIMT) (2001). Explotación de Impacto Reducido. Resultados del último periodo de sesiones del consejo. *Actualidad Forestal Tropical, 9(2),* 32.

Padilla, G. (1999). *Tablas dasométricas para plantaciones de* Pinus tropicalis *Morelet.* Tesis (en opción de grado científico de Doctor en Ciencias Forestales). Universidad de Pinar del Río, Cuba. 83.

Parton, W.J., Schimel, D.S., Cole, C., & Ojima, D.S. (1987). Analysis of factors controlling soil organic matter levels in Great Plains grasslands. *Soil Science Society of America Journal, 51,* 1173-1179. http://dx.doi.org/10.2136/sssaj1987.03615995005100050015x

Pastor, J., & Post, W.M. (1985). *Development of a Linked Forest Productivity-Soil Process Model.* Oak Ridge Nat. Lab., Oak Ridge. 162.

Peña, Y., González, I., & Álvarez, D. (2010). Análisis de las deformaciones como medidor de calidad en la madera aserrada de *Pinus caribaea* var. *Caribaea* Morelet. Estudio de caso: Para el sector constructivo Pinar del Río. *Revista Forestal Baracoa, Edición Especial, 29.* La Habana. Cuba.

Peñalver, A. (1991). *Estudio del crecimiento y rendimiento de las plantaciones de* Eucalyptus *sp., de la provincia de Pinar del Río.* Tesis (en opción al grado científico de Doctor en Ciencias Forestales). Universidad de Pinar del Río, Cuba. 100.

Prodan, M., Peters, R., Cox, F., & Real, P. (1997). Mensura Forestal. Serie Investigación y Educación en Desarrollo Sostenible. *Proyecto IICA/GTZ sobre agricultura, recursos naturales y desarrollo sostenible.* San José, Costa Rica. 561.

Reiners, W.A., Bouwman, A.F., Parson, W.F.J., & Keller, M. (1994). Tropical rain forest conversion to pasture: changes in vegetation and soil properties. *Ecol. Appl., 4,* 363-377. http://dx.doi.org/10.2307/1941940

Running, S.W. (1984). Documentation and Preliminary Validation of H2OTRANS and DAYTRANS, Two Models for Predicting Transpiration and Water Stress in Western Coniferous Forests. *US For. Serv. Res., OR.* 45.

Seely, B., Welham, C., & Kimmins, H. (2002). Carbon sequestration in a boreal forest ecosystem: results from the ecosystem simulation model, FORECAST. *For. Ecol. Manage., 169,* 123-135. http://dx.doi.org/10.1016/S0378-1127(02)00303-1

Seely, B., Nelson, J., Wells, R., Meter, B., Meitner, M., Anderson, A. et al. (2004). The application of a hierarchical, decision support system to evaluate multi-objective forest management strategies: a case study in northeastern British Columbia, Canada. *Forest Ecology and Management, 199,* 283-305. http://dx.doi.org/10.1016/j.foreco.2004.05.048

Sessions, J. (1992). Cost control in forest harvesting and road construction. Rome: FAO, Forestry paper, 99, 106.

Shugart, H.H. (1998). *Terrestrial ecosystems in changing environments.* Cambridge: Cambridge University Press. 539.

Smith, C.K., Gholz, H.L., & Oliveira, F.A. (1998). Fine litter chemistry, early-stage decay, and nitrogen dynamics under plantations and primary forest in lowland Amazonia. *Soil. Biol. Biochem., 30,* 2159-2169. http://dx.doi.org/10.1016/S0038-0717(98)00099-6

Sollins, P.A., Brown, A.T., & Swartzman, G. (1979). CONIFER: a model of carbon and water flow trough a coniferous forest (revised documentation). *Coniferous Forest Biome. Bulletin, 15,* University of Washington, Seattle, Washington, USA.

Sverdrup, H., & Svensson, M.G.E. (2002). Defining sustainability. En: Sverdrup, H., Stjernquist, I. (Eds.) *Developing principles and models for sustainable forestry in Sweden.* Dordecht: Kluwer Academic Publishers. 21-32.

Thomasius, H. (1974). Reisebericht–Vorlage zum Sommerkurz der Universität Habana–Sommerkurz.

Valdez, L. (2000). Ecuaciones para estimar volumen comercial y total en rodales aclareados de Pinus patula en Puebla, México. Colegio postgraduado. Montecillo, México. *Agrociencia, 34(6),* 747-758.

Vanclay, J.K., & Skovsgaard, J.P. (1997). Evaluating forest growth models. *Ecol. Model., 98,* 1-12. http://dx.doi.org/10.1016/S0304-3800(96)01932-1

Vidal, A., Benítez, J.Y., Rodríguez, J., Carlos, R., & Gra, H. (2004). Estimación de la biomasa de copa para árboles en pie de *Pinus caribaea* var. *caribaea* en la EFI La Palma de la provincia de Pinar del Río, Cuba. *Quebracho, 11,* 60-66.

Wallman, P., Sverdrup, H., Svensson, M.G.E., & Alveteg, M. (2002). Integrated modelling. Developing principles and models for sustainable forestry in Sweden. Sverdrup H., Stjernquist I. (Eds.). Dodrecht, Netherlands: Kluwer Academic Publishers. 57-83. http://dx.doi.org/10.1007/978-94-015-9888-0_5

Weetman, G.F. (1983). Ultimate productivity in North America. Actas IUFRO *Symposium on Forest Site and continuous productivity. General Technical Report PNW-163.* Portland, EEUU. 70-79.

Wei, X., Kimmins, J.P., & Zhou, G. (2003). Disturbances and the sustainability of long-term site productivity in lodgepole pine forests in the central interior of British Columbia – an ecosystem modeling approach. *Ecological Modelling, 164,* 239-256. http://dx.doi.org/10.1016/S0304-3800(03)00062-0

Welham, C., Seely, B., & Kimmins, H. (2002). The utility of the two-pass harvesting system: an analysis using the ecosystem simulation model FORECAST. *Canadian Journal of Forest Research, 32,* 1071-1079. http://dx.doi.org/10.1139/x02-029

Welham, C., Seely, B., Van Rees, K., & Kimmins, H. (2007). Projected long-term productivity in Saskatchewan hybrid poplar plantations: weed competition and fertilizer effects. *Canadian Journal of Forest Research, 37,* 356-370. http://dx.doi.org/10.1139/x06-227

Winkler, N. (1997). Aprovechamiento forestal compatible con el medio ambiente: ensayo sobre la aplicación del Código Modelo de la FAO en la Amazona Brasileña. Roma: FAO. *Estudio monográfico, 8,* 84.

Zaldívar, A. (2000). *Estudio dasométrico de plantaciones de* Hibiscus elatus *SW en la provincia de Pinar del Río.* Tesis (en opción al grado científico de Doctor en Ciencias Forestales). Universidad de Pinar del Río, Cuba. 99.

Apéndice técnico: Ejemplo del cálculo de la distancia promedio de arrastre

Teniendo en consideración lo expuesto, se realiza este trabajo con el objetivo de minimizar el costo del sistema de aprovechamiento de madera en bosques de *Pinus caribaea*, a partir de la interacción entre el costo de camino y del arrastre de madera en base a la densidad de camino y patios de carga. Con el auxilio del sistema automatizado PACE (Sessions, 1992), se calculó el costo de las operaciones. Para el cálculo del costo por unidad de producción, referente a caminos y patios de carga se puede usar la siguiente expresión:

$$Cucp \ = \ \frac{Cr \ * \ (Ep/10^3 \ ) \ + \ Cp}{Va \ * \ Ec* \ Ep/10^4} \tag{1}$$

Donde:

Cucp – Costo unitario de caminos y patios de carga, ($/m³).

Cr – Costo de construcción del camino, ($/km).

Va – Volumen de madera utilizada por unidad de área, (m³/ha).

Cp – Costo de construcción de patio, ($).

Ec – Espaciamiento promedio entre caminos (m).

Ep – Espaciamiento promedio entre patios (m).

Para el cálculo del costo de arrastre de madera se utilizó la expresión:

$$Cua = \frac{Cef \ + \ Cev \ + \ Cem}{\dfrac{Vc*(60 - Ti)}{\dfrac{da}{Vrsc} + Ta + \dfrac{da}{Vrcc} + Td}} \tag{2}$$

Donde:

Cua – Costo unitario de arrastre de madera, ($/m³).

Cef – Costo fijo del tractor, ($/h).

Cev – Costo variable del tractor, ($/h).

Cem – Costo de mano de obra, ($/h).

Vc – Volumen promedio arrastrado por el tractor, (m³).

Ti – Tiempo de interrupciones, (min/h).

da – Distancia promedio de arrastre, (m).

Vrsc – Velocidad sin carga del tractor, (m/min.).

Vrcc – Velocidad con carga del tractor, (m/min.).

Ta – Tiempo de amarre de la madera, (min.).

Td – Tiempo de desamarre, (min.).

Como la distancia de arrastre (da), es una función del espaciamiento promedio entre caminos y entre patios e interviene en el costo de construcción de caminos y también en el costo del arrastre, se utilizó la expresión que sirve de interacción entre ambas operaciones (Figura A1):

$$da = \{1/3 * [(0,5 * Ec)^2 + (Ep)^2)]^{0,5} + 1/3 * [(0,25 * Ec)^2 + (0,5 * Ep)^2)]^{0,5} \} *k \tag{3}$$

Donde:

Ec - Espaciamiento promedio entre caminos, (m).

Ep - Espaciamiento promedio entre patios, (m).

k - Coeficiente de sinuosidad, (k ≥ 1). Relación entre la distancia real de arrastre y la distancia teórica.

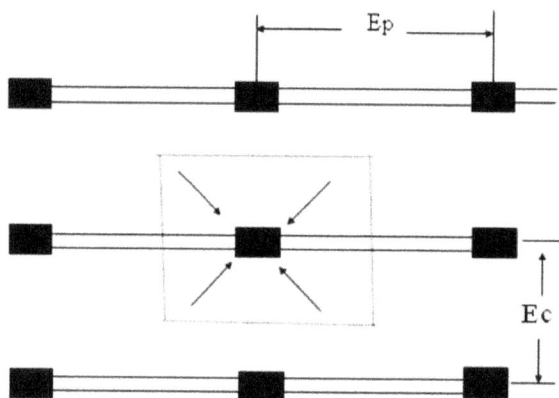

Figura A1. Esquema sobre la interacción caminos, patios y distancia de arrastre

Resultados de la interacción de los costos de caminos y patios con el costo del arrastre

Basado en valores encontrados en las investigaciones, (Cándano, 1998), se obtuvo un costo total de caminos y patios de 2,06$/m³ y un costo de arrastre de madera de 2,25 $/m³.

$$Cucp = \frac{9\,858,36*(106/10^3)+75,96}{125*410*106/10^4}$$

$$Cua = \frac{10,36 + 10,18 + 1,26}{\dfrac{2,24 * (60-9)}{\dfrac{138,33}{86} + 6,11 + \dfrac{138,33}{68} + 2,07}}$$

Cucp = (9 858,36*0,106+75,96)/543,25

Cucp = 1 044,99*75,96/195,57

Cucp = 1 120,95/195,57

Cucp = 2,06 $/m³

Cua = 21,8/(91,8/(1,61+6,11+2,03+2,07))

Cua = 21,8/(114,53/11,82)

Cua = 21,8/9,69

Cua = 2,25 $/m³

Sustituyendo los valores de espaciamiento promedio se obtiene la distancia media de arrastre.

Da = {0,333* [(0,5 * 410)^2 + (106)^2)] ^{0,5} + 0,333* [(0,25 * 410)^2 + (0,5 * 106)^2)] ^{0,5} }* 1,20

da = {0,333*[(42 025+11 236)]0,5+0,333*[(10 506,25+ 2 809]0,5}*1,20

da = {0,333*230,78+0,333*115,39}*1,20

da = {76,85+38,43}*1,20

da = 138,33m.

Para una distancia promedio de arrastre de 138,33 m el costo total es de 4,31$/m³. Al sustituir los valores óptimos de distancia promedio de caminos y de patios, 721,12 y 123,01 respectivamente.

$$Cucp = \frac{9\,858,36*(123,01/10^3)+75,96}{125*721,12*123,01/10^4}$$

$$Cua = \frac{\dfrac{10,36+10,18+1,26}{2,24*(60-9)}}{\dfrac{228,35}{86}+6,11+\dfrac{228,35}{68}+2,07}$$

Cuc = 1,16 $/m³   Cua = 2,70 $/m³

Con el aumento de la distancia o espaciamiento promedio entre caminos y entre patios, la distancia promedio de arrastre aumenta 90 m, disminuyendo la productividad del tractor arrastrador y aumentando el costo del arrastre. En compensación disminuye significativamente el costo de caminos y patios por metro cúbico.

da = {0,333*[(0,5*721,12)^2+(123,01)^2)] ^{0,5}+0,333*[(0,25*721,12)^2+(0,5*123,01)^2)]^{0,5}}* 1,20

da = {0,333*380,97+0,333*190,48}*1,20

da = {126,86+63,43}*1,20

da=228,35m.

El resultado final del proceso de optimización reduce la densidad de camino de 24,39 m/ha para 13,87 m/ha. Cada 100 ha de bosque se reduce 1 km de camino, disminuyendo el impacto por la construcción de estos y reduce 0,45 $/m³ el proceso de aprovechamiento.

Capítulo 8

Fuego en el bosque o fuego en la caldera: estudiando la sostenibilidad de utilizar las cortas preventivas para mantener un sistema de calefacción de distrito

Juan A. Blanco[1], Dale Littlejohn[2], David Dubois[3], Dave Flanders[4], Peter Robinson[2]

[1]Universidad Pública de Navarra, España, [2]Community Energy Association, Canadá, [3]Wood Waste to Energy, Canadá, [4]University of British Columbia, Canadá.
juan.blanco@unavarra.es, dlittlejohn@communityenergy.bc.ca, david@greenheatinitiative.com, David.Flanders@ubc.ca, Probinson@communityenergy.bc.ca

Doi: http://dx.doi.org/10.3926/oms.121

Referenciar este capítulo

Blanco, J.A., Littlejohn, D., Dubois, D., Flanders, D., & Robinson, P. (2013). Fuego en el bosque o fuego en la caldera: estudiando la sostenibilidad de utilizar las cortas preventivas para mantener un sistema de calefacción de distrito. En J.A. Blanco (Ed.). *Aplicaciones de modelos ecológicos a la gestión de recursos naturales*. (pp. 181-213). Barcelona: OmniaScience.

1. Introducción

El dióxido de carbono es uno de los gases de efecto invernadero más abundantes y significativos. El gobierno federal canadiense sugiere que la forma más eficiente en coste para reducir las emisiones de carbono de edificios implica reducir el consumo de energía, aumentar la eficiencia de la misma y cambiar a combustibles que generen menos CO_2 (Flanders, Sheppard & Blanco, 2009). Algunos estudios sugieren que cambiar de combustible será más importante para reducir las emisiones de gases de efecto invernadero que el aumento de la eficiencia energética (Simpson, Jaccard & Rivers, 2007). Por ejemplo, en las comunidades del interior de la Columbia Británica, en la costa del Pacífico canadiense, la calefacción y la generación de agua caliente están entre los mayores contribuidores de gases de efecto invernadero (Sheltair, 2007; Green Heat Initiative, 2010). Si estas comunidades se centran en el uso de fuentes de calor alternativas y de baja generación de CO_2, estas comunidades pueden reducir su dependencia de combustibles fósiles. Por ejemplo, la ciudad de Prince George podría reducir sus emisiones de carbono en aproximadamente un 11% (Flanders et al., 2009). Esto supondría conseguir un tercio de las reducciones en emisiones a las que la ciudad se ha comprometido dentro del programa provincial para el año 2020 (reducir en un 33% las emisiones del año 2007).

Figura 1. Página anterior: Localización de las tres comunidades utilizadas en este estudio en la Columbia Británica. Esta página: Fotografía aérea mostrando la intersección entre la zona urbana y forestal en una comunidad rural del suroeste de la Columbia Británica (Mapa: Natural Resources Canada. Foto: UBC-CALP)

Además, de forma similar a lo que ha ocurrido a lo largo del mundo, los bosques, praderas y otros paisajes rurales de la Columbia Británica están llenos de edificios e infraestructura vulnerable a los incendios forestales (Partners in Protection, 2003). Las comunidades rurales de la Columbia Británica disfrutan de los beneficios de estar lejos del estresante estilo de vida de las grandes ciudades, y además están cerca de los diversos paisajes naturales por los que la provincia es famosa. Estas comunidades están atrayendo un número cada vez mayor de residentes, produciendo la expansión del área periurbana (Figura 1). Esto provoca que la intersección entre la zona urbana y forestal esté aumentando rápidamente, y que las comunidades de la Columbia Británica (especialmente en el interior), estén aplicando manejo forestal preventivo para reducir el riesgo de incendios. Sin embargo, estas actividades están generando restos leñosos debido a la reducción de la densidad de árboles en los rodales gestionados.

Por otro lado, estas comunidades sufren los inconvenientes de ser centros de población más pequeños y aislados: mayores precios de los combustibles y mayor riesgo frente a desastres naturales como los incendios forestales. Como muchas comunidades rurales de la Columbia Británica no están conectadas a la red de distribución de gas natural, los combustibles fósiles normalmente deben ser transportados desde las ciudades grandes. Estas formas de energía para calefacción son bastante caras, incluyendo electricidad, propano o gasóleo de calefacción. Esto significa un sobrecoste comparado con el coste pagado en las ciudades. Con los precios actuales de combustibles en Canadá, el propano es normalmente el doble de caro que los "pellets" de serrín prensado (el tipo de biomasa más caro), y el gasoil es incluso más caro. La tendencia a largo plazo es que los combustibles fósiles sigan subiendo sus precios, poniendo más presión en las economías locales. Por lo tanto, hay incentivos económicos, además de sociales y ambientales, para aumentar el uso de restos leñosos generados durante la gestión forestal de la intersección urbana-forestal como fuente de energía, reduciendo el uso de combustibles fósiles.

Además, eventos como los incendios forestales de Kelowna y Barriere en 2003, el incendio de West Kelowna en 2009 (Figura 2), o el incendio de Peachland de 2012 indican otra tendencia preocupante: el aumento en el área y daño causado por los incendios forestales. Este es uno de los primeros efectos notables del cambio climático, un fenómeno que los municipios de la

Columbia Británica están intentando reducir y al que están intentando adaptarse tras firmar la Carta de Acción por el Clima. Sin embargo, esta tendencia no está causada solamente por las mayores temperaturas y los periodos secos más largos, sino también por el aumento de las zonas periurbanas en contacto directo con el bosque circundante, constituyendo la zona de intersección entre la zona urbana y la forestal.

Por lo tanto, el reto para los gestores locales en las comunidades rurales es múltiple: cómo mantener las comunidades atractivas para los locales, recién llegados y visitantes, pero a la vez reducir los riesgos, mantener el gasto energético bajo y reducir la emisión de gases de efecto invernadero. Aunque estos problemas pueden parecer independientes, no están aislados los unos de los otros. De hecho, ya se han creado planes para utilizar un recurso que es abundante a lo largo de la Columbia Británica rural: el bosque. Éste puede proporcionar una fuente de energía alternativa a los combustibles fósiles.

Se estima que por medio de una silvicultura sostenible la Columbia Británica podría producir suficiente biomasa (17,1 millones de toneladas secas por año) para cubrir el 29,8% de la energía utilizada en la provincia proveniente de combustibles fósiles. Esta cantidad podría ser incluso mayor si la madera procedente de árboles muertos por el brote de la plaga del escarabajo del pino de montaña se utilizase, alcanzando un total de 28,1 millones de toneladas secas, equivalente a un 49,0% de la energía procedente de combustibles fósiles utilizada en la provincia (ENVIT Consulting, 2011).

Figura 2. Incendio forestal en la zona de intersección urbana – forestal en West Kelowna en 2009.
(Foto: Community Energy Association)

Aunque estas son cifras importantes, el potencial de biomasa de la Columbia Británica está lejos de poder ser utilizado en su totalidad. Los problemas que afectan a cualquier operación de manejo forestal también afectan a la producción de biomasa: accesibilidad a las masas forestales, costes de las operaciones, costes de transporte y eficiencia. Estos son, entre otros, los factores que reducen la energía potencial disponible de los bosques alrededor de todo el mundo. Además, la ecología de los residuos leñosos también tiene que ser tenida en cuenta. Desde la perspectiva de un ecosistema forestal, no existe la biomasa "residual" o de "deshecho". Todos los residuos forestales son parte del ciclo de nutrientes del bosque. La investigación reciente ha mostrado cómo la eliminación de residuos forestales, que tradicionalmente se han dejado en el bosque tras las cortas, puede tener efectos negativos rápidamente sobre la fauna (Sullivan, Sullivan, Lingren, Ransome, Bull & Ristea, 2011), así como efectos a largo plazo sobre la flora (Blanco, 2012a).

Juntos, estos problemas crean una situación muy compleja en la cual las comunidades rurales luchan para utilizar todo el potencial de las áreas de intersección urbana-forestal. Un proyecto conjunto de la Universidad de la Columbia Británica, Community Energy Association y Wood Waste to Rural Heat Project ha desarrollado la herramienta llamada FIRST Heat™. Esta herramienta gratuita ayudará a las autoridades locales y gestores forestales a tener una primera idea de si su comunidad debería embarcarse en un proyecto que combine el control de los incendios forestales con la producción de energía. Este capítulo describe los fundamentos de esta herramienta.

2. Fuego en el Bosque

Los incendios forestales son fenómenos naturales o causados por el hombre que se asocian normalmente a palabras como "desastre", "calamidad", "daño", etc. Esta es la perspectiva normal para la gente que vive en comunidades rurales, donde sus formas de vida pueden convertirse en cenizas cuando los incendios aparecen. Sin embargo, los incendios forestales son un elemento natural y fundamental de los ecosistemas forestales, especialmente en ambientes en los bosques templados y boreales que dominan la mayor parte de la Columbia Británica, pero también en los ambientes mediterráneos típicos de España, California, Chile, Australia, etc. (Pausas, 2012).

2.1. El papel del fuego en los ecosistemas forestales

Los bosques afectados por incendios han evolucionado y se han adaptado a la presencia el fuego. Los bosques no desaparecen tras el incendio, simplemente regresan al estado de iniciación del rodal, en el cual las plántulas de distintas especies se establecen de nuevo en el área quemada. De hecho, si no hubiera fuegos, muchas especies de plantas y árboles no tendrían ocasión para reproducirse, ya que el área estaría ocupada por bosques viejos y sus especies asociadas (Coking, Barner & Sherriff, 2012).

El fuego tiene muchos efectos en los ecosistemas forestales, ya que cada combinación de lugar, tipo de bosque y condiciones climáticas crea un conjunto de propiedades único que afectan al comportamiento del fuego. Como resultado de la variabilidad natural de los bosques, del comportamiento del fuego y del clima, en cualquier paisaje forestal sometido al fuego coexiste una mezcla de zonas quemadas, parcialmente quemadas y sin afectar tras el paso del incendio. Con el tiempo, estas zonas evolucionan de forma diferente. Algunas de ellas mantienen el mismo tipo de bosque que existía antes del incendio, mientras que en otras se puede desarrollar un nuevo tipo de rodal. A la fauna también le afectan los incendios, ya que sus hábitats y fuentes de alimento son alterados. Además, no sólo la parte viva del ecosistema es afectada, sino también el suelo cambia tras el fuego.

El suelo es una parte muy importante de los ecosistemas forestales. Contiene la mayor reserva de nutrientes y agua. Tras el fuego, el suelo puede volverse más fértil al incorporar los nutrientes que existen en las cenizas. Las cenizas son ricas en minerales provenientes de la vegetación quemada. Sin embargo, si el calor es muy alto, las partículas que componen el suelo pueden volverse repelentes al agua, causando que el agua de lluvia se escurra sobre el suelo, provocando erosión. Para las plantas, la mayoría de los recursos disponibles en el suelo están unidos a la presencia de materia orgánica. Esta unión es tan fuerte que la cantidad de materia orgánica en el suelo puede usarse como un indicador de la fertilidad de un lugar (Seely, Welham & Blanco, 2010). La cantidad de materia orgánica en el suelo depende a su vez de la cantidad de restos leñosos y no leñosos que llegan al suelo por medio del material vegetal en descomposición. Sin embargo, los incendios forestales pueden eliminar este importante elemento del ecosistema. Si un fuego alcanza temperaturas elevadas, la materia orgánica se puede volatilizar, reduciendo la fertilidad de un sitio y su capacidad de almacenar agua.

Prácticamente cada bosque en zonas boreales, templadas o mediterráneas tiene una historia de incendios pasados (Pausas, 2012). Aunque los bosques están adaptados de forma natural al fuego, están de hecho adaptados a un régimen de incendios específico, definido por el tiempo medio entre un fuego y el siguiente, la intensidad del fuego, la estación y otros factores. Algunos factores externos (tanto naturales como relacionados con actividades humanas) pueden producir un cambio en este régimen, haciendo muy difícil para las plantas, animales y el suelo el volver a las condiciones previas al incendio.

Algunos ejemplos de este tipo de factores son el excesivo control de incendios o la elevada mortalidad de los árboles (por causas naturales como plagas o sequías, o artificiales como las cortas), las cuales pueden causar una acumulación de combustible y por lo tanto aumentar la intensidad del fuego. Otro ejemplo es el aumento de la frecuencia del fuego causado por chispas de origen humano, el aumento de las temperaturas de verano, o veranos más secos. Estos últimos factores son cada vez más importantes para sitios como la cuenca mediterránea o la Columbia Británica, donde ya se han escrito conexiones directas entre el cambio climático y el aumento del número de incendios (Westerling, Hidalgo, Cayan & Swetnam, 2006), una tendencia que está previsto siga aumentando (Hirsch & Fuglem 2006, de Groot, Flanningan & Cantin, 2013).

Para la mayoría de comunidades en el ambiente rural y forestal no es una cuestión de si sufrirán un incendio forestal, sino de cuándo será. El régimen de incendios es distinto en cada tipo de ecosistema ya que cada uno tiene una composición diferente y una estructura determinada por el clima, las especies de árboles, la biomasa de las plantas, la edad del bosque y las fuentes de ignición. Todos estos factores están unidos al tipo de bosque que rodea cada comunidad. En la Columbia Británica los tipos de bosques están clasificados de forma sistemática, y se dividen en zonas biogeoclimáticas (zonas BEC, Pojar, Klinka & Meidinger, 1987).

2.2. Manejo forestal y fuego

Las actividades de manejo forestal se han identificado como uno de los orígenes de incendios forestales. Pueden ser fuente de chispas creadas por la maquinaria, sierras eléctricas, etc. También pueden aumentar la cantidad de combustible al dejar restos de corta en el bosque. Sin embargo, estos problemas han sido reducidos considerablemente siguiendo los códigos de buenas prácticas que proporcionan los distintos tipos de certificación de las actividades forestales. Entre otras opciones, se recomiendan prácticas como el apilado y quema controlada de los restos forestales generados con claras, cortas parciales o cortas finales.

Por otro lado, la gestión forestal puede ser una herramienta muy importante para luchar contra los incendios forestales. Por ejemplo, las indicaciones que el programa FireSmart proporciona en Canadá son un detallado conjunto de reglas para proteger a los hogares y propiedades (Partners in Protection, 2003). Estas reglas claramente muestran la importancia de reducir la cantidad de vegetación en la proximidad de los edificios (la intersección urbana-forestal, Figura 3). Esta reglas también reconocen la importancia de distintos niveles de intensidad de manejo dependiendo del riesgo de fuego aceptable en cada situación. Por ejemplo, cuanto más cerca están los árboles de los edificios, menos biomasa leñosa debe dejarse en el sitio y menor debe ser la densidad del rodal cercano (número de árboles por hectárea). Si únicamente un riesgo bajo es aceptable (en otras palabras, la probabilidad de tener un fuego en el futuro cercano) entonces es necesario un manejo intensivo que elimine la mayoría de las coníferas, árboles muertos, troncos caídos y cualquier otro resto leñoso del suelo. Los pocos árboles que queden en pie deberán ser podados para evitar que el posible fuego pueda pasar del suelo a las copas de los árboles. Toda la biomasa generada durante estas actividades debería ser eliminada del sitio.

Figura 3. Ejemplo de área residencial antes (izquierda) y después (derecha) de aplicar las recomendaciones de FireSmart para el manejo de la intersección urbana-forestal. (Partners in Protection, 2003)

Por lo tanto, la necesidad de un manejo más o menos intenso dependerá de dos variables principales: 1) una decisión de la propia comunidad sobre el nivel de riesgo de incendio que se considere aceptable para la zona de intersección urbana-forestal, y 2) las características locales del bosque en la vecindad de la comunidad. Además, el tamaño de la intersección (o en otras palabras, el área que deberá ser gestionada para controlar el riesgo de incendio) dependerá de la distribución del bosque, accesibilidad, estructura de propiedad del terreno, así como de los intereses y capacidades de cada comunidad rural.

El tamaño de la intersección urbana-forestal ha aumentado de forma constante en la Columbia Británica en los últimos años (Hirsch & Funglem, 2006). Desde el censo canadiense de 1981 ha habido una clara tendencia a que los espacios periurbanos rurales (la intersección urbana-forestal) crezcan en población a un ritmo mayor que el centro de la ciudad (Figura 4). Este fenómeno muestra la creciente popularidad de las propiedades urbanas "en la frontera", y explica parcialmente el aumento de costes por daños de incendios, así como de órdenes de evacuación cuando el fuego se acerca a la comunidad. Por lo tanto, los gestores de las comunidades y los oficiales de prevención de incendios deben considerar áreas bajo riesgo cada vez mayores y que necesitan algún tipo de manejo forestal preventivo. Resulta fácil predecir que esta situación llevará a un aumento en la biomasa que es eliminada del bosque. Sin embargo, esta biomasa tendrá poco valor de mercado, ya que es la seguridad de la comunidad, y no la calidad de la madera, el principal factor utilizado para seleccionar los árboles a cortar. Hasta ahora, esta biomasa ha sido eliminada del sitio, apilada y quemada de forma controlada para evitar que se convierta en combustible para incendios forestales. Como resultado de esta práctica, cualquier energía que el bosque haya podido generar se pierde.

La pregunta candente es: "si tenemos que cortar árboles y eliminar el sotobosque que haya crecido para reducir el riesgo de incendios, ¿por qué no usar la biomasa producida para generar calor localmente?". Si toda esa biomasa forestal va a arder de forma natural en algún momento, ¿por qué no utilizar la energía del fuego de una forma que pueda beneficiar a la comunidad?.

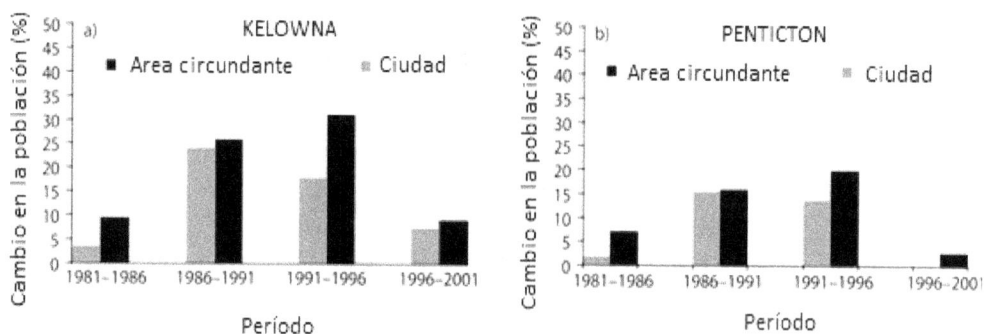

Figura 4. La intersección urbana-forestal ha crecido en población más rápidamente que el centro de las ciudades en la mayoría de la Columbia Británica (ejemplos: ciudades de Kelowna y Penticton) (Hirsch & Funglem, 2006)

3. Fuego en la caldera

Basado en las estadísticas oficiales de Canadá, el 70% de la energía utilizada en los hogares, locales comerciales e instituciones de la Columbia Británica se utiliza en calefacción y agua caliente doméstica (Green Heat Initiative, 2010). Las calderas y estufas de biomasa tienen eficiencias y emisiones de partículas que se aproximan a los sistemas de gas natural (pero con emisiones netas de carbono menores) y han sido utilizadas extensivamente en norte y centro Europa por muchos años. Un sistema de bioenergía, utilizando biomasa local, permite que la biomasa generada en actividades de reducción del riesgo de incendios sea utilizada de forma efectiva y limpia en beneficio de la comunidad.

3.1. Las ventajas: efectos múltiples y multiplicativos de los sistemas de calefacción de biomasa

La sustitución de sistemas de calefacción de combustibles fósiles por otros de biomasa forestal tiene beneficios potenciales múltiples para las comunidades rurales:

- **Reducción en los gastos en combustible.** El coste de la energía calorífica producida por la biomasa es claramente beneficioso para las comunidades no conectadas a la red de gas natural (ver Figura 5), y también para aquellas que aun estando conectadas deben pagar precios mayores a los de las ciudades (Tablas 1 y 2).

Tipo de energía	Coste
Gas natural	$8-10 / GJ
Propano	$30-35 / GJ
Gasóleo de calefacción	$29 / GJ
Biomasa (pellets de serrín prensado)	$8-10 / GJ

Tabla 1. Costes la biomasa y otras combustibles convencionales en la Columbia Británica (en dólares canadienses por gigajulio de energía generado) (ENVINT Consulting, 2011)

Tipo de Combustible	Unidad de venta	Contenido de energía	Precio de venta	Coste típico en BC	
		GJ / Unidad	$ / Unidad	$ / GJ	$ / MWh
Gas Natural	GJ	1.0	11-19	11-19	40-70
Propano	Litros	0.0253	0.48-0.63	19-25	70-90
Electricidad	kWh	0.0036	0.068-0.083	19-23	70-80
Gasóleo Calefacción	Litros	0.0387	0.74-0.97	19-25	70-90
Pino ponderosa	Cuerda (3,6 m^3)	17.9	200-250	11-14	40-60
Madera astillada	Ton. verde	11.2	35-55	3-5	10-20
Pellets (venta)	Tonelada	19.2	175-210	9-11	30-40

Tabla 2. Contenido de energía, precio de venta y coste de distintos tipos de combustible en la Columbia Británica. Precios en dólares canadienses. (Dubois, Littlejohn, Robinson, Blanco & Flanders, 2012)

- **Reducción de las emisiones de carbono.** Los tipos de biomasa utilizados más comúnmente para aplicaciones energéticas pueden llegar a reducir las emisiones de carbono de un 55% a un 98% comparadas con combustibles fósiles, incluso tras transportar la biomasa largas distancias (European Union Comision, 2010). Merece la pena notar que la mayoría de los estudios realizados para conseguir estos valores se enfocan en el uso de biomasa generada durante la realización de prácticas de manejo forestal para la producción de madera (residuos de claras y cortas finales, plantaciones de ciclo corto, etc.), pero no directamente gestionadas para reducir el riesgo de incendios. En el pasado ha habido muy poca discusión sobre el uso de la biomasa generada en cortas protectoras para la producción de energía, pero este concepto está siendo aceptado ahora. El resultado es que las comunidades que usan la biomasa procedente de la mitigación de los riesgos de incendios forestales pueden desplazar combustibles que producen intensas emisiones de carbono. Por lo tanto, el uso de la biomasa puede ayudar a las comunidades a conseguir sus compromisos en la mitigación y adaptación al cambio climático, alcanzando los objetivos de reducción de gases de efecto invernadero marcados en el Plan de Acción del Clima de la Columbia Británica.

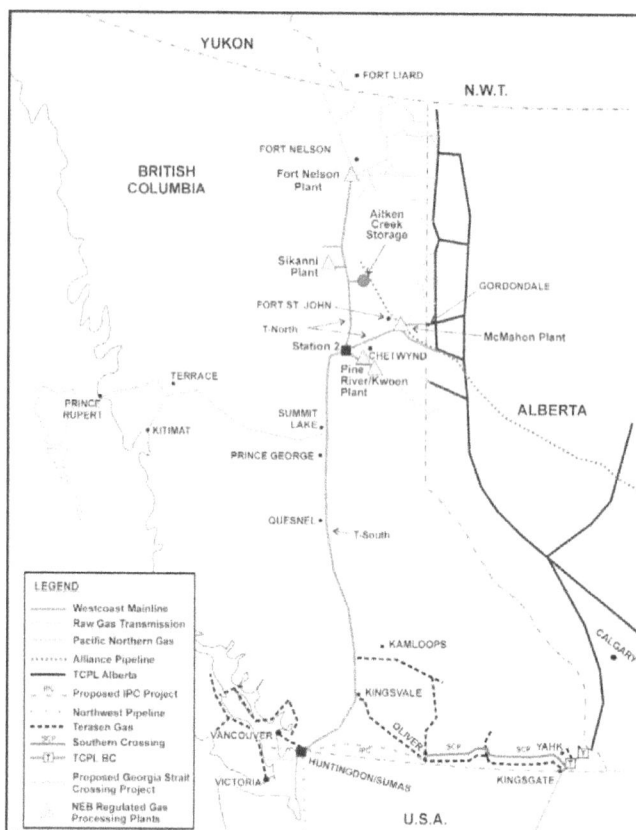

Figura 5. Red de distribución de gas natural en la Columbia Británica, mostrando los ramales gestionados por diferentes compañías (National Energy Board, 2004)

- **Reducción de los ingresos por energía que salen de las comunidades**. Generalmente, los combustibles fósiles se generan fuera de las comunidades rurales. El resultado es un flujo económico que sale de la comunidad. Por otro lado, si el combustible se estuviera originando en la vecindad, como por ejemplo la intersección urbana-forestal, estos beneficios se quedarían en la comunidad para reforzar la economía local.

- **Aumento en las oportunidades de empleo.** La generación de calor a partir de biomasa es uno de los usos y formas de energía que más empleos demanda. Se estima que un total de 6 empleos directos se crean por Megavatio (Oregon Department of Energy, 2003). Típicamente, los empleos se crean en los sectores forestales y de transporte, e indirectamente en el sector servicios. Estos empleos se crearían en la comunidad, y los salarios se gastarían mayoritariamente en el área local, reduciendo los flujos de dinero fuera de la comunidad. Además, estos empleos tienden a ser menos cíclicos y más estables que los relacionados con otros recursos naturales.

- **Reducción de la dependencia energética.** Nadie desea quedarse aislado de sus suministradores de combustible para calefacción en medio del invierno. Sin embargo, se espera que las tormentas de nieve, viento o lluvia torrencial sean paulatinamente más comunes en un futuro bajo cambio climático. Estos fenómenos climáticos extremos, junto con otros factores que pudieran afectar a la producción o transporte de combustible podrían producir un suministro cada vez menos fiable. Tener la fuente de combustible para calefacción en el bosque que rodea la comunidad podría reducir este riesgo.

- **Otros beneficios fiscales.** Los sistemas de calefacción de distrito pueden ser fuentes de ingresos distintos a los impuestos para las comunidades que los gestionen. Estos ingresos pueden financiar proyectos que mejoren la calidad de vida de las comunidades rurales. Además, tener una intersección urbana-forestal bien gestionada, con bajo riesgo de incendio, también podría reducir los gastos de seguro para los propietarios de la zona.

3.2. Los inconvenientes: no hay energía gratis

El establecimiento de un sistema de calefacción de distrito alimentado con biomasa no está libre de inconvenientes. Algunos de ellos son técnicos, otros son económicos, pero también hay condicionantes ecológicos que deben ser tenidos en cuenta durante el planteamiento de un nuevo sistema.

- **Capital inicial requerido para la inversión.** De forma similar al desarrollo de los sistemas de agua, saneamiento, electricidad o gas, el capital inicial que hay que invertir es importante. En muchos casos la malla de distribución (tubos, válvulas, etc.) es más cara que la planta de producción de calor (caldera, almacén de combustible, panel de control, etc.). El reto es cómo desarrollar una red de calefacción de forma eficiente en términos de costes. La respuesta es identificar áreas con alta demanda de calor que están agrupadas juntas y empezar desde allí. Estos grupos pueden ser hospitales, escuelas, hoteles, piscinas, grandes edificios comerciales, complejos de apartamentos, usuarios industriales, etc. También es importante buscar "ventanas de oportunidad" para minimizar costes. Éstas pueden ser obras de mejoras en edificios, u obras de mantenimiento de infraestructura subterránea (TV por cable, teléfono, gas, etc.).

- **Necesidad de inventarios forestales detallados y predicciones de crecimiento del bosque.** Los inventarios son una herramienta básica en la gestión forestal. Normalmente, los servicios forestales de cada región tienen inventarios a nivel operacional que permiten a los gestores conocer el bosque alrededor de cada comunidad rural. Los sistemas de calefacción de distrito se diseñan para ser amortizados en 25 años, aunque tienen una vida operacional de unos 50 años. Este tiempo es lo suficientemente largo para que el bosque cambie de una forma notable. Los árboles dominantes crecerán más altos, mientras que los árboles dominados u ocluidos morirán. Por lo tanto, habrá más biomasa presente en el bosque tanto en los árboles en pie como en los restos leñosos. Sin embargo, estimar cuanta biomasa forestal estará disponible no es fácil. Los árboles crecerán más o menos dependiendo de cuántos recursos (agua, luz, nutrientes) tienen disponibles (Kimmins, 2004). La disponibilidad de estos recursos cambiará durante la vida operacional del sistema de calefacción de distrito, dependiendo de cómo se gestione el bosque para la reducción del riesgo de incendios. Por lo tanto, los inventarios forestales que definen la situación actual de los bosques deben combinarse con modelos ecológicos que simulen los cambios de la biomasa forestal bajo condiciones de cambio en la disponibilidad de recursos para los árboles. Un modelo muy adecuado para esta tarea es FORECAST (Kimmins, Mailly & Seely, 1999; Kimmins, Blanco, Seely, Welham & Scoullar 2010). Este modelo tiene la forma de un programa de ordenador que ha sido ampliamente evaluado en todo tipo de ecosistemas forestales alrededor del mundo (Blanco, 2012b). Una descripción detallada de este modelo se proporciona en el apéndice técnico.

- **La sostenibilidad ecológica de algunos rodales puede estar comprometida.** De entre las decenas de miles de plántulas por hectárea que pueden brotar en un rodal después de un incendio, solamente unos cientos alcanzarán el estado de los grandes árboles que pueden encontrarse en los bosques viejos. El resto morirán y antes o después se convertirán en restos leñosos, y tras descomponerse, en materia orgánica del suelo forestal. La velocidad a la que todos estos procesos ocurren (crecimiento, mortalidad, descomposición) depende de las condiciones específicas de cada rodal: tipo de bosque, edad del bosque, clima, topografía, etc. El manejo forestal también puede afectar estas características, y por lo tanto afectar los procesos ecológicos, reduciendo la cantidad de hojarasca que retorna al suelo forestal, reduciendo sus tasas de descomposición, alterando las tasas de crecimiento de los árboles, etc. (Blanco, Imbert & Castillo, 2006, 2008, 2011). En los planes de control del riesgo de incendio, el principal objetivo es reducir la cantidad de combustible (dicho de otra forma, la biomasa vegetal) que está presente en el bosque. Sin embargo, esta reducción en biomasa también resulta en la extracción de nutrientes minerales (nitrógeno, fósforo, potasio, etc.). En algunas circunstancias, esto puede llevar a una reducción de la fertilidad del sitio (Blanco, Zavala, Imbert & Castillo, 2004). Si esto ocurre, los tres árboles crecerían menos, produciendo menos biomasa, y por lo tanto generando menos materia orgánica que se pueda incorporar en el suelo. En otras palabras, el suelo sería cada vez menos productivo. Esta situación depende en gran medida de las circunstancias de cada sitio (Blanco, 2012a). Cuando una comunidad decide aplicar un plan de control de riesgo de incendios, los gestores primero necesitan saber qué rodales son más sensibles y tienen un potencial de pérdida de fertilidad, y adaptar el plan de gestión en función de las características ecológicas del bosque.

4. La herramienta "FIRST Heat™"

Teniendo en cuenta todas estas complejidades, es difícil para una comunidad rural decidir si merece la pena unir los planes de control del riesgo de incendio con instalaciones de calefacción de distrito. Un proyecto conjunto de la Universidad de la Columbia Británica, Community Energy Association y Wood Waste to Rural Heat Project ha desarrollado la herramienta llamada FIRST Heat™ (Figura A1 del Apéndice). El proyecto ha desarrollado una herramienta intuitiva para generar un rango de valores para distintas variables ecológicas, económicas e ingenieriles que se utilizan en la gestión energética. Esta herramienta es un archivo Excel® en el cual los usuarios pueden seleccionar distintas opciones, escribir parámetros específicos a sus comunidades (o escoger entre los datos por defecto).

Se puede descargar de forma gratuita en la página web de la Community Energy Association: http://www.communityenergy.bc.ca/resources-introduction/first-heat.

4.1. La creación de la herramienta

La herramienta se creó combinando para cada comunidad piloto seleccionada información de un sistema de información geográfico (SIG), un modelo ecológico (FORECAST), un modelo energético y un modelo financiero (LCOE) (Figura 6).

Se seleccionaron tres comunidades rurales del interior de la Columbia Británica Todas ellas son pequeñas en tamaño, no tienen sistemas de calefacción de distrito y por su localización no están conectadas a la red de gas natural, están rodeadas de bosques con elevado riesgo de incendios y cada comunidad está en una zona biogeoclimática diferente, con distintos tipos de bosque. Estas comunidades son (Figura 1):

- **Burns Lake** – Norte de la Columbia Británica, sobre una meseta interior rodeada de bosques de la zona biogeoclimática de bosque sub-boreal de piceas. Aunque está conectada a la red de gas natural, paga un 50% de sobretasa respecto al resto de la provincia.

- **Sicamous** – Valle de Shuswap, en la zona biogeoclimática de bosques de cedro-hemlock del interior, sin conexión a la red de gas natural;

- **Invermere** – Montañas Kootenays, en la zona biogeoclimática de los bosques de picea de montaña, son conexión a la red de gas natural.

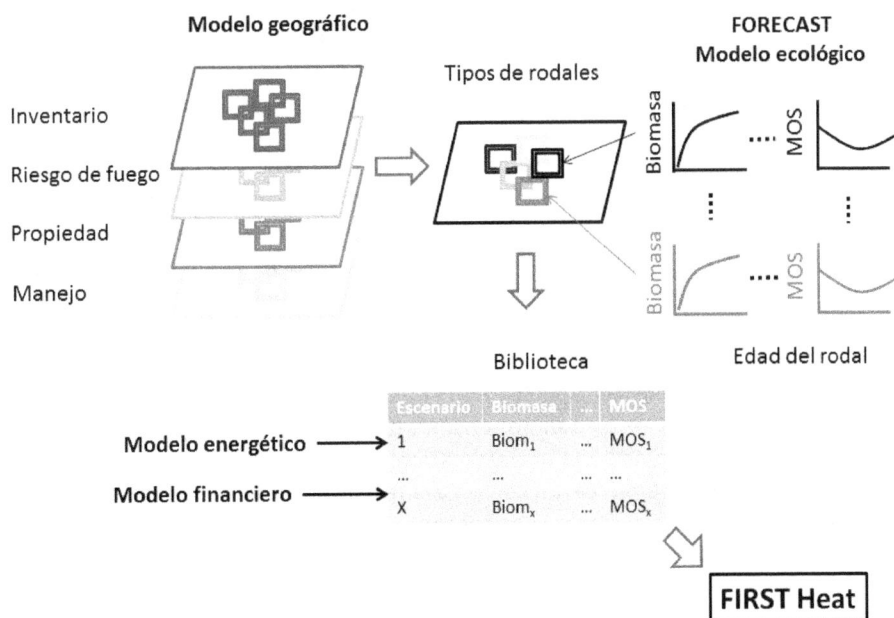

Figura 6. Esquema de la unión entre modelos utilizadas en la creación de la herramienta FIRST Heat ™

Se llevó a cabo una revisión documental en cada comunidad para conseguir información sobre los planes locales de protección contra el fuego, recomendaciones de manejo, reconocimientos ecológicos y otra información relacionada. Esta información se usó para designar tres tipos distintos de planes de manejo, basados en la densidad que los rodales deberían tener tras las claras preventivas (de 61 a 286 árboles por hectárea), que corresponden a las distancias entre árboles mínimas y máximas, según las recomendaciones de FireSmart. Otro factor utilizado en la definición de los planes de manejo fue la frecuencia de las acciones para controlar el rebrote en los rodales bajo manejo (cada 5 o 10 años). Estos escenarios fueron simulados con el modelo FORECAST.

FORECAST es un simulador dinámico del crecimiento y manejo de rodales. Una descripción detallada del modelo puede encontrarse en Kimmins et al. (1999), por lo que aquí solo se proporciona un resumen de sus principales características, con una descripción más extensa en el apéndice técnico al final de este capítulo. FORECAST es un modelo híbrido: combina el uso de datos estadísticos de crecimiento y producción (disponibles en tablas de crecimiento, inventarios forestales, parcelas permanentes, etc.) con la simulación de los procesos ecosistémicos clave.

El modelo FORECAST ha sido utilizado en estudios previos para examinar la productividad del suelo (Seely et al., 2010; Wei, Blanco, Jiang & Kimmins, 2012; Blanco, Wei, Jiang, Jie & Xin, 2012; Blanco, 2012a; Wang, Mladenoff, Forrester, Blanco, Scheller, Peckham et al., 2013a), y ha sido evaluado frente a datos de campo para variables de crecimiento, variables ecofisiológicas y variables para varios tipos de bosques de la Columbia Británica (Blanco, Seely, Welham, Kimmins & Seebacher, 2007; Seely et al., 2008, 2010), y otros bosques alrededor del mundo (Bi, Blanco, Kimmins, Ding, Seely & Welham, 2007; Blanco & González 2010a, 2010b; Jie, Jiang, Zhou, Wei, Blanco, Jiang et al., 2011; Xin et al., 2011; Wang, Wei, Liao, Blanco, Liu, Liu et al., 2013b). El uso del modelo FORECAST se realiza en tres etapas: 1) creación de los ficheros de calibración y generación de las pautas de crecimiento históricas (observadas); 2) Inicialización del modelo al crear las condiciones iniciales de la simulación; y 3) simulación del crecimiento de árboles y plantas.

Calibración del modelo: Para cada tipo de bosque, se crea un fichero de datos que describen la acumulación de biomasa (componentes aéreos y subterráneos) en los árboles y el sotobosque a lo largo del tiempo para tres lugares con el mismo tipo de bosque pero con diferente fertilidad. Los datos de biomasa de árboles y las tasas de autoaclareo se generan normalmente a partir de datos de altura, diámetro y densidad del rodal, presentes en las tablas de crecimiento y producción creadas por la mayoría de servicios forestales y publicadas para muchas especies en todo el mundo. Para calibrar los aspectos nutricionales del modelo se necesitan datos de la concentración de nutrientes en los distintos órganos de las plantas (tronco, corteza, ramas, hojas y raíces). FORECAST también necesita una estimación de la relación entre la masa de las copas y el grado de sombreado que produce, así como de la respuesta de las hojas a distintos niveles de luz. Por último, son necesarios datos que describan la velocidad a la que se descompone la hojarasca, así como la concentración de nutrientes en la misma.

En este estudio se utilizaron archivos de calibración del modelo que fueron creados durante un proyecto financiado por la Fundación Canadiense para la Innovación. Los datos de biomasa se derivaron de las tablas de crecimiento y producción regionales, combinados con ecuaciones alométricas (relación entre masa y altura o diámetro). De la literatura también se obtuvieron datos de concentración de nutrientes (Peterson & Peterson, 1992; Wang, Zhong, Simard & Kimmins, 1996; Kimmins, Catanzario & Binkley, 1979), tasas de descomposición (Prescott, Blevins & Staley, 2000; Prescott, Zabek, Staley & Kabzems, 2000), tasas de caída de hojarasca (Kimmins et al., 1979; Li, Kurz, Apps & Beukema, 2003; Peterson, 1988), transmisividad de la luz en la copa (Messier, Parent & Bergeron, 1998; Leifers, Pinno & Stadt, 2002; Comeau & Heineman, 2003), tasas de crecimiento (Leifers et al., 2002; Claveau, Messier & Comeau, 2002; Mailly & Kimmins, 1997). Los valores utilizados en la calibración de los parámetros más importantes pueden consultarse en esos trabajos. En la Tabla A1 del Apéndice se proporciona un listado de los tipos de bosque simulados y de las principales características que definen cada uno de los rodales.

Inicialización del modelo: para crear las condiciones de inicio de las simulaciones es necesario simular las condiciones históricas conocidas o la pauta de perturbaciones naturales de los bosques a simular. Este paso es necesario para similar las condiciones del suelo del bosque en el momento del inicio del crecimiento de los árboles. Estas condiciones pueden estar muy afectadas por la historia pasada de incendios forestales y manejo forestal. En la Tabla A2 del Apéndice se proporciona la lista de las condiciones simuladas. Una discusión más detallada de este procedimiento de generación de las condiciones iniciales puede encontrarse en Seely, Welham y Kimmins (2002) y Blanco et al. (2007).

Simulación del crecimiento de los árboles: El modelo FORECAST ha sido diseñado para simular una amplia variedad de sistemas silvícolas para poder comparar sus efectos en la productividad del bosque, dinámica del rodal y una larga serie de indicadores biofísicos de otros valores diferentes a la madera. La simulación del crecimiento de los árboles se realiza utilizando ecuaciones que representan los principales procesos ecológicos que intervienen en el crecimiento de las plantas. Estos procesos se simulan por medio de variables tales como tasas de producción y descomposición de hojarasca, curvas de eficiencia fotosintética de producción de biomasa con distintos niveles de luz, y concentración de nutrientes en distintas partes de los árboles (tronco, ramas, hojas, corteza, raíces). Estos procesos incluyen, entre otros (Figura 7):

- *La eficiencia fotosintética* por unidad de biomasa de follaje basada en las relaciones entre biomasa foliar, simulación de la sombra producida por las copas de los árboles y la generación de biomasa, incluyendo la producción de hojarasca y la mortalidad.

- *Requerimientos de absorción de nutrientes* del suelo forestal, basados en las tasas de crecimiento de biomasa y en medidas de campo o datos bibliográficos de la concentración de nutrientes en distintos componentes de la biomasa, los cuales suelen ser distintos en bosques con distinta fertilidad.

- *Medidas de niveles de luz* relacionados con la mortalidad de árboles y ramas, derivadas de datos de densidad del rodal para distintas edades del bosque.

El modelo se calibró para los distintos tipos de bosque presentes en cada comunidad (Tabla A1 del Apéndice). Para cada tipo de bosque se simuló el efecto de las operaciones de manejo comenzando a la edad presente del bosque y durante 50 años. Además de simular los escenarios para las edades dominantes de los bosques de cada comunidad (80-170 años en los bosques maduros de Sicamous e Invermere, y 0-100 años en los bosques jóvenes de Burns Lake), se simularon dos franjas de edad hipotéticas más para cada sitio. Estos escenarios simularon que el bosque era más viejo o más joven en el momento del inicio de las operaciones de control del riesgo de incendio. El resultado de los 50 años de datos de biomasa de árboles, sotobosque y suelo se unieron a cada polígono representando un tipo de bosque de los mapas SIG de cada comunidad. A partir de estos mapas se calcularon los valores totales de producción de biomasa para tres tipos distintos de zonas bajo manejo: 1) Todos los bosques dentro de los 25 km de cada comunidad, 2) Todos los bosques que están realmente disponibles para planes de manejo a largo plazo (excluyendo zonas de reserva de cualquier tipo), y 3) Todos los bosques con alto riesgo de incendio que están disponibles para planes de manejo a largo plazo. Tras estas simulaciones se creó una biblioteca con 81 valores distintos para todas las combinaciones de zona ecológica, tipo de manejo, edad dominante del bosque, y tipo de área bajo gestión forestal. En esta biblioteca se acumularon datos de distintas variables ecológicas (biomasa de troncos y otras partes aéreas de los árboles, volumen de madera, biomasa del sotobosque, disponibilidad de nutrientes, contenido de materia orgánica del suelo).

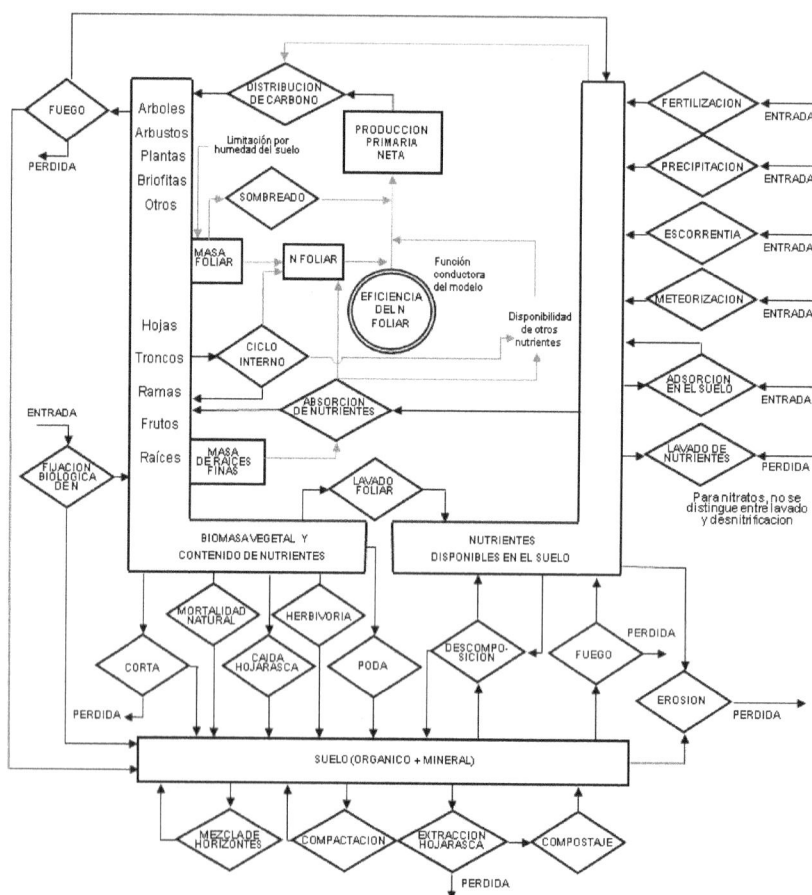

Figura 7. Principales procesos ecológicos implicados en el crecimiento de los árboles y simulados por FORECAST. La biomasa fluye (flechas) entre los distintos compartimentos (rectángulos) del ecosistema a distintas velocidades definidas por los diferentes procesos ecológicos simulados (rombos). Adaptado de Kimmins et al. (1999)

Simulación de la energía generada: Basándonos en los datos de biomasa generada, estimamos la cantidad de energía potencialmente disponible en cada comunidad. Para calcular este dato el usuario debe indicar el tamaño del área que va a estar bajo manejo, además del tipo de área anteriormente definido. Ese valor funciona como un multiplicar de la cantidad de biomasa seleccionada de la biblioteca de valores pregenerados. Tras aplicar el multiplicador se calcula la biomasa anual producida en dos períodos diferentes: el periodo de control inicial de densidad (1-10 años), y el periodo de control del rebrote (11-50 años). El usuario también tiene que proporcionar una serie de valores (o aceptar los valores por defecto) para las variables que definen las siguientes categorías:

- *Energía en la biomasa forestal:* pérdida de biomasa en las operaciones forestales, contenido de energía, especies de árboles, contenido de humedad.

- *Análisis del sistema de calefacción de distrito:* horas de operación, eficiencia de la planta y el sistema de distribución, costes de los edificios, área de caldera, longitud de la red de tuberías, coste de la excavación y tuberías, años de operación.

- *Análisis del ciclo de vida:* vida operacional de la caldera y tuberías, personal para operar el sistema, costes de mantenimiento, precios del combustible.

- *Análisis de emisiones de gases de efecto invernadero:* factores de emisión de toneladas de CO_2 por GJ de energía utilizada en la comunidad.

- *Uso de energía en la comunidad:* fuentes de energía utilizada en la comunidad y uso total de la energía, crecimiento de población.

Con los datos anteriores la herramienta calcula la energía calorífica potencialmente disponible para cada comunidad. Todas las ecuaciones pueden verse en la propia herramienta. La herramienta asume que el sistema utiliza la mejor tecnología probada con emisiones cercanas al gas natural. También asume que hay una única planta de calor diseñada para cubrir la demanda media de calor y suministrando un 80-90% de la demanda total de calor. Otros combustibles se utilizan para cubrir los picos de demanda.

Simulación de los costes e ingresos: Este dato se utilizó para estimar el tamaño de un sistema de calefacción de distrito, y el capital y costes de operación asociados durante 25 años. Calculamos el coste levelizado de energía (un valor que expresa el coste de energía de un sistema a lo largo de su ciclo de vida y por unidad de energía). El coste levelizado de energía tiene en cuenta el coste de capital, la tasa de descuento, los años de vida útil del sistema, la producción anual de energía y todos los costes relacionados con la operación y mantenimiento del sistema. Este dato permite comparar el coste de energía de distintos sistemas y combustibles. Las ecuaciones utilizadas para estos cálculos pueden consultarse en el fichero que contiene la herramienta.

4.2. Lecciones aprendidas

Siguiendo las recomendaciones de Partners in Protection (2003), los primeros 10 años del plan de manejo se dedicarían a reducir la densidad del rodal en las zonas con riesgo de incendio alto. Para evitar problemas de excesivas roturas y pérdidas de los árboles que quedan en pie tras las claras al reducirse de forma súbita la densidad del rodal, las operaciones de aclarado se diseñan en dos pasos. En el primero se elimina el 50% de los árboles a cortar, y 10 años después, cuando los árboles en pie se han adaptado a las condiciones de un bosque más abierto, se corta el resto de los árboles. Como consecuencia de esta actuación en dos pasos, durante los 10 primeros años de vida del sistema se genera una gran cantidad de biomasa. Sin embargo, la mayoría de la biomasa está contenida en grandes troncos que pueden tener más valor como madera estructural o para muebles que como astillas o serrín para biomasa.

A pesar de todo, se genera una cantidad suficiente de biomasa procedente de los árboles de menor porte para poder mantener activo el sistema de calefacción de distrito. Por otro lado, el sistema debe ser sostenible no sólo en los primeros diez años, sino a lo largo de toda su vida útil de 25 años. Por lo tanto, el análisis de sostenibilidad económica se hizo utilizando los datos de biomasa generada a partir el año 11, cuando la biomasa generada proviene de las labores de mantenimiento. Después de descontar las áreas no disponibles (por razones de accesibilidad, propiedad, etc.) para el manejo forestal a largo plazo, la cantidad de biomasa generada anualmente en un círculo de 25-km alrededor de las comunidades se estimó que podría estas entre 24.800 a 29.400 toneladas en Sicamous, 29.700 a 38.400 toneladas en Invermere, y 14.600 a 22.000 toneladas en Burns Lake, dependiendo del escenario de manejo. En términos de energía anual, esta biomasa sería equivalente a 211.500 - 250.900 GJ en Sicamous, 232.100 a 300.700 GJ en Invermere, y 113.800 a 172.200 GJ en Burns Lake. La recogida de esa biomasa requeriría de 25 a 67 puestos de trabajo a tiempo complete (dependiendo de las asunciones utilizadas para definir el sistema de calefacción).

Nuestros escenarios también muestran que aplicar distintos niveles de control de densidad, siguiendo los niveles de riesgo de incendios descritos en las directrices FireSmart, no produciría grandes diferencias (ver Figuras A2 a A4 en el Apéndice). Sin embargo, si podrían tener importantes consecuencias ecológicas. Aumentar el nivel de retirada de restos leñosos en los escenarios de manejo intenso (cuando solamente un nivel muy bajo de riesgo de incendio es aceptable) no produce un aumento igual en la producción de biomasa. De hecho, la producción de biomasa podría reducirse si en el escenario de manejo más intenso se extraen más nutrientes del bosque (que estarían en la biomasa retirada), lo que reduciría la productividad del lugar. Este fenómeno sería más importante en las áreas con el crecimiento de los árboles más lento, tales como los rodales en la zona más montañosa alrededor de Invermere, y especialmente en los bosques sub-boreales que rodean Burns Lake. En estos bosques, aplicar un escenario más intensivo de extracción de biomasa podría causar un descenso medio del 22,2% del contenido inicial de materia orgánica en el suelo (Figura 8), lo cual podría causar pérdidas permanentes de fertilidad (Seely et al., 2010). Por otro lado, si se siguen las recomendaciones mínimas de FireSmart (pero que también reducen los niveles de riesgo de incendio de forma significativa) reduciría los niveles de materia orgánica en 11,8% después de 50 años.

Por lo tanto, si el manejo en los bosques con los suelos más sensibles durase más de cincuenta años podría haber una alta probabilidad de tener una pérdida de fertilidad irreversible. Para evitar este problema, las claras intensivas deberían ser evitadas en lo posible, ajustándose el manejo a los requerimientos mínimos para tener el riesgo de incendio bajo control. Estas áreas sensibles a la pérdida de materia orgánica también podrían ser dejadas sin manejo por un tiempo tras el final de la vida operativa del sistema de calefacción de distrito para permitir al bosque recuperar sus reservas de nutrientes (Blanco 2012a). Alternativamente, otras fuentes de combustible como "pellets" de madera o madera reciclada podrían utilizarse durante el tiempo que fuera necesario para sustituir la biomasa proveniente de estas zonas en recuperación.

Por último, no debe olvidarse el componente social de este tipo de proyectos. Durante los últimos diez años ha habido una amplia variedad en la aceptación de las comunidades a los sistemas de bioenergía en todo el mundo, y la Columbia Británica no ha sido ajena a ello. Ha habido respuestas positivas y negativas, con preocupación a nivel local centradas en emisiones de partículas, contaminación y ruido. Durante este estudio no detectamos percepciones negativas en las comunidades estudiadas, aunque algunas estuvieron más interesadas que otras. Para todas ellas, el desarrollo económico y los aspectos de mitigación del riesgo de incendios forestales fueron positivos, especialmente si los planes pueden además incluir estimaciones de la viabilidad medioambiental de estos sistemas.

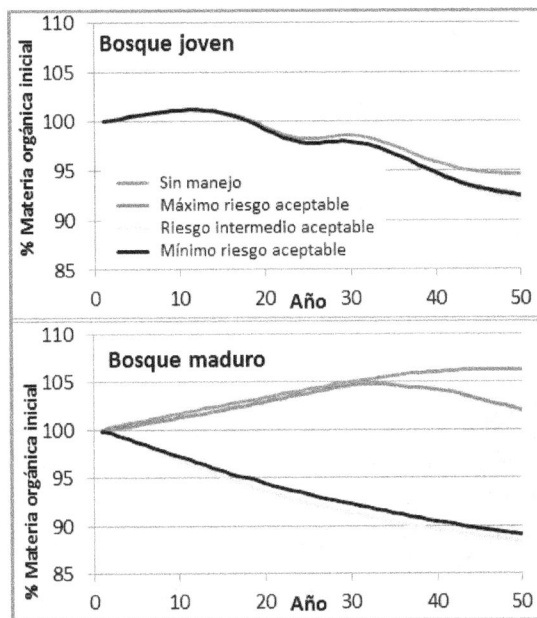

Figura 8. Cambio relativo en el contenido de materia orgánica en el suelo en un bosque joven (panel superior) y un bosque maduro (panel inferior) en la zona sub-boreal alrededor de Burns Lake. Las líneas muestran los efectos de manejo para mantener el riesgo de incendio a distintos niveles, según las recomendaciones máximas, intermedias y mínimas de FireSmart

5. Conclusiones y recomendaciones

Las necesidades de energía que podrían ser proporcionadas por los sistemas de calefacción a nivel de distrito serán diferentes en cada comunidad. En la práctica, es probable que sean una proporción pequeña del consumo total de energía de la comunidad, cuando se considera el uso de energía total en edificios y transporte. En cada caso, la proporción dependerá del tipo de sistema propuesto. Éste está unido a muchos factores tales como la densidad de demanda de calor, los costes actuales de la energía, y otros. Un escenario podría contemplar a los edificios conectados al sistema convertirse en la práctica en independientes de los combustibles fósiles (excepto para los sistemas de apoyo en picos de demanda o para casos de averías). Los edificios no conectados al sistema de energía de distrito continuarían utilizando sus combustibles habituales. Un segundo escenario podría ser que una vez que el reparto de energía y el suministro de biomasa se han establecido y comprendido, otros edificios que no son adecuados para su conexión al sistema de calefacción (porque están demasiado lejos o es demasiado caro conectarlos) implementarían sus propios sistemas independientes de biomasa.

Nuestra investigación ha mostrado cómo la unión de modelos ecológicos, geográficos, financieros y energéticos puede producir estimaciones valiosas del potencial de biomasa disponible para la producción de energía en distintas comunidades rurales. También ha mostrado la posibilidad de unir la gestión para la reducción del riesgo de incendios con la producción de calor de una forma ambientalmente sostenible, siempre que las condiciones locales de productividad y salud del bosque sean tenidas en cuenta. Sin embargo, la herramienta FIRST Heat™, como todos los ejercicios de modelización, incluye varias asunciones ecológicas, financiera y energéticas, y por lo tanto debe ser utilizada únicamente como una prueba del concepto y para obtener unas dimensiones iniciales de la potencialidad de generación de biomasa y energía de una comunidad, pero nunca debería sustituir estudios de viabilidad específicos para unas condiciones concretas, necesarios para planear la puesta en marcha de estos sistemas de distribución de calor.

Agradecimientos

Queremos agradecer sinceramente la ayuda y apoyo proporcionado por las tres comunidades piloto (Burns Lake, Sicamous, e Invermere) durante cada paso del proyecto. Sin ellos nuestro trabajo no hubiera sido posible. La herramienta FIRST Heat™ la hemos creado para ellos. Esperamos haber cubierto sus expectativas. También agradecemos a Alex Adam y Molly Moshofsky por su esfuerzo durante las primeras etapas del proyecto que contribuyeron al despegue de las ideas que mostramos en este capítulo. Por último pero no menos importante, agradecemos al Pacific Institute for Climate Solutions (PICS) su financiación a través de su programa "Carbon Management in BC Call for Applied Research". Las actividades descritas aquí fueron financiadas por medio del proyecto PICS "Community Fire Interface Biomass Utilization For Heating Fuel".

Referencias

Agren, G.I. (1983). Nitrogen productivity of some conifers. *Canadian Journal of Forest Research, 13,* 494-500. http://dx.doi.org/10.1139/x83-073

Bi, J., Blanco, J.A., Kimmins, J.P., Ding, Y., Seely, B., & Welham, C. (2007). Yield decline in Chinese Fir plantations: A simulation investigation with implications for model complexity. *Canadian Journal of Forest Research, 37,* 1615-1630. http://dx.doi.org/10.1139/X07-018

Blanco, J.A. (2012a). Forests may need centuries to recover their original productivity after continuous intensive management: an example from Douglas-fir. *Science of the Total Environment, 437,* 91-103. http://dx.doi.org/10.1016/j.scitotenv.2012.07.082

Blanco, J.A. (2012b). Más allá de los modelos de crecimiento: modelos ecológicos híbridos en el contexto del manejo forestal sostenible. *Cuadernos de la Sociedad Española de Ciencias Forestales, 34,* 11-25.

Blanco, J.A., Zavala, M.A., Imbert, J.B., & Castillo, F.J. (2004). Sostenibilidad del manejo forestal en bosques de Pinus sylvestris L. en los Pirineos Occidentales. *Cuadernos de la Sociedad Española de Ciencias Forestales, 18,* 39-44. ISSN: 1575-2410; ISBN: 978-84-936854-0-9.

Blanco, J.A., & González, E. (2010a). The legacy of forest management in tropical forests: analysis of its long-term influence with ecosystem-level model. *Forest Systems, 19,* 249-262.

Blanco, J.A., & González, E. (2010b). Exploring the sustainability of current management prescriptions for Pinus caribaea plantations in Cuba: a modelling approach. *Journal of Tropical Forest Science, 22,* 139-154.

Blanco, J.A., Imbert, J.B., & Castillo, F.J. (2006). Influence of site characteristics and thinning intensity on litterfall production in two Pinus sylvestris L. forests in the Western Pyrenees. *Forest Ecology and Management, 237,* 342-352. http://dx.doi.org/10.1016/j.foreco.2006.09.057

Blanco, J.A., Imbert, J.B., & Castillo, F.J. (2008). Nutrient return via litterfall in two contrasting Pinus sylvestris forests in the Pyrenees under different thinning intensities. *Forest Ecology and Management, 256,* 1840-1852. http://dx.doi.org/10.1016/j.foreco.2008.07.011

Blanco, J.A., Imbert, J.B., & Castillo, F.J. (2011). Thinning affects Pinus sylvestris needle decomposition rates and chemistry differently depending on site conditions. *Biogeochemistry, 106,* 397-414. http://dx.doi.org/10.1007/s10533-010-9518-2

Blanco, J.A., Seely, B., Welham, C., Kimmins, J.P., & Seebacher, T.M. (2007). Testing the performance of a forest ecosystem model (FORECAST) against 29 years of field data in a Pseudotsuga menziesii plantation. *Canadian Journal of Forest Research, 37,* 1808-1820. http://dx.doi.org/10.1139/X07-041

Blanco, J.A., Wei, X., Jiang, H., Jie, C.Y., & Xin, Z.H. (2012). Enhanced nitrogen deposition in south-east China could partially offset negative effects of soil acidification on biomass production of Chinese fir plantations. *Canadian Journal of Forest Research, 42,* 437-450. http://dx.doi.org/10.1139/x2012-004

Brix, H. (1971). Effects of nitrogen fertilization on photosynthesis and respiration in Douglas-fir. *Forest Science, 17,* 407-414.

Claveau, Y., Messier, C., Comeau, P.G., & Coates, K.D. (2002). Growth and crown morphological responses of boreal conifer seedlings and saplings with contrasting shade tolerance to a gradient of light and height. *Canadian Journal of Forest Research, 32,* 458-468. http://dx.doi.org/10.1139/x01-220

Cokcing, M.I., Varner, J.M., & Sherriff, RL. (2012). California black oak responses to fire severity and native conifer encroachment in the Klamath Mountains. *Forest Ecology and Management, 270,* 25-34. http://dx.doi.org/10.1016/j.foreco.2011.12.039

Comeau, P.G., & Heineman, J.L. (2003). Predicting understory light microclimate from stand parameters in young paper birch (Betula papyrifera Marsh) stands. *Forest Ecology and Management, 180,* 303-315. http://dx.doi.org/10.1016/S0378-1127(02)00581-9

Dubois, D., Littlejohn, D., Robinson, P., Blanco, J.A., & Flanders, D. (2012). District Heating: A Tool to Protect Communities from Wildfire While Reducing Green House Gases. *International Symposium on Sustainability, 62nd Canadian Chemical Engineering Conference,* Vancouver, BC, Canadá. 14-17 Octubre.

ENVINT Consulting (2011). *An Information Guide on Pursuing Biomass Energy Opportunities and Technologies in British Columbia. Prepared for BC Biomass Network.* Victoria, BC, Canadá.

European Union Commission (2010). *Report from the Commission to the Council and the European Parliament on sustainability requirements for the use of solid and gaseous biomass sources in electricity, heating and cooling.* SEC(2010) 65, SEC(2010) 66. Brussels, Bégica.

Flanders, D., Sheppard, S.R.J., & Blanco, J.A. (2009). The Potential for Local Bioenergy in Low-Carbon Community Planning. Smart Growth on the ground: Prince George. *Foundation research Bullletin #4.* Smart growth BC, Vancouver, BC, Canadá.

Green Heat Initiative (2010). *A renovable biomass energy vision for 2025.* Quesnel, BC, Canadá.

de Groot, W.J., Flanningan, M.D., & Cantin, A.S. (2013). Climate change impacts of future boreal fire regimes. *Forest Ecology and Management, 294,* 35-44. http://dx.doi.org/ 10.1016/j.foreco.2012.09.027

Hirsch, K.G., & Fuglem, P. (Eds.) (2006). *Canadian wildland fire strategy: background syntheses, analyses, and perspectives.* Canadian Council of Forest Ministers, Natural Resource Canada, Canadian Forest Service, Northern Forest Centre, Edmonton, AB, Canadá.

Jie, C., Jiang, H., Zhou, G., Wei, X., Blanco, J.A., Jiang, Z. et al. (2011). Simulating the carbon storage of spruce forests based on the FORECAST model and remotely sensed data. *19th International Conference on Geoinformatics, Geoinformatics 2011.* Article number 5981581. 24-26 de Junio de 2011. http://dx.doi.org/10.1109/GeoInformatics.2011.5981581

Kimmins, J.P. (2004). *Forest Ecology: a foundation for sustainable forest management and environmental ethics in forestry.* 3Rd. Upper Saddle River, NJ, EE.UU.: Ed. Prentice Hall.

Kimmins, J.P., Catanzario, J.D., & Binkley, D. (1979). *Tabular summary of data from the literature on the biogeochemistry of temperate forest ecosystems.* ENFOR Project P-8. Natural Resources Canada. Vancouver, BC, Canadá.

Kimmins, J.P., Mailly, D., & Seely, B. (1999). Modelling forest ecosystem net primary production: the hybrid simulation approach used in FORECAST. *Ecological Modellling, 122,* 195-224. http://dx.doi.org/10.1016/S0304-3800(99)00138-6

Kimmins, J.P., Blanco, J.A., Seely, B., Welham, C., & Scoullar, K. (2008). Complexity in Modeling Forest Ecosystems; How Much is Enough? *Forest Ecology and Management, 256,* 1646-1658. http://dx.doi.org/10.1016/j.foreco.2008.03.011

Kimmins, J.P., Blanco, J.A., Seely, B., Welham, C., & Scoullar, K. (2010). *Forecasting Forest Futures: A Hybrid Modelling Approach to the Assessment of Sustainability of Forest Ecosystems and their Values.* Londres, Reino Unido: Earthscan Ltd.

Leifers, V.J., Pinno, B.D., & Stadt, K.J. (2002). Light dynamics and free-to-grow standards in aspen dominated mixedwood forests. *Forestry Chronicle, 78,* 137-145.

Li, Z., Kurz, W.A., Apps, M.J., & Beukema, S.J. (2003). Belowground biomass dynamics in the Carbon Budget Model of the Canadian Forest Sector: recent improvements and implications for the estimation of NPP and NEP. *Canadian Journal of Forest Research, 33,* 126-136. http://dx.doi.org/10.1139/x02-165

Mailly, D., & Kimmins, J.P. (1997). Growth of Pseudotsuga menziesii and Tsuga heterophylla seedlings along a light gradient: resource allocation and morphological acclimation. *Canadian Journal of Botany, 75,* 1424-1435. http://dx.doi.org/10.1139/b97-857

Messier, C., Parent, S., & Bergeron, Y. (1998). Effects of Overstory vegetation on the understory light environment in mixed boreal forests. *Journal of Vegetation Science, 9,* 511-520. http://dx.doi.org/10.2307/3237266

National Energy Board, (2004). *The British Columbia Natural Gas Market: An Overview and Assessment.* Calgary, AB, Canadá.

Oregon Department of Energy, ODE (2003). *Biomass resource assessment and utilization: options for three counties in Eastern Oregon.* Report prepared by McNeil Technologies Inc for Oregon Department of Industry, contract C03057. Salem, OR, EE.UU.

Pausas, J.G. (2012). *Incendios Forestales.* Madrid: Catarata y CSIC.

Partners in Protection (2003). *FireSmart: protecting your community from wildfire. Partners in Protection.* Edmonton, AB, Canadá.

Peterson, E.B. (1988). An ecological primer on major boreal mixedwood species. En: Samoil JK. (ed). Management and utilization of northern mixedwoods. *Can. For. Serv. North. For. Cent. Inf. Rep., NOR-X-296,* 5-12. Edmonton, AB., Canadá.

Peterson, E.B., Peterson, N.M. (1992). Ecology, management, and use of aspen and balsam poplar in the prairie provinces. *For. Can., Nort. For. Cen., Spec. Rep., 1.* Edmonton, AB. Canadá.

Pojar, J., Klinka, K., & Meidinger, D.V. (1987). Biogeoclimatic ecosystem classfication in British Columbia. *Forest Ecology and Management, 22,* 119-154. http://dx.doi.org/10.1016/0378-1127(87)90100-9

Prescott, C.E., Blevins, L.L., & Staley, C.L. (2000). Effects of clearcutting on decomposition rates of litter and forest floor in forests of British Columbia. *Canadian Journal of Forest Research, 30,* 1751–1757. http://dx.doi.org/10.1139/x00-102

Prescott, C.E., Zabek, L.M., Staley, C.L., & Kabzems, R. 2000. Decomposition of broadleaf and needle litter in forests of British Columbia: influences of litter type, and litter mixtures. *Canadian Journal of Forest Research, 30,* 1742-1750. http://dx.doi.org/10.1139/x00-097

Seely, B., Hawkins, C., Blanco, J.A., Welham, C., & Kimmins, J.P. (2008). Evaluation of a mechanistic approach to mixedwood modelling. *The Forestry Chronicle, 84(2),* 181-193.

Seely, B., Welham, C., & Kimmins, H. (2002). Carbon sequestration in a boreal forest ecosystem: results from the ecosystem simulation model, FORECAST. *Forest Ecology and Management, 169,* 123-135. http://dx.doi.org/10.1016/S0378-1127(02)00303-1

Seely, B., Welham, C., Blanco, J.A. (2010). Towards the application of soil organic matter as an indicator of ecosystem productivity: Deriving thresholds, developing monitoring systems, and evaluating practices. *Ecological Indicators, 10,* 999-1008. http://dx.doi.org/10.1016/j.ecolind.2010.02.008

Sheltair (2007). *City of Prince George energy and greenhouse gas management plan.* Prince George, BC, Canadá.

Simpson, J., Jaccard, M., & Rivers, N. (2007). *Hot Air: Meeting Canada's Climate Change Challenge.* Toronto, ON, Canadá: McClelland & Stewart.

Sullivan, T.P., Sullivan, D.S., Lingren, P.M.F., Ransome, D.B., Bull, J.G., & Ristea C. (2011). Bioenergy or biodiversity? Woody debris structures and maintenance of red-backed voles on clearcuts. *Biomass and Bioenergy, 35,* 4390-4398. http://dx.doi.org/10.1016/j.biombioe.2011.08.013

Wang, F., Mladenoff, D., Forrester, J., Blanco, J.A., Scheller, R., Peckham, S., et al. (2013a). Multi-Model Simulations of Long-Term Effects of Forest Harvesting on Ecosystem Productivity and C/N Cycling. *Ecological Applications.* En prensa. http://dx.doi.org/10.1890/12-0888.1

Wang, J.R., Zhong, A.L., Simard, S.W., & Kimmins, J.P. (1996). Aboveground biomass and nutrient accumulation in an age sequence of paper birch (Betual papyrifera) in the Interior Cedar Hemlock zone, British Columbia. *Forest Ecology and Management, 83,* 27-38. http://dx.doi.org/10.1016/0378-1127(96)03703-6

Wang, W., Wei, X., Liao, W., Blanco, J.A., Liu, Y., Liu, S., et al. (2013b). Evaluation of the effects of forest management strategies on carbon sequestration in evergreen broad-leaved (Phoebe bournei) plantation forests using FORECAST ecosystem model. *Forest Ecology and Management, 300,* 21-32. http://dx.doi.org/10.1016/j.foreco.2012.06.044

Wei, X., Blanco, J.A., Jiang, H., & Kimmins, J.P. (2012). Effects of nitrogen deposition on carbon sequestration in Chinese fir forests. *Science of the Total Environment, 416,* 351-361. http://dx.doi.org/10.1016/j.scitotenv.2011.11.087

Westerling, A.L., Hidalgo, H.G., Cayan, D.R., & Swetnam, T.W. (2006). Warming and earlier spring increase western U.S. forest wildfire activity. *Science, 313,* 940-943. http://dx.doi.org/10.1126/science.1128834

Xin, Z.-H., Jiang, H., Jie C.-Y., Wei, X., Blanco, J.A., & Zhou, G.M. (2011). Simulated nitrogen dynamics for a Cunninghamia lanceolata plantation with selected rotation ages. *Journal of Zhejiang Forestry College, 28(6),* 855-862. ISSN: 1000-5692.

Apéndice técnico

Tipos de rodales y salidas gráficas de FIRST Heat

Los tipos de bosques simulados en este trabajo se describen en detalle en la Tabla A1. La Tabla A2 muestra los distintos tipos de ecosistemas simulados para crear las condiciones iniciales de las simulaciones. La Figura A1 muestra la ventana de FIRST Heat que el usuario puede utilizar para introducir los datos de su comunidad y obtener las estimaciones. Las Figuras A2, A3 y A4 muestran los mapas de productividad de biomasa creados para cada una de las localidades de estudio

Tipo de bosque	Área 10³ Ha	SI m	Edad años	BGC ecotipo	Especie 1 Árboles ha⁻¹		Especie 2 Árboles ha⁻¹		Especie 3 Árboles ha⁻¹	
BURNS LAKE										
Sx B pobre	18,7	11,6	126	ESSF mc	Sx	1190	B	510	-	-
B Pl Sx Pobre	15,6	10,8	137	ESSF mc	B	800	Pl	600	Sx	600
Sx At pobre	88,4	14,8	106	SBS dk	Sx	1600	At	400	-	-
Sx B pobre	67,6	13,1	119	SBS mc	Sx	1050	B	450	-	-
Pl At Sx pobre	44,2	14,4	107	SBS dk	Pl	1020	At	340	Sx	340
At Sx Pl pobre	29,7	15,3	101	SBS dk	At	1500	Sx	900	Pl	600
Pl B pobre	17,2	12,8	135	SBS mc	Pl	1200	B	800	-	-
B Pl pobre	13,7	11,3	140	SBS mc	B	1200	Pl	800	-	-
B Pl Sx pobre	7,8	13,4	113	SBS dk	B	1000	Pl	500	Sx	500
INVERMERE										
Fd Pl Sx pobre	10,1	12,3	156	ESSF dk	Fd	1300	Pl	400	Sx	300
B Sx Pl pobre	5,7	9,0	135	ESSF dk	B	1950	Sx	600	Pl	450
B Pl Sx pobre	4,7	8,5	200	ESSF dk	B	1400	Pl	400	Sx	200
Pl Fd Sx pobre	26,0	11,9	122	ESSF dk	Pl	1500	Fd	300	Sx	200
Sx Pl B pobre	16,4	10,5	182	ESSF dk	S	1080	Pl	450	B	270
Fd Pl Sx medio	6,6	15,5	116	ICH mk	Fd	1200	Pl	900	Sx	900
Fd Pl At pobre	30,9	14,4	103	IDF dm	Fd	1875	Pl	375	At	250
Pl Fd At medio	4,0	15,7	65	IDF dm	Pl	825	Fd	450	At	225
Fd Pl pobre	13,2	13,1	108	IDF xk	Fd	1700	Pl	300	-	-
Pl Fd Sx medo	21,7	16,0	85	MS dk	Pl	1750	Fd	375	Sx	375
Sx Pl Fd medo	8,5	15,5	118	MS dk	Sx	1250	Pl	625	Fd	625
Fd Pl Sx pobre	27,0	14,5	119	MS dk	Fd	2100	Pl	600	Sx	300
SICAMOUS										
Fd Cw Hw medium	62,0	16,7	103	ICH mw	Fd	780	Cw	325	Hw	195
B Sx pobre	50,7	8,5	162	ESSF wc	B	750	Sx	250	-	-
Fd At Cw medium	22,7	17,3	102	IDF mw	Fd	960	At	240	-	-
Sx B pobre	17,8	12,1	150	ESSF wc	Sx	845	B	455	-	-
Fd Cw Hw medium	14,3	16,2	96	ICH wk	Fd	780	Cw	325	Hw	195
Hw Cw Fd pobre	12,8	14,0	150	ICH mw	Hw	780	Cw	325	Fd	195
Cw Hw Fd pobre	10,1	14,1	141	ICH mw	Cw	715	Fd	390	Hw	195
Hw Cw Fd pobre	9,9	14,3	150	ICH wk	Hw	845	Cw	325	Fd	130
Cw Hw Fd pobre	8,1	13,8	173	ICH wk	Cw	780	Hw	390	Fd	130
Ep Fd rico	7,2	18,8	78	ICH mw	Ep	1540	Fd	660	-	-
At Fd Cw rico	4,8	19,1	101	ICH mw	At	1320	Fd	550	Cw	330
Pl Fd medium rico	4,7	18,8	37	ICH mw	Pl	1200	Fd	800	-	-
Sx B Hw pobre	13,1	14,8	99	ICH wk	Sx	1260	B	540	-	-

[1] Códigos de las especies forestales: B: abeto subalpino (*Abies lasiocarpa* (Hooker) Nuttall; Pl: pino logepole (*Pinus contorta* Doug.); At: alamo temblón (*Populus tremuloides* Michx.); Sx: picea híbrida (*Picea engelmannii x glauca*); Fd: abeto Douglas (*Pseudotsuga menziesii* (Mirb.) Franco); Cw: cedro rojo occidental (*Thuja plicata* Donn ex D.Don)

Tabla A1. Tipos de bosque simulados en un radio de 25 km alrededor de cada comunidad tipo. Variables: SI: índice de sitio (altura dominante) a los 50 años. Edad: edad media de los árboles. BGC: condiciones iniciales utilizadas para similar cada uno de los tipos biogeoclimáticos, en correspondencia con la clasificación para la Columbia Británica de Pojar et al. (1987). Especie(1-3): densidad inicial de hasta tres especies de árboles presente en cada tipo de bosque

Ecotipo	SI m	Retorno años	Ciclos	Especie 1 Árboles ha^{-1}		Especie 2 Árboles ha^{-1}	
BURNS LAKE							
ESSF mc	<16	150	5	Sx	1000	Pl	1000
SBS dk	<16	100	5	Sx	375	Pl	1125
SBS mc	<16	150	6	Sx	800	Pl	1200
INVERMERE							
ESSF dk	<15	150	6	B	900	S	600
ICH mk	≥15	200	6	Sx	1620	Pl	180
IDF dm	≥15	125	7	Fd	1350	At	450
IDF dm	<15	150	6	Fd	1200	At	400
IDF xk	<15	150	9	Fd	1500	At	500
MS dk	≥15	200	7	Pl	1100	Fd	1100
MS dk	<15	200	6	Pl	1000	Fd	1000
SICAMOUS							
IDF mw	>16	100	12	Ep	1125	Cw	375
ICH wk	≥16	250	6	Pl	1620	Sx	180
ICH mw	<16	250	5	Sx	1200	At	300
ESSF wc	<16	200	5	Sx	900	B	600

Tabla A2. Tipos de ecotipos creados como condiciones iniciales para simular los bosques descritos en la Tabla A1, en correspondencia con la clasificación para la Columbia Británica de Pojar et al. (1987). SI: rango de índice de sitio (altura dominante) a los 50 años. Retorno: intervalo entre dos fuegos consecutivos. Ciclos: número de fuegos simulado. Especie(1-1): densidad inicial de hasta tres especies de árboles presente en cada tipo de bosque. Los códigos de los árboles son los mismos que en la Tabla A1

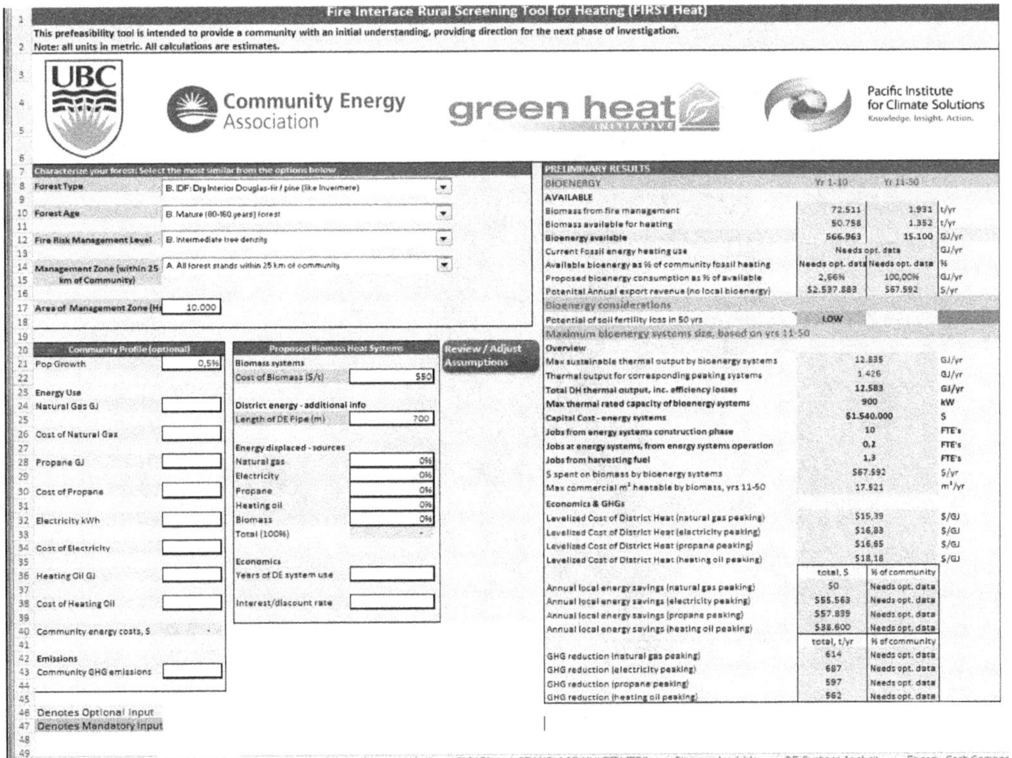

Figura A1. Pantalla de usuario de la herramienta FIRST Heat™

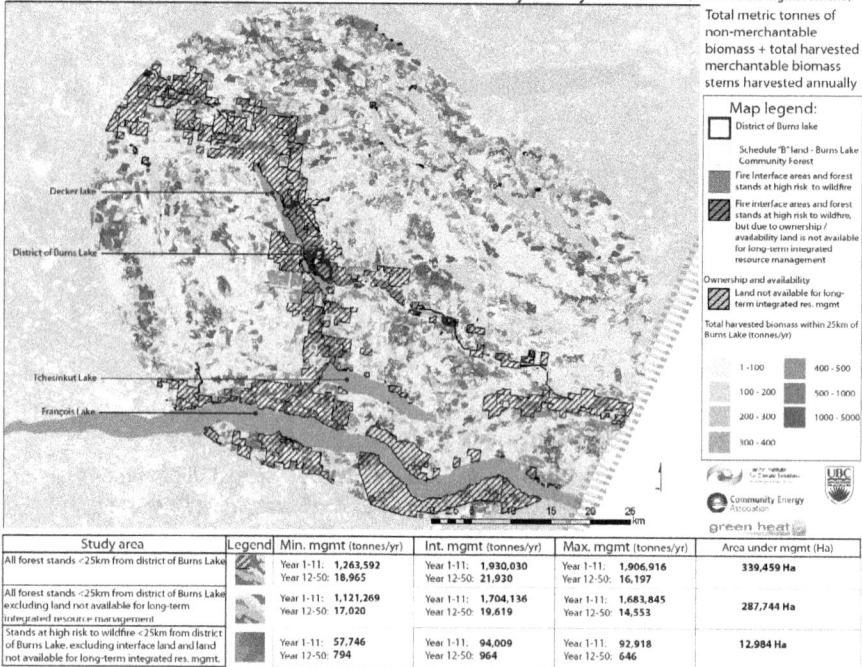

Figura A2. Mapa de producción de biomasa de Burns Lake

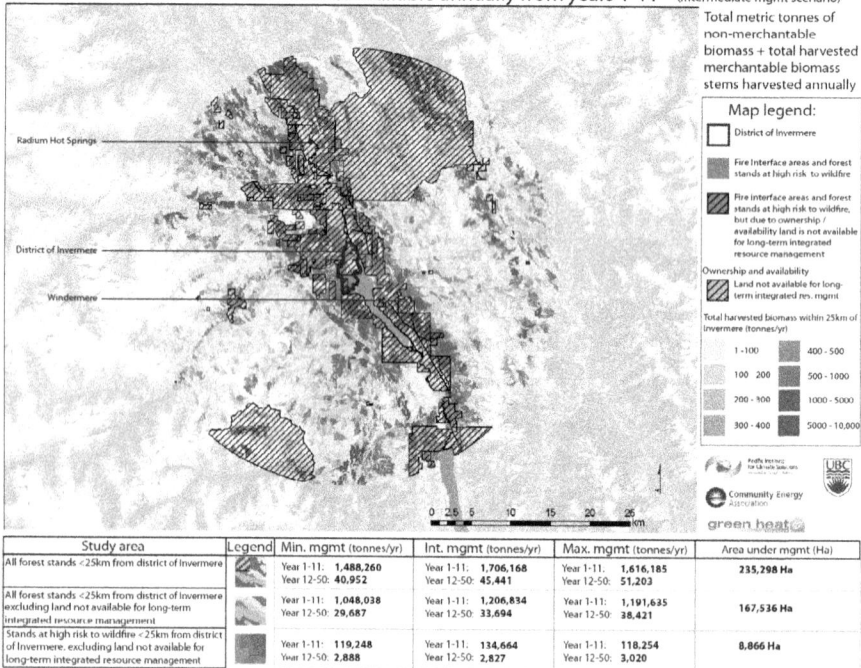

Figura A3. Mapa de producción de biomasa de Invermere

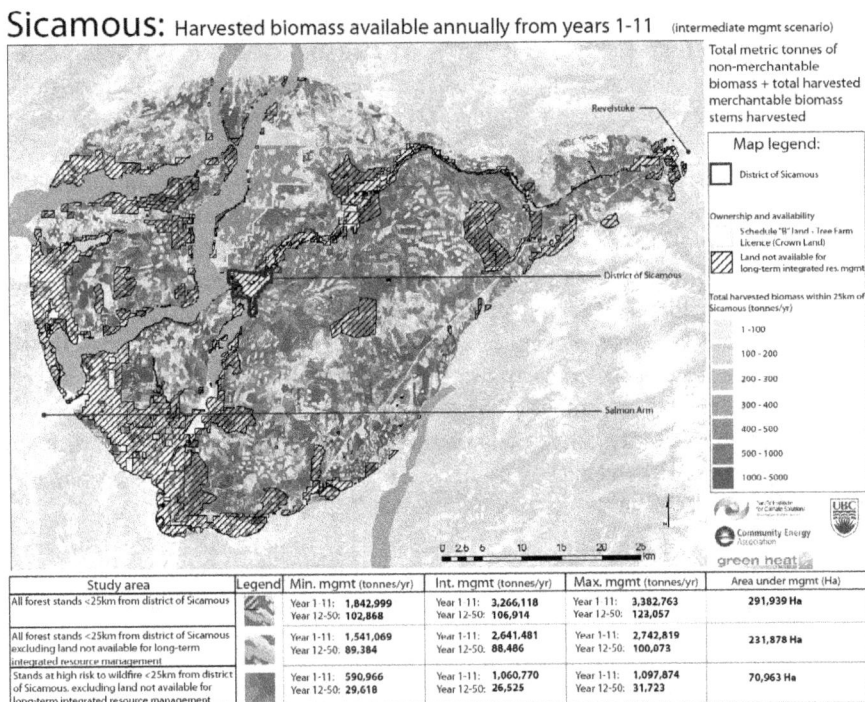

Figura A4. Mapa de producción de biomasa de Sicamous

Descripción del modelo FORECAST

FORECAST es un simulador no espacial del ecosistema forestal a nivel de rodal y orientado al manejo forestal (Kimmins et al., 1999, 2010). Este modelo ha sido diseñado para simular una amplia variedad de sistemas silvícolas con el objetivo de comparar y contrastar sus efectos sobre la productividad del bosque, la dinámica del rodal y una amplia serie de indicadores biofísicos y valores alternativos a la madera. El modelo utiliza un enfoque híbrido, en el cual datos locales de crecimiento y producción (obtenidos de tablas de crecimiento tradicionales o de estudios de cronosecuencias) son utilizados para calcular estimaciones de las tasas de procesos ecosistémicos clave relacionados con la productividad, y los requerimientos de recursos de las especies seleccionadas asociados a esos procesos. Esta información se combina con datos que describen tasas de descomposición, ciclo de nutrientes, competición por luz y otras propiedades ecosistémicas, permitiendo simular el crecimiento del bosque bajo diferentes alternativas de manejo.

Calibración

El uso del modelo FORECAST se realiza en dos fases, una primera fase de calibración y una fase posterior de simulación y análisis de los resultados. En la fase de calibración se recogen los datos que definen la acumulación de biomasa en los árboles y la vegetación acompañante. Unidos a los datos sobre la respuesta del follaje a la luz, la humedad y los nutrientes en el suelo, la descomposición de la hojarasca y otras condiciones ambientales, estos datos son utilizados para estimar las tasas a las cuales los procesos ecosistémicos clave deben operar para generar los datos observados en el campo. A continuación, estas tasas calibran internamente las simulaciones de los procesos en FORECAST. La fase de calibración se completa con el establecimiento de las condiciones iniciales de la simulación, que reflejan la historia del uso y las perturbaciones naturales del bosque a simular. En la segunda fase se lleva a cabo la simulación propiamente dicha. El crecimiento anual potencial de la vegetación se deriva de la producción fotosintética de la biomasa foliar. A su vez, la capacidad productiva de una cantidad dada de biomasa foliar se asume que es dependiente de su contenido de nitrógeno, corregido por el grado de sombreamiento de la masa foliar. Las tasas fotosintéticas están expresadas por kilogramo de biomasa de follaje, ya que se ha comprobado que el contenido de nitrógeno es una mejor medida del funcionamiento del aparato fotosintético (Brix, 1971; Agren, 1983). Por último, una de las características más importantes de FORECAST es su capacidad de simular el cambio de calidad del rodal a lo largo del turno de corta, al tener en cuenta la reducción en la disponibilidad de nutrientes, cambios en las tasas de descomposición, etc. De esta forma, se mejoran las predicciones frente a los modelos tradicionales de crecimiento y producción, que comúnmente carecen de la habilidad de predecir mejoras o deterioros en la calidad productiva de un rodal como consecuencia de las actividades silvícolas.

El crecimiento de la vegetación se lleva a cabo en incrementos anuales. Por lo tanto, para cada especie de planta simulada la producción primaria neta (TNPP) se calcula para cada año según la Ecuación 1.

$$TNPP_t = \Delta biomasa_t + desfronde_t + mortalidad_t \qquad (1)$$

Donde $\Delta biomasa_t$ es la suma del cambio en la masa de todos los componentes de la especie en el tiempo *t*, $desfronde_t$ = la suma de la masa de todos los tejidos vegetales temporales que se pierden en el año *t* (por ejemplo, corteza, ramas, hojas, flores, frutos, etc.), y $mortalidad_t$ = la masa de las plantas individuales que mueren en el tiempo. Los cambios en la biomasa ($\Delta biomasa_t$) en cada año se derivan de una serie de curvas biomasa-edad creadas con datos empíricos. El desfronde se calcula utilizando valores definidos por el usuario de tasas de desfronde. La mortalidad se deriva de una serie de curvas edad-densidad del rodal creadas con datos empíricos. La mortalidad se calibra a través de dos parámetros: curvas de densidad histórica para distintas edades y la proporción de mortalidad que se debe a factores no interespecíficos.

El modelo también calcula un contenido de N en el follaje corregido por el autosombreado (SCFN), el cual representa la cantidad de follaje completamente iluminado que se requiere para producir la $TNPP_t$ observada. Para estimar el autosombreado, FORECAST simula la biomasa foliar como una "manta" que cubre el rodal y que está dividida en varias capas de 0.25 m de altura, cada una de ellas cada vez más oscura desde la parte más alta a la más baja del dosel arbóreo. La luz absorbida por cada capa se calcula en base a la biomasa foliar presente en cada año y una curva empírica definida por el usuario que relaciona la proporción de luz total con la masa foliar. Una vez que se ha completado la estimación para un año particular utilizando el método descrito arriba, FORECAST calcula el contenido de N foliar ajustado por los efectos de autosombreado (Ecuaciones 2 y 3).

$$SCFN_t = \sum_{i=1}^{n} \left(FN_{t,i} \times PLSC_i \right) \qquad (2)$$

$$FN_{t,i} = biomasa\ foliar_{t,i} \times concentración\ N\ foliar \qquad (3)$$

Donde $FN_{t,i}$ = masa de N foliar en el incremento *i*-ésimo de 25 cm en el dosel arbóreo vivo en el año *t*, $PLSC_i$ = valor de la curva de saturación fotosintética para el nivel de luz asociado en el incremento *i*-ésimo de 25 cm en el dosel arbóreo vivo. *N* = número de incrementos de 25 cm en el dosel arbóreo vivo en el año *t*. La tasa fotosintética media del follaje en el nivel del dosel arbóreo *i* se calcula combinando las intensidades simuladas de luz en el nivel *i* con datos de entrada que definen la curva de saturación fotosintética para el tipo de hojas en cuestión (de sol o de sombra). Finalmente, la función "motor" del modelo es el crecimiento potencial de una especie dada en FORECAST es la eficiencia del N foliar corregida por el autosombreado (SCFNE), calculado para cada año (*t*) con la Ecuación 4.

$$SCFNE_t = TNPP_t \, / \, SCFN_t \tag{4}$$

Cuando se proporcionan datos describiendo el crecimiento de una especie en sitios de calidad distinta (diferente disponibilidad de nutrientes) se generan curvas para SCFNE durante el paso de la calibración del modelo para sitio.

Para calcular el aspecto nutricional del crecimiento de árboles y plantas, FORECAST necesita datos sobre la concentración de nutrientes en cada órgano de las plantas. Sin embargo, la combinación de limitación de luz y nutrientes al crecimiento de los árboles muchas veces no es suficiente para explicar pautas ecológicas complejas por medio de modelos, por lo que incluir especies del sotobosque es altamente recomendable (Kimmins, Blanco, Seely, Welham & Scoullar, 2008). Por lo tanto, datos similares a los de los árboles pero más simples (por ejemplo, no hacen falta datos de corteza, madera, mortalidad, etc.) se deben proporcionar al modelo para simular este componente del ecosistema. Dependiendo de las especies simuladas, las poblaciones de plantas en el sotobosque se originan a partir de semillas o por medio de reproducción vegetativa (tubérculos o rizomas).

Por último, el usuario debe definir tasas de descomposición para cada tipo de órgano vegetal, y cómo la calidad del sitio puede afectar a estas tasas. La descomposición se simula utilizando un método en el cual componentes específicos de la biomasa aérea son transferidos en el momento de su abscisión a una serie de tipos de hojarasca independientes. Estos tipos de hojarasca se descomponen y cambian de composición química a unas tasas definidas por datos empíricos, procedentes de trabajos de campo o de la literatura. El modelo simula los troncos caídos y los árboles muertos colocando sus valores de biomasa en distintas categorías dependiendo del tamaño inicial en el momento de la muerte del árbol, con tasas de descomposición más lentas para árboles muertos en pie y para troncos de mayor tamaño.

Para simular las condiciones iniciales del ecosistema el modelo se ejecuta en modo set-up, forzando al modelo a imitar los valores de distintas variables observados en el campo (Blanco et al., 2007, Seely et al., 2002). Tras la calibración, estimar las tasas ecológicas históricas y crear las condiciones iniciales, el modelo está listo para simular un escenario particular.

Debido a que FORECAST es un modelo a nivel de ecosistema, los datos necesarios para calibrarlo son más numerosos que en los modelos tradicionales de crecimiento y producción. Se necesitan datos de altura, densidad del rodal, distribución de tamaños dentro del rodal, acumulación de biomasa, concentración de nutrientes en los distintos componentes de la biomasa, entradas de nutrientes en el ecosistema (deposición atmosférica, mineralización), lavado foliar, tasas de producción de hojarasca, adaptación fotosintética del follaje y otra información variada sobre propiedades físicas o químicas del rodal en una secuencia de lugares que varían en la calidad del sitio. Para más información sobre los datos necesarios para la calibración de este modelo y la sensibilidad del modelo a diferentes variables, consultar Kimmins et al. (1999).

Fase de simulación

Durante la simulación, para cada año, el crecimiento potencial anual (APG) de la vegetación está limitado por la producción fotosintética de las hojas (Ecuación 5). La capacidad productiva de una cantidad dada de biomasa foliar (la tasa fotosintética) se asume que depende del contenido de N en las hojas corregido por el autosombreado en el dosel arbóreo simulado (SCFN$_t$*). SCFN$_t$* es diferente de SCFN$_t$ descrito arriba que fue calculado durante la fase de calibrado. Durante la fase de simulación el dosel arbóreo corresponde al del sitio definido por el usuario para el escenario a simular, el cual puede ser diferente de los datos utilizados para calibrar el modelo. Por lo tanto, SCFN$_t$* es un valor particular para cada simulación que se calcula según la Ecuación 5.

$$APG_{(t+1)} = SCFN_t^* \times SCFNE_t \qquad (5)$$

Donde APG$_{(t+1)}$ = crecimiento potencial anual de una especial dada en el año *t+1*. Durante la simulación el modelo interpola entre las distintas curvas de SCFNE calculado para sitios de distinta calidad durante la calibración para estimar la curva que corresponde al sitio simulado. La absorción de nutrientes necesaria para soportar el crecimiento esperado (APG$_{(t+1)}$) se calcula en base a las tasas de crecimiento y la concentración de los distintos órganos vegetales.

La disponibilidad de nutrientes se calcula en base a los datos empíricos describiendo los datos de descomposición de hojarasca y humus, cambios en la composición química y la mineralización de nutrientes según la descomposición se produce y el tamaño de los reservorios de nutrientes del suelo mineral y el humus (capacidad de intercambio catiónico CIC y capacidad de intercambio aniónico CIA). Si la disponibilidad de nutrientes para cada año es menor que la requerida para apoyar APG$_{(t+1)}$, el crecimiento vegetal se limita por los nutrientes y el crecimiento real es menor que el potencial.

El ciclo de nutrientes en FORECAST se basa en un balance de masas, donde los nutrientes pueden estar en tres reservorios diferentes: 1) la biomasa vegetal, 2) los nutrientes disponibles en el suelo, 3) la materia orgánica del suelo. El "N disponible" en FORECAST se puede asimilar al N intercambiable que está presente durante el año como NH$_4^+$, NO$_3^-$ u otras formas orgánicas lábiles con una tasa de renovación menor a un año. La deposición y fijación de N por briofitas y otros microorganismos se simulan como un flujo constante de N que se incorpora directamente a la solución del suelo y se incorpora en el reservorio de N disponible. El N disponible se calcula simulando consecutivamente cuatro pasos con las distintas entradas y salidas del ciclo biogeoquímico: deposición, fertilización, escorrentía, lixiviación, mineralización e inmovilización (Figura A5). La simulación de cada uno de esos flujos ha sido descrita en detalle por Kimmins et al. (1999) y Blanco et al. (2012). La definición de la fertilidad de sitio basada en la disponibilidad de N asume que la humedad del suelo no es limitante, aunque la inclusión en el modelo del parámetro "máxima biomasa foliar por árbol" está directamente correlacionado con la disponibilidad hídrica del sitio.

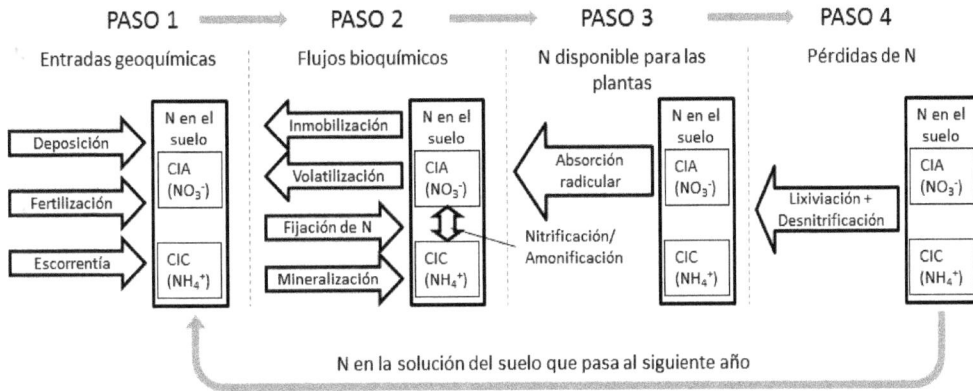

Figura A5. Pasos repetidos de forma consecutiva por FORECAST para calcular la cantidad de N disponible para las plantas y que queda sin utilizar (si es el caso) para el año siguiente de la simulación

Los ciclos de carbono y nitrógeno están unidos a través del uso de la eficiencia de N foliar como la ecuación que sirve de "motor" del modelo. Por lo tanto, una limitación en la cantidad de que los árboles y plantas pueden absorber resultará en una reducción de N foliar, reduciendo la biomasa y por lo tanto el C atmosférico secuestrado por los árboles y plantas.

Siendo un modelo de manejo forestal, FORECAST puede simular una amplia variedad de prácticas silvícolas diferentes, incluyendo fertilización, cortas parciales, podas, aclareos, manejo de rodales mixtos, etc. Perturbaciones como fuego o defoliación por insectos también pueden ser simuladas. Las proyecciones de volumen simuladas por FORECAST están limitadas en última instancia por la producción potencial de las especies incluidas en la simulación y que son descritas en los datos de calibración. El crecimiento y producción en rodales complejos se basa en la simulación del reparto de los recursos limitantes (luz y nutrientes) entre las distintas especies y cohortes de edades simuladas. Las propiedades biológicas de las especies determinan su competencia relativa para la obtención de los recursos limitantes. Una descripción más completa del modelo y más detalles del proceso de calibración puede hallarse en Kimmins et al. (1999), Seely et al. (2002) y Blanco et al. (2007).

Sobre el editor

JUAN A. BLANCO

Universidad Pública de Navarra, Pamplona, España.

juan.blanco@unavarra.es

Tras graduarse como Ingeniero Agrónomo, Juan A. Blanco obtuvo un doctorado en Ecología Forestal por la Universidad Pública de Navarra (UPNA, Pamplona, España). Tras sus estudios trabajó durante siete años en la University of British Columbia (Vancouver, Canadá), en el Forest Ecosystem Management Simulation Group, antes de regresar de nuevo a la UPNA, donde trabaja en la actualidad como investigador. Su trabajo está enfocado en el desarrollo y evaluación de modelos ecológicos para simular la influencia del manejo, clima y otros factores ecológicos en el crecimiento de los árboles. Actualmente está colaborando con grupos de investigadores de distintos países (Canadá, EE.UU., España, Cuba, China, Taiwán) en el uso de modelos ecológicos para explorar los efectos del cambio climático, la contaminación atmosférica y prácticas de gestión sostenible en bosques naturales y plantados en zonas boreales, templadas y tropicales. En su línea de investigación principal está estudiando la influencia de la variación climática y sus posibles consecuencias ecológicas en el crecimiento de los árboles de España. Tiene más de 80 publicaciones en temas de ecología forestal, y su investigación se ha aplicado no solamente en investigación ecológica, sino también para optimizar planes de restauración de zonas degradadas en minería, para estimar el potencial de secuestro de carbono por medio de silvicultura, y por agencias gubernamentales y organizaciones no gubernamentales para determinar políticas de gestión sostenible de recursos energéticos y madereros. Es coautor del primer libro dedicado exclusivamente al uso de modelos ecológicos híbridos en la gestión forestal (titulado "Forecasting Forest Futures" – Earthscan), y ha editado tres libros sobre cambio climático y otro más sobre ecosistemas forestales.

www.ingramcontent.com/pod-product-compliance
Lightning Source LLC
Chambersburg PA
CBHW051211200326
41519CB00025B/7082